高等职业教育土建专业系列教材

建筑工程造价控制

（第二版）

主　编　玉小冰　左恒忠
副主编　周　岚　蒋　荣
　　　　余文星　廖　炜
参　编　苏彩丽

南京大学出版社

图书在版编目(CIP)数据

建筑工程造价控制 / 玉小冰，左恒忠主编. —2 版
. —南京：南京大学出版社，2019.1(2023.7 重印)
ISBN 978-7-305-20814-0

Ⅰ. ①建…　Ⅱ. ①玉…　②左…　Ⅲ. ①建筑工程—工程造价控制　Ⅳ. ①TU723.3

中国版本图书馆 CIP 数据核字(2018)第 181513 号

出版发行　南京大学出版社
社　　址　南京市汉口路 22 号　　　邮编　210093
出 版 人　金鑫荣

书　　名　建筑工程造价控制(第二版)
主　　编　玉小冰　左恒忠
责任编辑　赵林林　刘　灿　　　编辑热线　025－83592655

照　　排　南京开卷文化传媒有限公司
印　　刷　常州市武进第三印刷有限公司
开　　本　787×1092　1/16　印张 19.5　字数 475 千
版　　次　2023 年 7 月第 2 版第 4 次印刷
ISBN　978-7-305-20814-0
定　　价　49.00 元

网　　址：http://www.njupco.com
官方微博：http://weibo.com/njupco
官方微信号：njutumu
销售咨询热线：(025)83594756

前　言

本书根据《建设工程工程量清单计价规范》(GB 50500—2013)、《全国造价工程师执业资格考试大纲》(2018 版),并结合多年的工程实战经验和职业教育教学及培训经验,按工程项目施工顺序各个阶段的造价特点来编写;围绕工程造价专业岗位核心能力——套价、调价和报价的要求构建章节内容(本书培养的专业核心能力详见下图)。

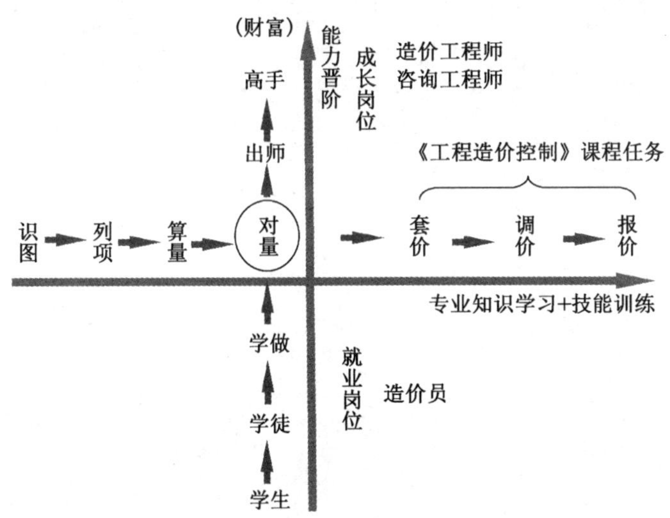

本书主要内容包括:建设项目投资和工程造价构成、工程造价计价依据、投资决策阶段工程造价控制、设计阶段工程造价控制、招投标阶段工程造价控制、施工阶段工程造价控制、竣工验收阶段工程造价控制共 7 章。对各个阶段的造价构成内容和计算方法,尤其是清单计价模式下的综合单价组价方法,施工阶段工程变更、工程索赔、工程签证和工程价款结算等内容,均通过综合案例进行了详细的阐述和演示。

本书修订再版时增加了营改增下的工程建设计价规则,第六章的工程结算是按营改增下的工程造价计价规则进行调整。

本书由湖南工程职业技术学院玉小冰、长沙理工大学左恒忠主编,武汉船舶职业技术学院周岚、湖南高速铁路职业技术学院蒋荣、江门职业技术学院余文星、江西环境工程职业学院廖炜副主编,开封大学苏彩丽参编,全书最后由玉小冰负责统稿和修改工作。

本书编写过程中,得到了湖南省造价管理协会、湖南省建筑业企业专家、南京大学出版社和编者所在单位的大力支持。在此向对本书编写给予关心和支持的专家、学者、同仁表示衷心的感谢。

由于编者水平有限，书中尚有许多不足之处，恳切希望读者批评指正。来信寄至长沙市水渡河 100 号湖南工程职业技术学院，邮编 410151 或邮箱 260472512@qq.com。

编者

目　录

第1章
建设项目投资与工程造价构成

【内容提要与学习要求】

章节知识结构	学　习　要　求	权重
工程建设基本概念	熟悉工程建设基本程序和各阶段所要完成的相应的工程造价任务;熟悉工程造价与工程造价计价特点;熟悉工程造价控制和工程造价管理的内容	5%
建设项目投资和工程造价费用构成	掌握建设项目投资和工程造价费用构成内容	10%
设备及工、器具购置费	掌握国产非标准设备原价计算,进口设备原价计算;区别抵岸价、到岸价(CIF)、离岸价(FOB)、运费在内价(CFR)	20%
建筑安装工程费用组成	掌握我国现行建安工程费用直接工程费、间接费、利润和税金构成内容,掌握人工费的构成内容,材料基价和材料费的计算方法,掌握措施项目费中夜间施工增加费、冬雨季施工增加费、模板费用、脚手架费用计算方法;掌握管理费、利润、规费和税金的计算方法	25%
工程建设其他费用	熟悉固定资产其他费用、无形资产费用和其他资产费用的构成内容	10%
预备费	掌握基本预备费和涨价预备费构成内容和计算方法	10%
建设期贷款利息	掌握建设期贷款利息的计算方法	5%
营改增下建设工程计价规则	1. 建标【2013】44 号费用调整; 2. 要素价格调整; 3. 费用定额调整; 4. 营改增下湖南省建筑安装工程费用计算依据和标准。	15%

【章前导读】

1. 投标报价中,由于计费基数错误或安全文明施工费费率错误,导致废标。

2. 综合单价构成中,项目特征已清楚描述采用什么品牌材料,而投标报价组价时主材价格漏算或是按基期基价计算,结算时亏损。

1.1 工程建设基本概念

1.1.1 工程建设及工程建设程序

1.1.1.1 工程建设

工程建设是指为了国民经济各部门的发展和人民物质文化生活水平的提高而进行的有组织、有目的地投资兴建固定资产的经济活动，即建造、购置和安装固定资产的活动以及与之相联系的其他工作。

固定资产是指在社会再生产过程中可供反复使用，并在其使用过程中基本不改变实物形态的劳动资料和其他物资资料，如建筑物、构筑物、机器设备、运输工具等。

1.1.1.2 工程建设程序

工程建设程序是指工程项目从策划、评估、决策、设计、招标、投标、施工直到竣工验收整个过程所必须遵循的先后次序，反映了工程建设各个阶段的内在联系和客观规律。在工程建设中，不同的阶段有不同的工作内容，这些工作内容必须按照固有的先后次序，反映了工程建设各个阶段的内在联系和客观规律，必须有计划有步骤地进行，如图 1－1 所示。

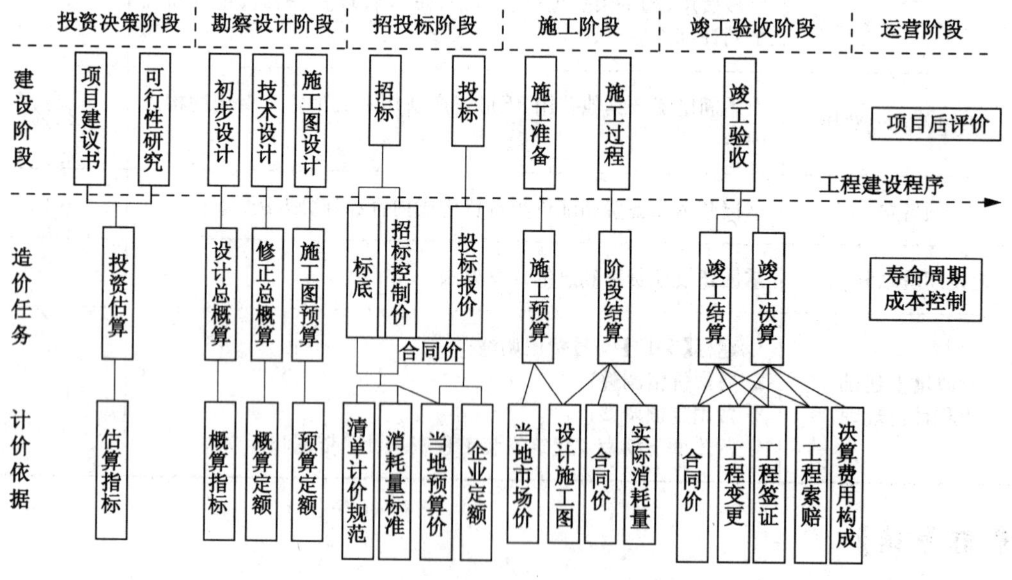

图 1－1 工程建设基本程序及造价任务

1. 提出拟建项目，编制项目建议书

项目建议书，又称为项目立项申请书或立项申请报告，是论述建设该项目的必要性，建设条件的可行性和获利的可能性，为项目立项提供决策依据，是初步选择投资的依据。

2. 可行性研究

可行性研究是对项目建议书提出的项目进行全面系统的研究分析，包括项目在技术上是否先进、可行，经济上是否合理，效益上是否显著，投资回收期长短等进行综合论证，多方案比较，提出可行性研究报告，为项目决策审批提供可靠依据。

3. 工程勘察设计

可行性研究报告经批准后，建设单位可通过招标选择有资质的单位承担该项目的勘察、设计工作。

工程勘察，是指对建设场地内的工程地质条件、场地内地下水储存状况及侵蚀性分析进行勘察和实验，并写出岩土工程勘察报告。

工程设计，是指设计单位根据批准的可行性研究报告和场地岩土工程勘察报告进行工程项目的设计。工程设计一般分阶段进行，有两阶段设计和三阶段设计。

工程项目大多采用两阶段设计，即初步设计和施工图设计。

对于技术复杂而又缺乏设计经验的建设项目，一般采用三阶段设计，即初步设计、技术设计（又称扩大初步设计）、施工图设计。

对于重要的建设项目或需设计招标的项目，在初步设计之前，还要进行方案设计。

在施工图设计完成后，应及时进行施工图预算，即按施工设计图纸计算工程量，并根据预算定额套价，计算整个待建工程的各项费用。

4. 工程施工招投标

（1）招标控制价

《建设工程工程量清单计价规范》（GB 50500—2013）明确规定，国有资金投资的工程建设项目应实行工程量清单招标，并应编制招标控制价。招标控制价超过批准的概算时，招标人应将其报原概算审批部门审核。投标人的投标报价高于招标控制价的，其投标应予以拒绝，即可作废标处理。

招标控制价是对招标工程限定的最高工程造价，一般在招标文件中说明其具体价格，是公开的，随着招标文件一同发给所有潜在投标人。

招标控制价编制的依据：

①《建设工程工程量清单计价规范》；

② 国家或省级、行业建设主管部门颁发的计价定额和计价办法；

③ 建设工程设计文件及相关资料；

④ 招标文件中的工程量清单及有关要求；

⑤ 与建设项目相关的标准、规范、技术资料；

⑥ 工程造价管理机构发布的工程造价信息，工程造价信息没有发布的参照市场价；

⑦ 其他的相关资料。

（2）招标标底

有些地区目前招标时仍然在使用标底价。所谓的标底，即发包方定的招标工程价格底线；由招标单位自行编制或委托具有编制标底资格和能力的代理机构编制，它是业主筹集建设资金的依据，也是业主及其行政主管部门核实建设规模的依据。标底是唯一的，必须保密直至开标。

(3) 投标

投标人获取招标文件后，应仔细阅读招标文件，及时组织人员进行投标文件编制。投标文件编制一般包括两部分，即商务标和技术标。

商务标是以投标报价文件为核心，一般包括以下内容：

① 法定代表人身份证明；

② 法定代表人授权委托书；

③ 投标函；

④ 投标函附录；

⑤ 投标保证金交存凭证复印件；

⑥ 对招标文件及合同条款的承诺及补充意见；

⑦ 工程量清单计价表；

⑧ 投标报价说明；

⑨ 报价表(又称投标一览表)；

⑩ 投标文件电子版；

⑪ 企业营业执照、资质证书、安全生产许可证等。

技术标即施工组织设计，一般包括以下内容：

① 工程概况；

② 施工部署；

③ 施工方案；

④ 施工现场平面布置(含现场平面布置图、现场临时用水用电量计算等)；

⑤ 施工进度计划(含施工进度计划横道图和(或)网络进度图)；

⑥ 资源需求计划(劳动力需求计划、主要材料需求计划、主要机具设备需求计划等)；

⑦ 质量保证措施；

⑧ 工期保证措施；

⑨ 安全保证措施；

⑩ 文明施工措施；

⑪ 合理化建议等。

5. 工程施工

(1) 施工准备阶段

施工准备工作包括签订工程承包合同，做好施工场地准备，完成现场三通一平，落实外部条件，申报开工报告，办理施工许可证，组织施工图会审和技术交底，委托施工监理等工作。

施工单位在工程开工初期应进行施工预算，即根据工程实际情况，施工组织设计和现场施工工艺及技术要求，计算出待建工程的工程量(主要计算工料用量和直接费)，以便于有效进行施工成本控制。

(2) 施工过程价款结算

工程价款结算又称工程进度款结算(或预支)。为了保证建筑安装企业(承包商)在施工过程中耗用的资金能及时得到补偿并及时反映工程进度与投资完成情况，一般不可能等到工程全部竣工后才结算或支付工程款，而对工程款实行中间结算。计算方法是按合同约定的计价方法，计算出每月或每阶段实际的工程量所对应的含税工程造价。

6. 工程竣工验收

项目按设计文件规定内容建成时，应及时组织验收。工业项目经投料试运转合格，生产出合格产品，并形成生产能力；非工业项目应符合设计要求，能够正常使用时则应进行竣工验收。验收合格，办理验收交接手续。施工单位编制竣工结算文件，建设单位办理固定资产交付使用手续和竣工决算报告。

(1) 竣工结算

工程施工完毕并经验收合格后，由施工单位按照合同(协议)的规定，在原施工图预算的基础上，编制调整预算(含价格涨跌的调整、工程变更、工程签证、工程索赔等费用内容)，向建设单位办理最后的工程价款结算，此称为竣工结算。

(2) 竣工决算

竣工决算由建设单位编制，反映建设项目实际造价和投资效果的文件，是从项目策划到竣工投产全过程的全部实际费用，包括竣工财务决算说明书、竣工财务决算报表、工程竣工图和工程造价对比分析四部分。其中竣工财务决算说明书和竣工财务决算报表又合称为竣工财务决算，它是竣工决算的核心内容。

7. 工程评价

项目建成投产后，应对建设项目进行评价。

1.1.2　工程造价及工程造价计价特点

1.1.2.1　工程造价

工程建设是一项经济活动，在各个阶段都必须耗费资金，最终形成工程建设产品，就需要有固定资产投资，形成建设工程造价，构成工程造价。

工程造价通常指工程的建造价格，其有两种含义：

从投资者的角度而言，工程造价是指建设一项工程预期开支或实际开支的全部固定资产投资费用，即建设项目的建设成本，包括工程费用、工程建设其他费用、建设期贷款利息和固定资产投资方向调节税(暂停征收)。

从市场交易的角度而言，工程造价是指为建成一项工程，在土地市场、设计市场、技术劳务市场以及工程承发包市场的交易活动中所形成的建筑安装工程价格和建设工程总价格。这里的工程可以是整个建设项目，也可以是其中一个单项工程或其中的某个组成部分。工程造价也可以认为工程承发包价格。

1.1.2.2　工程造价计价特点

工程建设是一项建设周期长、工程体形庞大、造价高昂，建设过程关系到各方面的重大经济利益。这决定了工程造价计价的特殊性，其主要表现在以下几个方面：

1. 单件性

每项建设工程都有特定的用途、功能、规模和对结构、建筑、设备、装修标准、材料使用的不同要求，以及工程所处地区、时间都不相同，决定了工程的差异，因此应对每项工程单独计价。

2. 层次性计价

工程建设的不同阶段有不同的工作内容，为有效发挥投资效益，在工程建设的各个环节都要对工程造价进行计算和控制。如决策阶段要编制投资估算，设计阶段要编制设计概算和施工图预算，项目实施阶段要编制招标控制价或标底价、工程量清单和工程量清单报价，竣工后要编制工程竣工结算和竣工决算。

3. 组合性计价

建设工程是分步骤、分项目建设进行的。工程造价要将建设全过程各个阶段的耗费组合起来，才是整个工程项目的全部造价。一个建设项目是由若干个单项、单位和分部分项工程组成的，工程造价是由单位工程的各个分项工程计价组合成单位工程造价，单项工程中所有单位工程造价组合成单项工程造价，建设项目中全部单项工程造价组合成工程费用。工程费用、工程建设其他费用、预备费用组合成建设投资；建设投资和建设期贷款利息、固定资产投资方向调节税和铺底流动资金组合成建设项目总投资。

4. 计价方法的多样性

工程造价的多次计价都各有不同的条件和依据，对不同阶段计价的精确度要求也各不相同，决定了计价方法的多样性。如投资估算有设备系数法、生产能力指数估算法；招投标价有工程量清单计价和工料单价法计价。因此，必须根据不同阶段和不同条件，选择合适的计价方法。

5. 计价依据的复杂性

由于影响工程造价的因素多，决定了计价依据的复杂性。不同的计价方法有不同的计价依据。计价依据的复杂性决定了计价过程的复杂，要求计价人员要加强调查研究，熟悉和掌握各类计价依据，并能正确应用。

1.1.3 工程造价控制与工程造价管理

1.1.3.1 工程造价控制

工程造价控制是指在优化建设方案、设计方案的基础上，采用一定的方法和措施将工程造价控制在合理的范围和核定的造价限额内，以求合理地使用人力、物力和财力，取得较好的经济效益。

工程造价控制首先是以设计阶段为重点的全过程造价控制。设计质量对整个工程建设的效益是至关重要的，因此控制工程造价的关键在于设计。其次是实施主动控制，立足于事先主动地采取控制措施，实施主动控制。也就是说，工程造价不仅反映投资决策、设计、发包和施工，更要主动地影响投资决策，影响设计、发包和施工，主动地控制工程造价。再次是采用技术和经济相结合的手段控制工程造价，在工程建设过程中，把技术和经济有机结合，通过技术比较、经济分析和效果评价，正确处理技术先进和经济合理之间的对立统一关系，力求在先进技术下的经济合理，在经济合理的基础上的技术先进，把控制工程造价观念渗透到各项设计和施工技术措施中。

1.1.3.2 工程造价管理

工程造价管理，一是指建设工程投资费用管理；二是指建设工程价格管理。

建设工程投资费用管理是为了实现投资的预期目标，在拟定的规划、设计方案的条件下，预测、确定和监控工程造价及其变动的系统活动。建设工程投资费用管理属于投资管理范畴。

建设工程价格属于价格管理范畴。价格管理在微观层次上是指生产企业掌握市场价格信息的基础上，为实现管理目标进行的成本控制、计价、定价和竞价目的系统活动。在宏观层次上，是根据社会发展的要求，利用法律、经济和行政手段对价格进行管理和调控，以及通过市场管理规范市场主体价格行为的系统活动。

工程造价管理必须实行全面造价管理，即有效地使用专业知识和专门技术去计划和控制资源、造价、盈利和风险。工程全面造价管理包括全寿命期造价管理、全过程造价管理、全面要素管理、全方位造价管理，具体如图 1－2 所示。

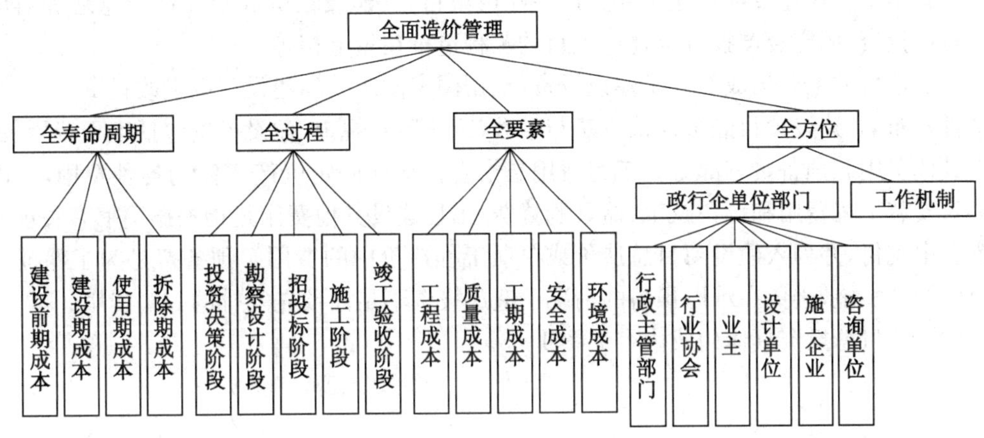

(a) 全面造价管理

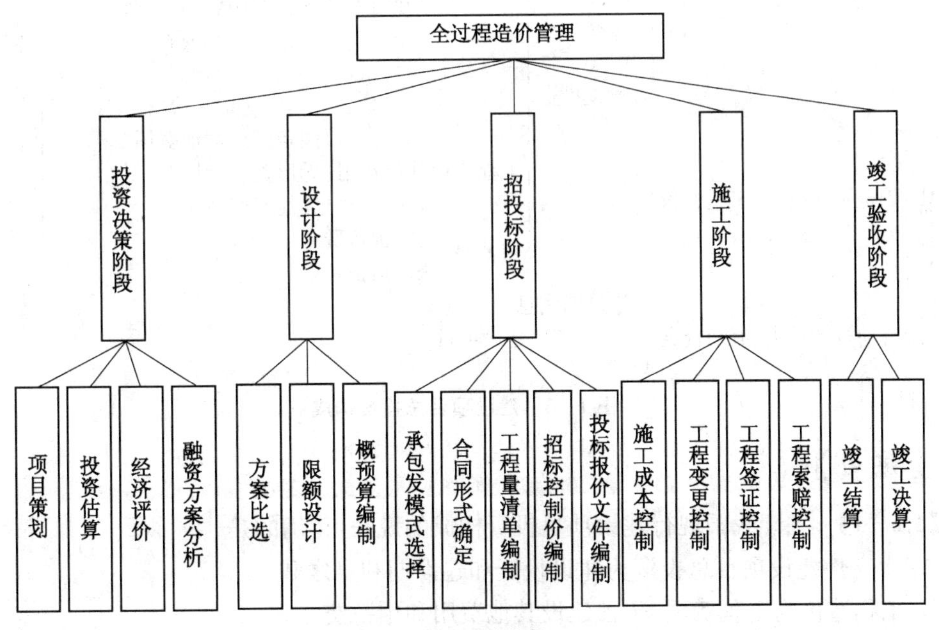

(b) 全过程造价管理

图 1－2　全面造价管理和全过程造价管理

1.2 建设项目投资和工程造价费用构成

建设项目投资是指在工程项目建设阶段所需要的全部费用的总和，分生产性建设项目和非生产性建设项目两大类。

生产性建设项目总投资包括建设投资、建设期利息和流动资金三部分。

非生产性建设项目总投资包括建设投资和建设期利息两部分。

不管是生产性建设项目还是非生产性建设项目，其建设投资和建设期利息之和对应于固定资产投资，固定资产投资与建设项目的工程造价在量上相等。

工程造价的主要构成部分是建设投资，根据国家发改委和建设部以发改投资[2006]325号文件发布的《建设项目经济评价方法与参数(第三版)》规定，建设投资包括工程费用、工程建设其他费用和预备费三部分。工程费用是指直接构成固定资产实体的各种费用，可以分为建筑安装工程费用和设备及工、器具购置费；工程建设其他费用是指根据国家有关规定应在投资中支付，并列入建设项目总造价或单项工程造价中的费用。预备费是为了保证工程项目的顺利实施，避免在难以预料的情况下造成投资不足而预先安排的一笔费用。

建设项目总投资具体构成内容见图1-3。

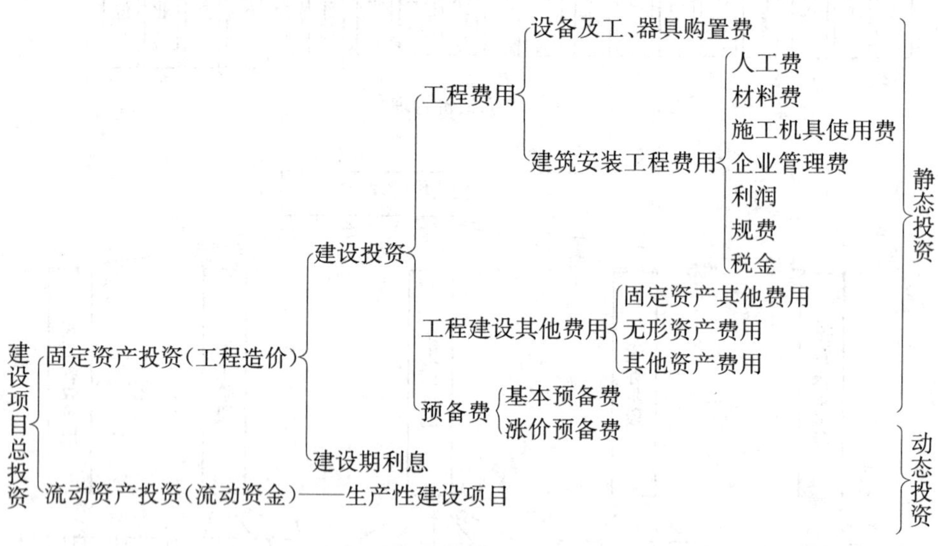

图1-3 建设项目总投资构成

【课堂练习】

【1.2-1】 关于我国现行建设项目投资构成的说法，正确的是(　　)。

A. 生产性建设项目总投资为建设投资和建设期利息之和

B. 工程造价为工程费用、工程建设其他费用和预备费之和

C. 固定资产投资为建设投资和建设期利息之和

D. 工程费用为直接费、间接费、利润和税金之和

【解题要点】 选项 A 中生产性建设项目总投资还应包括流动资金；选项 B 中工程造价还包括建设期利息；选项 D 中工程费用包括建筑安装工程费用和设备及工、器具购置费。

答案：C

【1.2－2】 某建设项目建筑工程费 2 000 万元，安装工程费 700 万元，设备购置费1 100 万元，工程建设其他费 450 万元，预备费 180 万元，建设期贷款利息 120 万元，流动资金 500 万元，则该项目的工程造价为（　　）万元。

A.4 250　　B. 4 430　　C. 4 550　　D. 5 050

【解题要点】 根据工程造价的组成计算。

工程造价＝建安工程费＋设备购置费＋工程建设其他费＋预备费＋建设期利息＝2 000＋700＋1 100＋450＋180＋120＝4 550（万元）。

答案：C

【1.2－3】 根据我国现行建设项目投资构成，建设投资中没有包括的费用是（　　）。

A.工程费用　　B. 工程建设其他费用

C. 建设期利息　　D. 预备费

【解题要点】 详见图 1－3 建设项目总投资构成。

答案：C

【1.2－4】 为保证工程项目顺利实施，避免在难以预料的情况下造成投资不足而预先安排的费用是（　　）。

A.预备费　　B. 建设期利息

C. 其他资产费　　D. 流动资金

【解题要点】 预备费是为了保证工程项目的顺利实施，避免在难以预料的情况下造成投资不足而预选安排的一笔费用。

答案：A

1.3　设备及工、器具购置费用

设备及工、器具购置费用是由设备购置费和工、器具及生产家具购置费组成，它是固定资产中的积极部分。在生产性工程建设中，设备及工、器具购置费用占工程造价比重的增大，意味着生产技术的进步和资本有机构成的提高。设备及工、器具费用构成如图 1－4 所示。

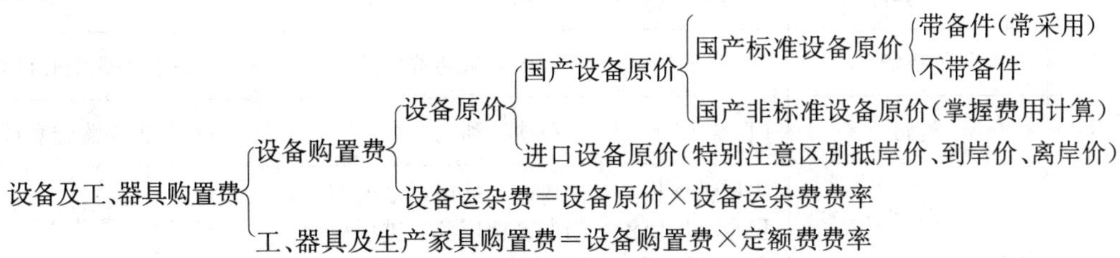

图 1－4　设备及工、器具购置费用构成

1.3.1 设备购置费

1.3.1.1 国产设备原价的构成及计算

国产设备原价一般指的是设备制造厂的交货价或订货合同价，它一般根据生产厂或供应商的询价、报价、合同价确定，或采用一定的方法计算确定。国产设备原价分为国产标准设备原价和国产非标准设备原价。

1. 国产标准设备原价

国产标准设备是指按照主管部门颁布的标准图纸和技术要求，由我国设备生产厂批量生产的、符合国家质量检测标准的设备。国产标准设备原价有两种，即带有备件的原价和不带备件的原价。在计算时，一般采用带有备件的原价。国产标准设备一般有完善的设备交易市场，因此可通过查询相关交易市场价格或向设备生产厂家询价得到国产标准设备原价。

2. 国产非标准设备原价

国产非标准设备是指国家尚无定型标准，各设备生产厂不可能在工艺过程中采用批量生产，只能按订货要求并根据具体的设计图纸制造的设备，其原价计算只能按基成本构成或相关技术参数估算。非标准设备原价有多种不同的计算方法，如成本计算估价法、系列设备插入估价法、分部组合估价法、定额估价法等。其中，成本计算估价法是一种比较常用的估算非标准设备原价的方法，其各项费用具体计算见表 1-1。

表 1-1　成本计算估价法计算国产非标准设备原价

序号	费用名称	计　算　公　式	说　明
1	材料费	材料净重×(1＋加工损耗系数)×每吨材料综合价	此三项单项计算应熟悉
2	加工费	设备总质量(t)×设备每吨加工费	
3	辅助材料费	设备总质量(t)×辅助材料费指标	
4	专用工具费	(1＋2＋3)项×专用工具费率	
5	废品损失费	(1＋2＋3＋4)项×废品损失费率	
6	外购配套件费	根据相应的购买价格加上运杂费计算	
7	包装费	(1＋2＋3＋4＋5＋6)项×包装费率	包含外购配套件费
8	利润	(1＋2＋3＋4＋5＋7)项×利润率	不包含外购配套件费
9	税金	当期销项税额＝销售额×适用增值税率(%) 税金＝增值税＝当期销项税额－进项税额	主要指增值税
10	非标准设备设计费	按国家规定的设计费收费标准计算	

（续表）

序号	费用名称	计　算　公　式	说　明
11	国产非标准设备原价	{[(材料费＋加工费＋辅助材料费)×(1＋专用工具费率)×(1＋废品损失费率)＋外购配套件费]×(1＋包装费率)－外购配套件费}×(1＋利润率)＋销项税额＋非标准设备设计费＋外购配套件费	

说明：1. 加工费包括生产工人工资和工资附加费、燃料动力费、设备折旧费、车间经费等。

2. 辅助材料费(简称辅材费)包括焊条、焊丝、氧气、氩气、氮气、油漆、电石等费用。

3. 外购配套件费，按设备设计图纸所列的外购配套件的名称、型号、规格、数量、重量，根据相应的价格加运杂费计算。用成本计算估价法计算国产非标准设备原价时，外购配套件费计取包装费，但不计取利润。

4. 税金主要指的是增值税的销项税额。

【课堂练习】

【1.3－1】 某厂采购一台国产非标准设备，制造厂生产该台设备所用材料费 25 万元，加工费 3 万元，辅助材料 5 000 元，专用工具费率 2%，废品损失费率 10%，外购配套件费 5 万元，包装费率 1%，利润率为 8%，增值税率为 17%，非标准设备设计费 3 万元，则该国产非标准设备的增值税为(　　)万元。

A. 0.44　　B. 6.789　　C. 5.94　　D. 49.72

【解题要点】 非标准设备的原价由材料费、加工费、辅助材料费、专用工具费、废品损失费、外购配套件费、包装费、利润、税金、非标准设备设计费组成。对于该题，计算过程如下：

材料费＋加工费＋辅材费＝25＋3＋0.5＝28.5(万元)；

专用工具费＝28.5×2%＝0.57(万元)；

废品损失费＝(28.5＋0.57)×10%＝2.907(万元)；

外购配套件费＝5 万元；

包装费＝(28.5＋0.57＋2.907＋5)×1%≈0.37(万元)；

利润＝(28.5＋0.57＋2.907＋0.37)×8%≈2.588(万元)；

增值税＝(28.5＋0.57＋2.907＋5＋0.37＋2.588)×17%≈6.789(万元)。

答案：B

注意：国产非标准设备原价计算时，增值税主要是指销项税额。

1.3.1.2　进口设备原价的构成及计算

进口设备的原价是指进口设备的抵岸价，通常是由进口设备到岸价(CIF)和进口从属费构成。进口设备的到岸价，即抵达买方边境港口或边境车站的价格。在国际贸易中，交易双方所使用的交货类别不同，则交易价格的构成内容也有所差异。进口从属费用包括银行财务费、外贸手续费、进口关税、消费税、进口环节增值税等，进口车辆还需缴纳车辆购置税。进口设备原价的计算见表 1－2。

1. 进口设备的交易价

在国际贸易中，较为广泛使用的交易价格术语有 FOB，CFR 和 CIF。

(1) FOB(free on board)，意为装运港船上交货，亦称为离岸价格。FOB 术语是指当货物在指定的装运港越过船舷，卖方即完成交货义务。风险转移，以在指定的装运港货物越过船舷时为分界点；费用划分与风险转移的分界点一致。买卖双方的责任和风险分担见表 1-3。

(2) CFR(cost and freight)，意即成本加运费或称为运费在内价。CFR 指在装运港货物越过船舷卖方即完成交货，卖方必须支付将货物运至指定的目的港所需的运费和费用，但交货后货物灭失或损坏的风险，以及由于各种事件造成的任何额外费用，却由卖方转移到买方。与 FOB 价格相比，CFR 的费用划分与风险转移的分界点是一致的。买卖双方的责任和风险分担见表 1-3。

(3) CIF(cost insurance and freight)，意为成本加保险费、运费，习惯称为到岸价格。在 CIF 术语中，卖方除负有与 CFR 相同的义务外，还应办理货物在运输途中最低险别的海运保险，并应支付保险费。除保险这项义务外，买方的义务与 CFR 的相同。买卖双方的责任和风险分担见表 1-3。

2. 进口设备抵岸价、离岸价、到岸价的计算

表 1-2　进口设备原价(抵岸价)计算

构　成		计　算　公　式	备　注
到岸价(CIF)	货价	即 FOB 价，离岸价，可用人民币或原币货价表示	即装运港船上交货价(FOB)，亦可称为离岸价
	国际运费	原币货价(FOB)×运费率(%) 或单位运价×运量	此运费指出口国港口至进口国港口的运输费用
	运输保险费	$\frac{\text{原币货价(FOB)}+\text{国外运费}}{1-\text{保险费率(\%)}}\times\text{保险费率(\%)}$	
		到岸价(CIF)＝离岸价(FOB)＋国际运费＋运输保险费 比较：运费在内价(CFR)＝ 离岸价(FOB)＋国际运费	
从属价格	银行财务费	离岸价(FOB)×银行财务费率	中国银行为进出口商提供金融结算服务所收取的费用
	外贸手续费	到岸价(CIF)×外贸手续费率	
	关税	到岸价格(CIF)×进口关税税率	到岸价格(CIF)又称关税完税价格
	消费税	$\frac{\text{到岸价(CIF)}+\text{关税}}{1-\text{消费税税率(\%)}}\times\text{消费税税率(\%)}$	仅对部分进口设备(如轿车、摩托车等)征收
	增值税	(关税完税价格＋关税＋消费税)×增值税税率(%)	关税完税价格即为到岸价格(CIF 价)
	海关监管手续费	到岸价(CIF)×海关监管手续费率(%)	针对进口减税、免税、保税的货物
	车辆购置费	(到岸价＋关税＋消费税)×车辆购置税率(%)	增值税、车辆购置税计税基础一致
		进口设备原价＝抵岸价＝货价＋国际运费＋运输保险费＋银行财务费＋外贸手续费＋关税＋消费税＋进口环节增值税(＋海关监管手续费)＋车辆购置税	

表 1－3　FOB、CFR、CIF 不同交货方式下买卖双方的风险分担

交货方式	卖　方　责　任	买　方　责　任
FOB	1. 办理出口清关手续，自负风险和费用，领取出口许可证及其他官方文件 2. 在合同规定的期限内和装运港口内，将货物装上买方指定的船只，并及时通知买方 3. 承担货物装运港越过船舷前的一切费用和风险 4. 提供有效的商业发票和证明货物已交至船上的装运单据或具有同等效力的电子单证	1. 负责租船或订舱，按时派船到合同约定的装运港接运货物，支付运费，并将船期、船名及装船地点及时通知卖方 2. 承担货物装运港越过船舷后的一切费用和风险（包括货物灭失或损坏） 3. 负责获取进口许可证及其他官方文件，办理货物入境手续 4. 接受卖方提供的各种单证，并按合同规定支付货款
CFR	1. 提供合同规定的货物，负责订立运输合同并租船订舱 2. 在规定的期限和装运港口内，将货物装上船，并及时通知买方支付运至目的港的运费 3. 负责办理出口清关手续，提供出口许可证或其他官方批准的文件 4. 承担货物装运港越过船舷前的一切费用和风险 5. 提供有效的运输单据、发票或具有同等效力的电子单证	1. 承担货物装运港越过船舷后的一切风险以及运输途中因遭遇风险所引起的额外费用 2. 在合同规定的目的港受领货物 3. 办理进口清关手续，交纳进口税 4. 接受卖方提供的各种约定的单证，并按合同规定支付货款
CIF	卖方除负有与 CFR 相同的义务外，还应办理货物在运输途中最低险别的海运保险，并支付保险费	1. 在合同规定的目的港受领货物 2. 办理进口清关手续，交纳进口税 3. 接受卖方提供的各种约定的单证，并按合同规定支付货款 4. 如买方需要更高的保险险别，则需要与卖方明确地达成协议，或者自行做出额外的保险安排

1.3.1.3　设备运杂费

设备的运杂费通常由运费和装卸费、包装费、设备供销部门的手续费、采购与仓库保管费构成。其计算公式为

$$设备运杂费=设备原价\times设备运杂费费率 \tag{1.3-1}$$

1.3.2　工、器具及生产家具购置费

指未达到固定资产标准的设备、仪器、工卡模具、器具、生产家具和备品备件。一般以设备购置费为计算基数，按照部门或行业规定的工、器具及生产家具费率计算。其计算公式为

$$工、器具及生产家具购置费=设备购置费\times定额费率 \tag{1.3-2}$$

【课堂练习】

【1.3-2】 用成本计算估价法计算国产非标准设备原价时，利润的计算基数中不包括的费用项目是（　　）。

A. 专用工器具费　　B. 废品损失费

C. 外购配套件费　　D. 包装费

【解题要点】 国产非标准设备原价计算时利润的计算方法为"可按材料费、加工费、辅助材料费、专用工具费、废品损失费及包装费之和乘以一定利润率计算。"故计算基数中不包括外购配套件费。其原因在于，只有构成加工企业劳动成果或资源消耗的费用项目才可能作为利润的计算基数，而外购配套件费是从加工企业外部购置的成形产品，并未凝结加工企业的自身劳动，因此不应作为利润的计算基数。

答案：C

【1.3-3】 已知某进口工程设备 FOB 价为 50 万元，美元与人民币汇率为 1∶8，银行财务直接费率为 0.2%，外贸手续费 1.5%，关锐税率为 10%，增值税率为 17%。若该进口设备抵岸价为 586.7 万人民币，则该进口工程设备为（　　）万元人民币。

A. 406.8　　B. 450.0

C. 456.0　　D. 586.7

【解题要点】 此题主要考核进口设备原价的构成及计算，抵岸价即进口设备原价。到岸价格（CIF）包括离岸价格（FOB）、国际运费、运输保险费。本题计算过程如下：

进口设备原价＝抵岸价＝货价＋国际运费＋运输保险费＋银行财务费＋外贸手续费＋关税＋消费税＋进口环节增值税（＋海关监管手续费）＋车辆购置税；

关税＝到岸价格（CIF）×进口关税税率；

外贸手续费＝（离岸价格（FOB）＋国际运费＋运输保险费）×外贸手续费＝CIF×1.5%；

银行财务费＝人民币货价（FOB）×银行财务费率＝50×8×0.2%。

$$\frac{586.7-50\times8\times0.2\%-\mathrm{CIF}\times1.5\%}{(1+17\%)\times(1+10\%)}=\mathrm{CIF}$$

解得 CIF＝450（万元人民币）。

答案：B

1.4　建筑安装工程费用构成

1.4.1　建筑工程费用与安装工程费用的概念

建筑安装工程费是指建设单位用于建筑和安装工程方面的投资，它由建筑工程费和安装工程费两部分组成。

1.4.1.1　建筑工程费用

建筑工程费用是指工程涉及范围内的建筑物、构筑物、场地平整、道路、室外管道铺设、大型土石方工程费等。具体如下：

(1) 各类房屋建筑工程和列入房屋建筑工程预算的供水、供暖、卫生、通风、煤气等设备费用及其装饰、油饰工程的费用，列入建筑工程预算的各种管道、电力、电信的敷设工程费用。

(2) 设备基础、支柱、工作台、烟囱、水塔、水池、灰塔等建筑工程及各种炉窑的砌筑工程和金属结构工程的费用。

(3) 为施工而进行的场地平整，工程和水文地质勘察，原有建筑物和障碍物的拆除以及施工临时用水、电、气、路和完工后的场地清理，环境绿化、美化等工作费用。

(4) 矿井开凿、井巷延伸、露天矿剥离，石油、天然气钻井，修建铁路、公路、桥梁、水库、堤坝、灌渠及防洪等工程的费用。

1.4.1.2　安装工程费用

安装工程费是指主要生产、公用工程等单项工程中需要安装的机械设备、电气设备、专用设备、仪器仪表等设备的安装及配件工程费，以及工艺、供热、供水等各种管道、配件、闸门和供电外线安装工程费用等。具体如下：

(1) 生产、动力、起重、运输、传动和医疗、实验等各种需要安装的机械设备的装配费用，与设备相连的工作台、梯子、栏杆等设施工程费用，附属于被安装设备的管线敷设工程费用，以及被安装设备的绝缘、防腐、保温、油漆等工作的材料费和安装费。

(2) 为测定安装工程质量，对单台设备进行单机试运转、对系统设备进行系统联动无负荷试运转工作的调试费。

1.4.2　建筑工程费用项目组成与单位工程造价费用构成

根据建设部“关于印发《建筑安装工程费用项目组成》的通知(建标[2003]206 号)，我国现行建筑安装工程费用项目组成详图 1－5 所示。不管是采用工程量清单综合单价法计价还是采用工料单价法计价，其建安工程费用内容均包含 206 号文件(即图 1－5)规定的直接费、间接费、利润和税金四部分费用。

根据《建设工程工程量清单计价规范》(GB 50500—2013)规定，采用工程量清单计价时，建设工程造价(即单位工程造价)由分部分项工程费、措施项目费、其他项目费、规费和税金组成，如图 1－6 所示。

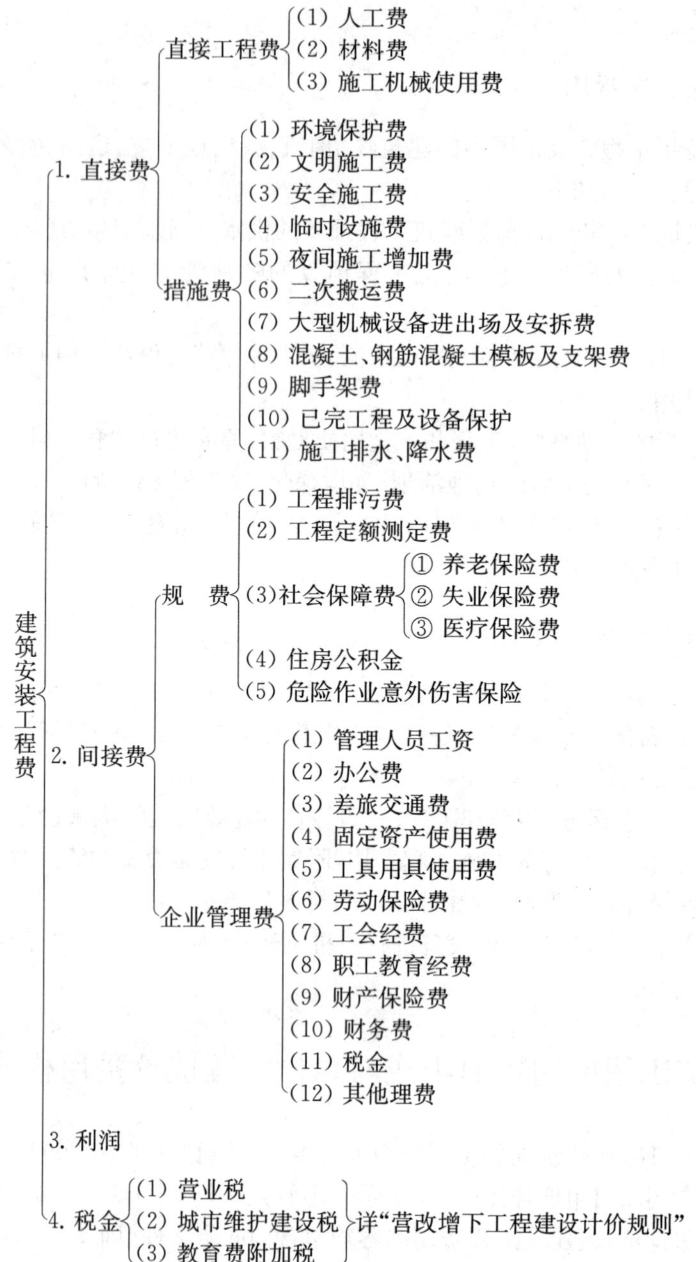

图 1－5　建筑安装工程费用组成

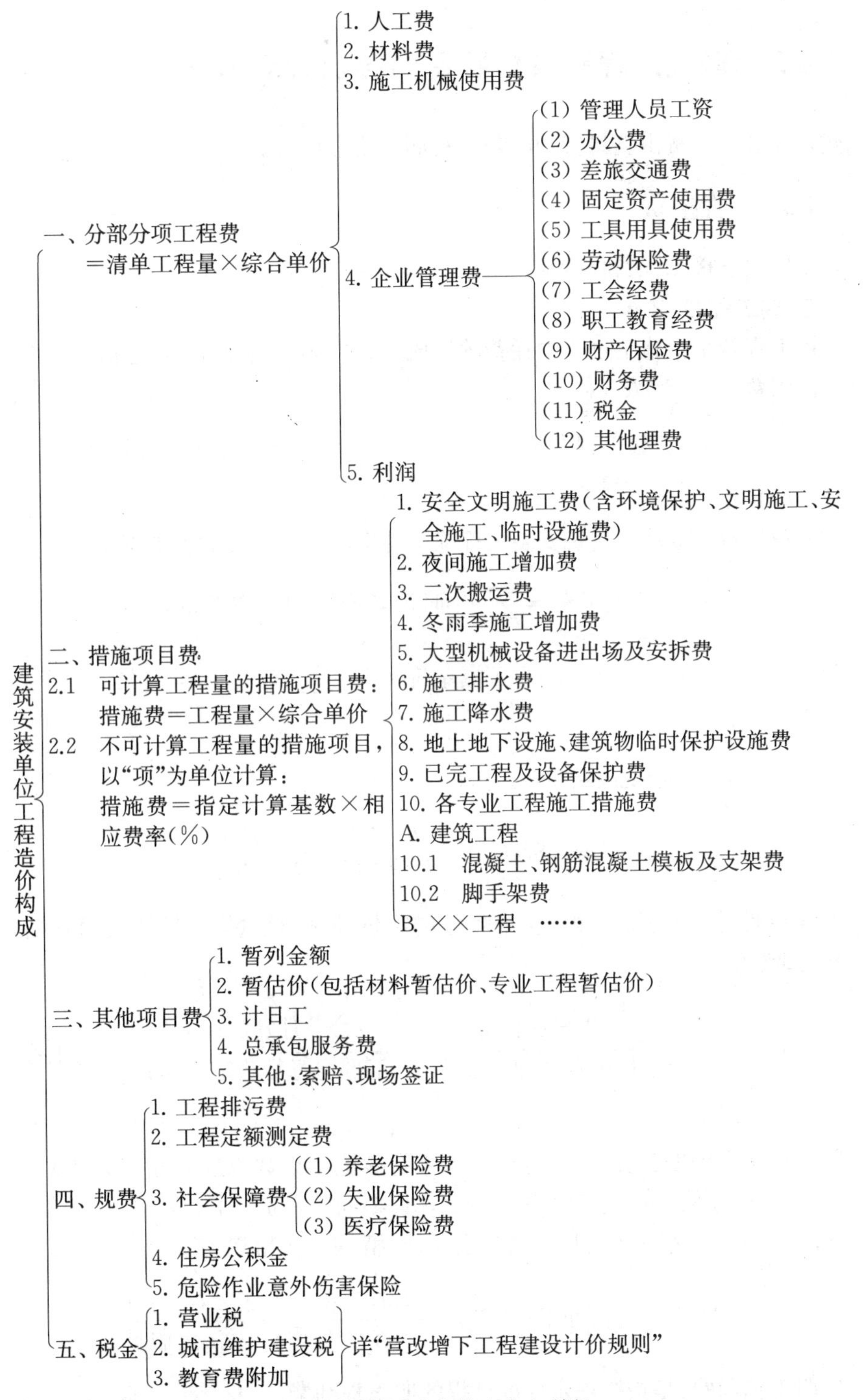

说明：综合单价=人工费+材料费+施工机具使用费+管理费+利润；

能计算工程量的(分部分项工程费、措施项目费、其他项目费)均采用“工程量×综合单价”的形式计算。

图 1-6　建筑安装工程单位工程造价费用构成

1.4.3 建筑工程费具体费用内容及计算方法

建筑安装工程费由直接费、间接费、利润和税金组成。

1.4.3.1 直接费

直接费由直接工程费和措施费组成。

1. 直接工程费

直接工程费是指施工过程中耗费的构成工程实体的各项费用，包括人工费、材料费、施工机械使用费。

$$直接工程费 = 人工费 + 材料费 + 施工机械使用费 \tag{1.4-1}$$

(1) 人工费

人工费是指直接从事建筑安装工程施工的生产工人开支的各项费用。

$$人工费 = \sum(工日消耗量 \times 日工资单价) \tag{1.4-2}$$

$$日工资单价(G) = \sum_{1}^{5} G \tag{1.4-3}$$

人工费内容包括：

① 基本工资：是指发放给生产工人的基本工资。

$$基本工资(G_1) = \frac{生产工人平均月工资}{年平均每月法定工作日} \tag{1.4-4}$$

② 工资性补贴：是指按规定标准发放的物价补贴，煤、燃气补贴，交通补贴，住房补贴，流动施工津贴等。

$$工资性补贴(G_2) = \frac{\sum 年发放标准}{全年日历日 - 法定假日} + \frac{\sum 月发放标准}{年平均每月法定工作日} + 每工作日发放标准 \tag{1.4-5}$$

③ 生产工人辅助工资：是指生产工人年有效施工天数以外非作业天数的工资，包括职工学习、培训期间的工资，调动工作、探亲、休假期间的工资，因气候影响的停工工资，女工哺乳时间的工资，病假在六个月以内的工资及产、婚、丧假期的工资。

$$生产工人辅助工资(G_3) = \frac{全年无效工作日 \times (G_1 + G_2)}{全年日历日 - 法定假日} \tag{1.4-6}$$

④ 职工福利费：是指按规定标准计提的职工福利费。

$$职工福利费(G_4) = (G_1 + G_2 + G_3) \times 福利费计提比例(\%) \tag{1.4-7}$$

⑤ 生产工人劳动保护费：是指按规定标准发放的劳动保护用品的购置费及修理费，徒工服装补贴，防暑降温费，在有碍身体健康环境中施工的保健费用等。

$$生产工人劳动保护费(G_5)=\frac{生产工人年平均支出劳动保护费}{全年日历日-法定假日} \quad (1.4-8)$$

(2) 材料费

材料费是指施工过程中耗费的构成工程实体的原材料、辅助材料、构配件、零件、半成品的费用。

材料费的内容包括：

① 材料原价(或供应价格)。

② 材料运杂费：是指材料自来源地运至工地仓库或指定堆放地点所发生的全部费用。

③ 运输损耗费：是指材料在运输装卸过程中不可避免的损耗。

④ 采购及保管费：是指为组织采购、供应和保管材料过程中所需要的各项费用。包括采购费、仓储费、工地保管费、仓储损耗。

⑤ 检验试验费：是指对建筑材料、构件和建筑安装物进行一般鉴定、检查所发生的费用，包括自设试验室进行试验所耗用的材料和化学药品等费用。不包括新结构、新材料的试验费和建设单位对具有出厂合格证明的材料进行检验，对构件做破坏性试验及其他特殊要求检验试验的费用。

材料费的计算如下：

$$材料费=\sum(材料消耗量\times材料基价)+检验试验费 \quad (1.4-9)$$

其中：

$$材料基价=[(供应价格+运杂费)\times(1+运输损耗率)]\times(1+采购保管费率\%) \quad (1.4-10a)$$

或

$$材料基价=材料供应价格+运杂费+运输损耗费+采购保管费 \quad (1.4-10b)$$

$$检验试验费=\sum(单位材料量检验试验费\times材料消耗量) \quad (1.4-11)$$

(3) 施工机械使用费

施工机械使用费是指施工机械作业所发生的机械使用费以及机械安拆费和场外运费。施工机械台班单价应由下列七项费用组成：

① 折旧费：指施工机械在规定的使用年限内，陆续收回其原值及购置资金的时间价值。

残值率指施工机械报废时回收其残余价值占机械原值的百分比。根据机械不同类型分别确定，残值率为 2%～5%。

时间价值系数指购置施工机械资金在施工生产过程中随着时间的推移而产生的单位增值。

年工作台班指施工机械在年度内使用的台班数量；应在编制期制度工作日基础上扣除规定的修理、保养及机械利用率等因素确定。

② 大修理费：指施工机械按规定的大修理间隔台班进行必要的大修理，以恢复其正常功能所需的费用。

③ 经常修理费：指施工机械除大修理以外的各级保养和临时故障排除所需的费用。包

括为保障机械正常运转所需替换设备与随机配备工具附具的摊销和维护费用，机械运转中日常保养所需润滑与擦拭的材料费用及机械停滞期间的维护和保养费用等。

④ 安拆费及场外运费：安拆费指施工机械在现场进行安装与拆卸所需的人工、材料、机械和试运转费用以及机械辅助设施的折旧、搭设、拆除等费用；场外运费指施工机械整体或分体自停放地点运至施工现场或由一施工地点运至另一施工地点的运输、装卸、辅助材料及架线等费用。安拆费及场外运费根据施工机械不同分为计入台班单价、单独计算和不计算三种类型。

工地间移动较频繁的小型机械及部分中型机械，其安拆费及场外运费已计入台班单价。

移动有一定难度的特型、大型(包括少数中型)机械，其安拆费及场外运费应单独计算。特型、大型机械由于一次安装拆卸费和场外运费比较高，一次施工工地作业时间难予预计，故特、大型机械安装拆卸费和场外运费没有列入相应的台班单价内，应按实际进场的机械型号、规格另行计算安装拆卸费及场外运费。

单独计算的安拆费及场外运费除应计算安拆费、场外运费外，还应计算辅助设施(包括基础、底座、固定锚桩、行走轨道枕木等)的折旧，搭设和拆除等费用。

塔式起重机的固定式基础或行走轨道应单独计算，未包括在相应台班单价中，应按相应的项目列项计算。

由于建设单位过早调用机械和非施工原因造成施工机械在工地停滞时，应计算停滞台班费、停滞台班费可按折旧费和台班其他费用计算。停滞时间应由甲、乙双签证确定(包括停滞机械的司机的人工数量)。

不需安装、拆卸且自身又能开行的机械和固定在车间不需安装、拆卸及运输的机械，其安拆费及场外运费不计算。

一次安拆费应包括施工现场机械安装和拆卸一次所需的人工费、材料费、机械费及试运转费。

一次场外运费应包括运输、装卸、辅助材料和架线等费用。

运输距离均应按 25 km 计算。

⑤ 人工费：指机上司机(司炉)和其他操作人员的工作日人工费及上述人员在施工机械规定的年工作台班以外的人工费。

⑥ 燃料动力费：指施工机械在运转作业中所消耗的固体燃料(煤、木柴)、液体燃料(汽油、柴油)及水、电等。

⑦ 养路费及车船使用税：指施工机械按照国家规定和有关部门规定应缴纳的养路费、车船使用税、保险费及年检费等。

施工机械使用台班费的计算：

$$\text{施工机械使用费} = \sum(\text{施工机械台班消耗量} \times \text{机械台班单价}) \tag{1.4-12}$$

$$\begin{aligned}\text{台班单价} = &\text{台班(折旧费} + \text{大修费} + \text{经常修理费} + \text{安拆费及场外运费)}\\ &+ \text{台班(人工费} + \text{燃料动力费} + \text{养路费及车船使用税)}\end{aligned} \tag{1.4-13}$$

2. 措施费

措施费是指为完成工程项目施工，发生于该工程施工前和施工过程中非工程实体项目的费用。包括内容如下：

(1) 安全、文明施工费

安全防护、文明施工措施费用，是指按照国家现行的建筑施工安全、施工现场环境与卫生标准和有关规定，购置和更新施工安全防护用具及设施、改善安全生产条件和作业环境所需要的费用，其具体内容详表 1－4。

表 1－4　建筑工程安全防护、文明施工措施项目主要内容

<table>
<tr><th>类别</th><th colspan="2">项目名称</th><th>具体要求</th></tr>
<tr><td rowspan="8">文明施工与环境保护</td><td colspan="2">安全警示标志牌</td><td>在易发伤亡事故(或危险)处设置明显的、符合国家标准要求的安全警示标志牌</td></tr>
<tr><td colspan="2">现场围挡</td><td>1. 现场采用封闭围挡，高度不小于 1.8 m；
2. 围挡材料可采用彩色、定型钢板，砖、混凝土砌块等墙体</td></tr>
<tr><td colspan="2">五板一图</td><td>在进门处悬挂工程概况、管理人员名单及监督电话、安全生产、文明施工、消防保卫五板；施工现场总平面图</td></tr>
<tr><td colspan="2">企业标志</td><td>现场出入的大门应设有本企业标志或企业标志</td></tr>
<tr><td colspan="2">场容场貌</td><td>1. 道路畅通；
2. 排水沟、排水设施通畅；
3. 工地地面硬化处理；
4. 绿化</td></tr>
<tr><td colspan="2">材料堆放</td><td>1. 材料、构件、料具等堆放时，悬挂有名称、品种、规格等标牌；
2. 水泥和其他易飞扬细颗粒建筑材料应密闭存放或采取覆盖等措施；
3. 易燃、易爆和有毒有害物品分类存放</td></tr>
<tr><td colspan="2">现场防火</td><td>消防器材配置合理，符合消防要求</td></tr>
<tr><td colspan="2">垃圾清运</td><td>施工现场应设置密闭垃圾站，施工垃圾、生活垃圾应分类存放。施工垃圾必须采用相应容器或管道运输</td></tr>
<tr><td rowspan="4">临时设施</td><td colspan="2">现场办公生活设施</td><td>1. 施工现场办公、生活区与作业区分开设置，保持安全距离；
2. 工地办公室、现场宿舍、食堂、厕所、饮水、休息场所符合卫生和安全要求</td></tr>
<tr><td rowspan="3">施工现场临时用电</td><td>配电线路</td><td>1. 按照 TN－S 系统要求配备五芯电缆、四芯电缆和三芯电缆；
2. 按要求架设临时用电线路的电杆、横担、瓷夹、瓷瓶等，或电缆埋地的地沟；
3. 对靠近施工现场的外电线路，设置木质、塑料等绝缘体的防护设施</td></tr>
<tr><td>配电箱开关箱</td><td>1. 按三级配电要求，配备总配电箱、分配电箱、开关箱三类标准电箱；开关箱应符合一机、一箱、一闸、一漏；三类电箱中的各类电器应是合格品；
2. 按两级保护的要求，选取符合容量要求和质量合格的总配电箱和开关箱中的漏电保护器</td></tr>
<tr><td>接地保护装置</td><td>施工现场保护零线的重复接地应不少于 3 处</td></tr>
<tr><td rowspan="2">安全施工</td><td rowspan="2">临边洞口交叉高处作业防护</td><td>楼板、屋面、阳台等临边防护</td><td>用密目式安全立网全封闭，作业层另加两边防护栏杆和 18 cm 高的踢脚板</td></tr>
<tr><td>通道口防护</td><td>设防护棚，防护棚应为不小于 5 cm 厚的木板或两道相距 50 cm 的竹笆；两侧应沿栏杆架用密目式安全网封闭</td></tr>
</table>

（续表）

类别	项目名称		具　体　要　求
安全施工	临边洞口交叉高处作业防护	预留洞口防护	用木板全封闭；短边超过 1.5 m 长的洞口，除封闭外四周还应设有防护栏杆
		电梯井防护	设置定型化、工具化、标准化的防护门；在电梯井内每隔两层（不大于10 m）设置一道安全平网
		楼梯边防护	设 1.2 m 高的定型化、工具化、标准化的防护栏杆，18 cm 高的踢脚板
		垂直方向交叉作业防护	设置防护隔离棚或其他设施
		高空作业防护	有悬挂安全带的悬索或其他设施；有操作平台；有上下的梯子或其他形式的通道

建筑工程安全防护、文明施工措施费用是由《建筑安装工程费用项目组成》中措施费所含的环境保护费、文明施工费、安全施工费、临时设施费组成。

① 环境保护费

环境保护费是指施工现场为达到环保部门要求所需要的各项费用。

$$\text{环境保护费}=\text{直接工程费}\times\text{环境保护费费率}(\%) \tag{1.4-14a}$$

$$\text{环境保护费费率}(\%)=\frac{\text{本项费用年度平均支出}}{\text{全年建安产值}\times\text{直接工程费占总造价比例}(\%)} \tag{1.4-14b}$$

② 文明施工费

文明施工费是指施工现场文明施工所需要的各项费用。

$$\text{文明施工费}=\text{直接工程费}\times\text{文明施工费费率}(\%) \tag{1.4-15a}$$

$$\text{文明施工费费率}(\%)=\frac{\text{本项费用年度平均支出}}{\text{全年建安产值}\times\text{直接工程费占总造价比例}(\%)} \tag{1.4-15b}$$

③ 安全施工费

安全施工费是指施工现场安全施工所需要的各项费用。

$$\text{安全施工费}=\text{直接工程费}\times\text{安全施工费费率}(\%) \tag{1.4-16a}$$

$$\text{安全施工费费率}(\%)=\frac{\text{本项费用年度平均支出}}{\text{全年建安产值}\times\text{直接工程费占总造价比例}(\%)} \tag{1.4-16b}$$

④ 临时设施费

临时设施费是指施工企业为进行建筑工程施工所必须搭设的生活和生产用的临时建筑物、构筑物和其他临时设施费用等。临时设施费用包括临时设施的搭设、维修、拆除费或摊销费。

临时设施包括：临时宿舍、文化福利及公用事业房屋与构筑物，仓库、办公室、加工厂以及规定范围内道路、水、电、管线等临时设施和小型临时设施。

临时设施费包括周转使用临建（如活动房屋）费、一次性使用临建（如简易建筑）费、其他临时设施（如临时管线）三部分。

$$\begin{aligned}\text{临时设施费} &= (\text{周转使用临建费} + \text{一次性使用临建费}) \\ &\quad \times [1 + \text{其他临时设施所占比例}(\%)]\end{aligned} \tag{1.4-17}$$

a. 周转使用临建费

$$\begin{aligned}\text{周转使用临建费} &= \sum\left[\frac{\text{临建面积} \times \text{每平方米造价}}{\text{使用年限} \times 365 \times \text{利用率}(\%)} \times \text{工期(天)}\right] \\ &\quad + \text{一次性拆除费}\end{aligned} \tag{1.4-18}$$

b. 一次性使用临建费

$$\begin{aligned}\text{一次性使用临建费} &= \sum[\text{临建面积} \times \text{每平方米造价} \times [1 - \text{残值率}(\%)]] \\ &\quad + \text{一次性拆除费}\end{aligned} \tag{1.4-19}$$

c. 其他临时设施费

其他临时设施费在临时设施费中所占比例，可由各地区造价管理部门依据典型施工企业的成本资料经分析后综合测定。

(2) 夜间施工费

夜间施工费是指因夜间施工所发生的夜班补助费、夜间施工降效、夜间施工照明设备摊销及照明用电等费用。

$$\text{夜间施工增加费} = \left(1 - \frac{\text{合同工期}}{\text{定额工期}}\right) \times \frac{\text{直接工程费中的人工费合计}}{\text{平均日工资单价}} \times \text{每工日夜间施工费开支} \tag{1.4-20}$$

(3) 二次搬运费

二次搬运费是指因施工场地狭小等特殊情况而发生的二次搬运费用。

$$\text{二次搬运费} = \text{直接工程费} \times \text{二次搬运费费率}(\%) \tag{1.4-21a}$$

$$\text{二次搬运费费率}(\%) = \frac{\text{年平均二次搬运费开支额}}{\text{全年建安产值} \times \text{直接工程费占总造价的比例}(\%)} \tag{1.4-21b}$$

(4) 冬雨季施工增加费

冬雨季施工增加费指在冬季、雨季施工期间，为了确保工程质量，采取保温、防雨措施所增加的材料费、人工费和设施费用，以及因工效和机械作业效率降低所增加的费用。

$$\text{冬雨季施工增加费} = \text{直接工程费} \times \text{冬雨季施工增加费费率}(\%) \tag{1.4-22a}$$

$$冬雨季施工增加费费率(\%)=\frac{年平均冬雨季施工增加费开支额}{全年建安产值\times直接工程费占总造价的比例(\%)}\tag{1.4-22b}$$

(5) 大型机械设备进出场及安拆费

大型机械设备进出场及安拆费是指机械整体或分体自停放场地运至施工现场或由一个施工地点运至另一个施工地点,所发生的机械进出场运输及转移费用及机械在施工现场进行安装、拆卸所需的人工费、材料费、机械费、试运转费和安装所需的辅助设施的费用。

$$大型机械进出场及安拆费=\frac{一次进出场及安拆费\times年平均安拆次数}{年工作台班}\tag{1.4-23}$$

(6) 施工排水费

施工排水费是指为确保工程在正常条件下施工,采取各种排水措施所发生的各种费用。

$$施工排水费=\sum排水机械台班费\times排水周期+排水使用材料费人工费\tag{1.4-24}$$

(7) 施工降水费

施工降水费是指为确保工程在正常条件下施工,采取各种降水措施所发生的各种费用。

$$施工降水费=\sum降水机械台班费\times降水周期+降水使用材料费人工费\tag{1.4-25}$$

(8) 地上地下设施、建筑物的临时保护设施费

地上地下设施、建筑物的临时保护设施费是指为了保护施工现场的一些成品免受其他施工工序的破坏,在施工现场搭设一些临时保护设施所发生的费用。

这两项费用一般都以直接工程费为取费依据,根据工程所在地工程造价管理机构测定的相应费率计算支出。

(9) 已完工程及设备保护费

已完工程及设备保护费是指竣工验收前,对已完工程及设备进行保护所需费用。

$$已完工程及设备保护费=成品保护所需机械费+材料费+人工费\tag{1.4-26}$$

(10) 专业措施项目费

根据《建设工程工程量清单计价规范》(GB 50500—2013)的规定,上述九项措施项目均为各专业工程均可通用措施项目。除此之外,原《建筑安装工程费用项目组成》中列示的混凝土、钢筋混凝土模板及支架费被列为建筑工程的专业措施项目,脚手架费被列为建筑工程、装饰装修工程和市政工程的专业措施项目。

1) 混凝土、钢筋混凝土模板及支架费

混凝土、钢筋混凝土模板及支架费是指混凝土施工过程中需要的各种钢模板、木模板、支架等的支、拆、运输费用及模板、支架的摊销(或租赁)费用。

① 自有模板及支架费

$$模板及支架费=模板摊销量\times模板价格+支拆运输费\tag{1.4-27}$$

其中，自有模板及支架费的摊销量可理解为：

$$\text{摊销量}=\text{一次使用量的摊销}+\text{每次补损量的摊销}-\text{回收量的摊销} \tag{1.4-28}$$

$$\text{一次使用量的摊销}=\frac{\text{一次使用量}}{\text{周转次数}} \tag{1.4-29}$$

$$\text{每次补损量的摊销}=\frac{\text{一次使用量}\times(\text{周转次数}-1)\times\text{补损率}}{\text{周转次数}} \tag{1.4-30}$$

$$\text{回收量的摊销}=\frac{\text{一次使用量}\times(1-\text{补损率})\times 50\%}{\text{周转次数}} \tag{1.4-31}$$

$$\text{摊销量}=\text{一次使用量}\times(1+\text{施工损耗率})]\times\left[\frac{1+(\text{周转次数}-1)\times\text{补损率}}{\text{周转次数}}-\frac{1-\text{补损率}\times 50\%}{\text{周转次数}}\right] \tag{1.4-32}$$

② 租赁模板及支架费

$$\text{模板租赁费}=\text{模板使用量}\times\text{使用日期}\times\text{租赁价格}+\text{支拆运输费} \tag{1.4-33}$$

2) 脚手架费

脚手架费是指施工需要的各种脚手架搭、拆、运输费用及脚手架的摊销(或租赁)费用。

① 自有脚手架费

$$\text{脚手架搭拆费}=\text{脚手架摊销量}\times\text{脚手架价格}+\text{搭、拆、运输费} \tag{1.4-34}$$

$$\text{脚手架摊销量}=\frac{\text{单位一次性使用量}\times(1-\text{残值率})}{\text{耐用期}\div\text{一次使用期}} \tag{1.4-35}$$

② 租赁脚手架费

$$\text{脚手架租赁费}=\text{脚手架每日租金}\times\text{搭设周期}+\text{搭、拆、运输费} \tag{1.4-36}$$

1.4.3.2　间接费

间接费指虽不直接由施工的工艺过程所引起，但却与工程的总体条件有关的，建筑安装企业为组织施工和进行经营管理，以及间接为建筑安装生产服务的各项费用。间接费由规费和企业管理费组成。

1. 规费(计算方法详表 1-5)

规费是指政府和有关权力部门规定必须缴纳的费用。包括：

(1) 工程排污费：指施工现场按规定缴纳的工程排污费。

(2) 工程定额测定费：是指按规定支付工程造价(定额)管理部门的定额测定费。

(3) 社会保障费

① 养老保险费：是指企业按规定标准为职工缴纳的基本养老保险费。

② 失业保险费：是指企业按照国家规定标准为职工缴纳的失业保险费。

③ 医疗保险费：是指企业按照规定标准为职工缴纳的基本医疗保险费。

(4) 住房公积金：是指企业按规定标准为职工缴纳的住房公积金。

(5) 危险作业意外伤害保险：是指按照建筑法规定，企业为从事危险作业的建筑安装施工人员支付的意外伤害保险费。

2. 企业管理费(计算方法详表 1-5)

企业管理费是指建筑安装企业组织施工生产和经营管理所需费用。包括：

(1) 管理人员工资：是指管理人员的基本工资、工资性补贴、职工福利费、劳动保护费等。

(2) 办公费：是指企业管理办公用的文具、纸张、账表、印刷、邮电、书报、会议、水电、烧水和集体取暖(包括现场临时宿舍取暖)用煤等费用。

(3) 差旅交通费：是指职工因公出差、调动工作的差旅费、住勤补助费，市内交通费和误餐补助费，职工探亲路费，劳动力招募费，职工离退休、退职一次性路费，工伤人员就医路费，工地转移费以及管理部门使用的交通工具的油料、燃料、养路费及牌照费。

(4) 固定资产使用费：是指管理和试验部门及附属生产单位使用的属于固定资产的房屋、设备仪器等的折旧、大修、维修或租赁费。

(5) 工具用具使用费：是指管理使用的不属于固定资产的生产工具、器具、家具、交通工具和检验、试验、测绘、消防用具等的购置、维修和摊销费。

(6) 劳动保险费：是指由企业支付离退休职工的易地安家补助费、职工退职金、六个月以上的病假人员工资、职工死亡丧葬补助费、抚恤费、按规定支付给离休干部的各项经费。

(7) 工会经费：是指企业按职工工资总额计提的工会经费。

(8) 职工教育经费：是指企业为职工学习先进技术和提高文化水平，按职工工资总额计提的费用。

(9) 财产保险费：是指施工管理用财产、车辆保险。

(10) 财务费：是指企业为筹集资金而发生的各种费用。

(11) 税金：是指企业按规定缴纳的房产税、车船使用税、土地使用税、印花税等。

(12) 其他：包括技术转让费、技术开发费、业务招待费、绿化费、广告费、公证费、法律顾问费、审计费、咨询费等。

1.4.3.3 利润(计算方法详表 1-5)

利润是指施工企业完成所承包工程获得的盈利。

表 1-5 管理费、规费和利润的计算方法

费用项目	取费基数	费率计算公式
管理费	直接费	企业管理费费率(%)$=\dfrac{\text{生产工人年平均管理费}}{\text{年有效施工天数}\times\text{人工单价}}\times$人工费占直接费比例(%)
	人工费+机械费	企业管理费费率(%)$=\dfrac{\text{生产工人年平均管理费}}{\text{年有效施工天数}\times(\text{人工单价}+\text{每一工日机械使用费})}\times 100\%$
	人工费	企业管理费费率(%)$=\dfrac{\text{生产工人年平均管理费}}{\text{年有效施工天数}\times\text{人工单价}}\times 100\%$

（续表）

费用项目	取费基数	费　率　计　算　公　式
规费	直接费	规费费率(%)$=\frac{\sum 规费缴纳标准\times 每万元发承包价计算基数}{每万元发承包价中的人工费含量}\times$人工费占直接费的比例(%)
	人工费＋机械费	规费费率(%)$=\frac{\sum 规费缴纳标准\times 每万元发承包价计算基数}{每万元发承包价中的人工费含量和机械费含量}\times 100\%$
	人工费	规费费率(%)$=\frac{\sum 规费缴纳标准\times 每万元发承包价计算基数}{每万元发承包价中的人工费含量}\times 100\%$
利润	直接费	(直接费＋间接费)×相应利润率
	人工费＋机械费	直接费中的人工费和机械费合计×相应利润率
	人工费	直接费中的人工费合计×相应利润率

1.4.3.4　税金

建筑安装工程费用中的税金是指按照国家税法规定的应计人建筑安装工程造价内的增值税，按税前造价乘以增值税税率确定。

1. 采用一般计税方法时增值税的计算

当采用一般计税方法时，建筑业增值税税率为 11%，计算公式为：

$$增值税=税前造价\times 11\%$$

税前造价为人工费、材料费、施工机具使用费、企业管理费、利润和规费之和。各费用项目均以不包含增值税可抵扣进项税额的价格计算。

2. 采用简易计税方法时增值税的计算

(1) 简易计税的适用范围

根据《营业税改征增值税试点实施办法)以及《营业税改征增值税试点有关事项的规定》的规定，简易计税方法主要适用于以下几种情况：

1) 小规模纳税人发生应税行为适用简易计税方法计税。

小规模纳税人通常是指纳税人提供建筑服务的年应征增值税销售额未超过 500 万元，并且会计核算不健全，不能按规定报送有关税务资料的增值税纳税人。年应税销售额超过 500 万元，但不经常发生应税行为的单位也可选释按照小规模纳税人计税。

2) 一般纳税人以请包工方式提供的建筑服务，可以选择适用简易计税方法计税。

以清包工方式提供建筑服务，是指施工方不采购建筑工程所需的材料或只采购辅助材料，并收取人工费、管理费或者其他费用的建筑服务。

3) 一般纳税人为甲供工程提供的建筑服务，就可以选择适用简易计税方法计税。

甲供工程，是指全部或部分设备、材料、动力由工程发包方自行采购的建筑工程。

4) 一般纳税人为建筑工程老项目提供的建筑服务，可以选择适用简易计税方法计税。

建筑工程老项目：

①《建筑工程施工许可证》注明的合同开工日期在 2016 年 4 月 30 前的建筑工程项目；

② 未取得《建筑工程施工许可证》的，建筑工程承包合同注明的开工日期在 2016 年 4 月 30 日前的建筑工程项目。

(2) 简易计税的计算方法

当采用简易计税方法时，建筑业增值税税率为 3%，计算公式为：

增值税＝税前造价×3%

税前造价为人工费、材料费、施工机具使用费、企业管理费、利润和规费之和，各费用项目均以包含增值税进项税额的含税价格计算。

3. 两税差异

(1) 营业税与增值税计算应纳税额的方法不同

营业税与增值税都是流转税的性质，但计算应纳税额的方法不同。

应纳税额＝营业额(工程造价)×营业税税率

增值税属于价外税，应纳税额＝当期销项税额－当期进项税额。

销项税额＝销售额(税前造价)×增值税税率

(2) 营业税与增值税计算应纳税金的基础不同

营业税应纳税金的计算以营业额(工程造价)为基础，现行计价规则的营业额包括增值税进项税额。

增值税税制要求进项税额不进成本，不是销售额(税前造价)的组成，销项税额计算基础是不含进项税额的“税前造价”。

而现行工程造价规则中“税前造价”已包括增值税进项税额，而不是计算销项税额的基础。

4. 营改增调整的内容和原则

根据增值税税制的要求，采用“价税分离”的原则，调整现行建设工程计价规则。即将营业税下建筑安装工程税前造价各项费用包含可抵扣增值税进项税额的“含税增值税税金”计算的计价规则，调整为税前造价各项费用不包含可抵扣增值税进项税额的“不含增值税税金”的计算规则。

(1) 税金

按 2013 年计价定额计算的营业税，各专业全部按税率 3%计算。增值税各专业全部按税率 11%计算，税金＝税前造价×增值税税率 11%。

(2) 附加税费

城市维护建设税、教育费附加和地方教育附加等税费、水利建设基金等，因计算不出应纳税额，即附加税的计税基数，按照标准定额司规定放到企业管理费中。

【课堂练习】

【1.4－1】 根据我国现行建筑安装工程费用项目组成的规定，直接从事建筑安装工程施工的生产工人的福利费应入(　　)。

A. 人工费　B. 规费　C. 企业管理费　D. 现场管理费

【解题要点】 构成人工费的基本要素有两个:即人工工日消耗量和人工日工资单价。其中相应等级的日工资单价包括生产工人基本工资、工资性补贴、生产工人辅助工资、职工福利费及生产工人劳动保护费。不同职工的职工福利费属于不同的费用科目,直接从事建筑安装工程施工的生产工人的福利费属于直接工程费中的人工费,管理人员的职工福利费属于企业管理费。应注意,根据工人的种类不同,该支出可能属于直接工程费,可能属于措施费,也可能属于管理费。

答案:A

【1.4-2】 下列费用中属于安装工程费用内容的是(　　)。

A. 煤气设备费及其装设、油饰工程的费用

B. 单台设备试运转的调试费

C. 设备基础的砌筑工程的费用

D. 电缆导线的敷设工程的费用

【解题要点】 在教材中所提及的建筑工程与土建工程的含义不尽相同。建筑工程可以理解为建筑物工程,即所有与建筑物的功能和目的有关的工程,因此 A、C、D 三项均属于建筑工程。只有 B 项为正确答案。

答案:B

【1.4-3】 根据《建筑安装工程费用项目组成》(建标[2003]206 号)文件的规定,下列属于直接工程费中材料的是(　　)。

A. 塔吊基础的混凝土费用

B. 现场预制构件地胎膜的混凝土费用

C. 保护已完石材地面而铺设的大芯板费用

D. 独立柱基础混凝土垫层费用

【解题要点】 直接工程费中的材料费必须是构成工程实体的。因此只有 D 项正确,而 A、B、C 三项均属于措施费。

答案:D

【1.4-4】 根据我国现行建筑安装工程费用项目组成的规定,工地现场材料采购人员的工资应计入(　　)。

A. 人工费　B. 材料费　C. 现场经费　D. 企业管理费

【解题要点】 构成材料费的基本要素是材料消耗量、材料基价和检验试验费,其中材料基价包括材料原价、材料运输费、运输损耗费、采购及保管费,而工地现场材料采购人员的工资属于材料采购及保管费的一部分。

答案:B

【1.4-5】 某施工企业施工时使用自有模板,已知一次使用量为 1 200 m^2,模板价格为 30 元/m^2,若周转次数为 8,补损率为 10%,施工损耗为 10%,不考虑支、拆、运输费,则模板费为(　　)元。

A. 3 960.0　B. 6 187.5　C. 6 682.5　D. 8 662.5

答案:B

【解题要点】 自用模板和支架费的计算是各项措施费计算中最复杂、难度最大的;在计

算公式中,摊销量主要由三部分组成:

(1) 一次使用量的摊销=一次使用量/周转次数;

(2) 每次补损量的摊销:在投入使用后,每次使用前需对上次使用时造成的损耗进行弥补(即补损率),因最后一次不需在弥补,故弥补次数为(周转次数-1)次,则各次补损量之和的摊销量=[一次使用量×(周转次数-1)×补损率]/周转次数;

(3) 未损耗部分,即(1-补损率)的部分可以回收,回收部分冲减摊销量,考虑回收部分折价 50%,则回收部分的摊销量=[一次使用量×(1-补损率)×50%]/周转次数。

则摊销量=[(1)+(2)-(3)]×(1+施工损耗)

$$=1\,200\times1+10\%\times\left[\frac{1+(8-1)\times10\%}{8}-\frac{(1-10\%)\times50\%}{8}\right]=206.25(\mathrm{m}^2)$$

模板费=206.25 m^2×30 元/m^2=6 187.5(元)

【1.4-7】 根据《建筑安装工程费用项目组成》(建标[2003]206 号)文件的规定,下列属于规费的是(　　)。

A. 环境保护费　　B. 工程排污费

C. 安全施工费　　D. 文明施工费

答案:B

【解题要点】 在 206 号文件中,规费、措施费、企业管理费之间费用构成的差别是经常容易混淆的,规费的性质是政府和有关权力部门规定必须缴纳的费用。

1.5 工程建设其他费用构成

工程建设其他费用是指应在建设项目的建设投资中开支的,为保证工程建设完成和交付使用后能够正常发挥效用而发生的固定资产其他费用、无形资产费用和其他资产费用。具体费用构成见表 1-6。

表 1-6 工程建设其他费用构成内容

费用构成		具体内容
1. 固定资产其他费用	1.1 建设管理费	建设管理费是指建设单位从项目筹建开始直至工程竣工验收合格或交付使用为止发生的项目建设管理费用,包括建设单位管理费和工程监理费。 1. 建设单位管理费是指建设单位发生的管理性质的开支,如招募生产工人费、技术图书资料费、业务招待费、设计审查费、工程招标费、合同契约公证费、法律顾问费、咨询费、完工清理费、竣工验收费、印花税等 2. 工程监理费是指建设单位委托工程监理单位实施工程监理的费用 (1) 施工监理收费=施工监理收费基准价×(1+浮动幅度值) (2) 施工监理收费基准价=施工监理收费基价×专业调整系数×工程复杂程度调整系数×附加调整系数 施工监理收费基价是完成国家法律法规、行业规范规定的施工阶段基本监理服务内容的酬金。施工监理收费基价按"发改价格[2007]670 号"《施工监理收费基价表》确定,计费额处于两个数值区间的,采用直线内插法确定施工监理收费基价

（续表）

费用构成		具　体　内　容
1. 固定资产其他费用	1.2 建设用地费	建设用地费是指为获得建设用地而支付的费用。 1. 土地征用及迁移补偿费：通过划拨方式取得无限期的土地使用权所支付的费用。包括(1) 土地补偿费；(2) 青苗补偿费和被征用土地上的房屋、水井、树木等附着物补偿费；(3) 安置补助费；(4) 耕地占用税或城镇土地使用税、土地登记费及征地管理费；(5) 征地动迁费；(6) 水利水电工程水库淹没处理补偿费 2. 土地使用权出让金：通过出让方式取得有限期的土地使用权所支付的土地使用权出让金 (1) 城市土地的出让和转让有协议、招标、公开拍卖等方式 (2) 土地使用权出让的最高年限因用途的不同而不同 (3) 征收契税及增值税
	1.3 可行性研究费	在建设项目前期工作中，编制和评估项目建议书(或预可行性研究报告)、可行性研究报告所需的费用
	1.4 研究试验费	为建设项目提供和验证设计参数、数据、资料等进行的必要的试验及设计规定在施工中必须进行试验、验证所需的费用。计算时要注意不包括以下项目： (1) 应由科技三项费用(新产品试制费、中间试验费、重要科学研究补助费)开支的项目 (2) 应在建筑安装费用中列支的施工企业对建筑材料、构件和建筑物进行一般鉴定、检查所发生的费用及技术革新的研究试验费 (3) 应有勘察设计费或工程费用中开支的项目
	1.5 勘察设计费	指委托勘察设计单位进行工程水文地质勘察、工程设计所发生的各项费用。包括工程勘察费、初步设计费(基础设计费)、施工图设计费(详细设计费)、设计模型制作费等
	1.6 环境影响评价费	指按《中华人民共和国环境保护法》和《中华人民共和国环境影响评价法》等法律规定，为全面、详细评价本建设项目对环境可能产生的污染或造成的重大影响所需的费用，包括编制环境影响报告书(含大纲)、环境影响报告表以及对环境影响报告书(含大纲)、环境影响报告表进行评估等所需的费用
	1.7 劳动安全卫生评价费	指按照劳动部《建设项目(工程)劳动安全卫生监察规定》和《建设项目(工程)劳动安全卫生预评价管理办法》规定，为预测和分析建设项目存在的职业危险、危害因素的种类和危险程度，并提出先进、科学、合理可行的劳动安全卫生技术和管理对策所需的费用。包括编制建设项目劳动安全卫生预评价大纲和劳动安全卫生预评价报告书以及为编制上述文件所进行的工程分析和环境现状调查等所需费用
		必评项目： (1) 大中型建设项目 (2) 火灾危险性生产类别为甲类的建设项目 (3) 爆炸危险场所等级为特别危险场所和高度危险场所的建设项目 (4) 大量生产或使用Ⅰ级和Ⅱ级危害程度的职业性接触毒物的建设项目 (5) 大量生产或使用石棉粉料或含有 10%以上的游离 SiO_2 粉料的建设项目 (6) 其他由劳动行政部门确认的危险、危害因素大的建设项目

（续表）

<table>
<tr><th colspan="2">费用构成</th><th>具 体 内 容</th></tr>
<tr><td rowspan="9">1. 固定资产其他费用</td><td rowspan="2">1.8 场地准备及临时设施费</td><td>1. 建设项目场地准备费：指建设项目为达到工程开工条件进行的场地平整和对建设场地余留的有碍于施工建设的设施进行拆除清理的费用
2. 建设单位临时设施费：为满足施工建设需要而供到场地界区的、未列入工程费的临时水、电、路、气、通信等其他工程费用和建设单位的现场临时建（构）筑物的搭设、维修、拆除、摊销或建设期间租赁费用，以及施工期间专用公路或桥梁的加固、养护、维修等费用</td></tr>
<tr><td>费用计算公式：场地准备及临时设施费＝工程费×相应费率＋拆除清理费
费用计算原则：
(1) 尽量与永久性工程考虑
(2) 可回收材料的拆除工程采用以料抵工方式冲抵拆除清理费
(3) 此项不包括已计入建筑安装工程费的施工单位临时设施费</td></tr>
<tr><td>1.9 引进技术和引进设备其他费</td><td>1. 引进项目图纸资料翻译复制费、备品备件测绘费：可按引进项目的具体情况计列或按引进货价（FOB 价）的比例估列
2. 出国人员费用：买方人员出国设计联络、出国考察、联合设计、监制、培训等所发生的旅费、生活费等
3. 来华人员费用：卖方来华工程技术人员的现场办公费、往返现场交通费、接待费等
4. 银行担保及承诺费：指引进项目由国外金融机构出面承担风险和责任担保所发生的费用，以及支付贷款机构的承诺费用</td></tr>
<tr><td rowspan="2">1.10 工程保险费</td><td>指建设项目在建设期间根据需要对建筑工程、安装工程、机器设备和人身安全进行投保而发生的保险费用，包括建筑安装工程一切险、引进设备财产保险和人身意外伤害险等</td></tr>
<tr><td>计算方法：
(1) 民用建筑工程（住宅、商场、学校等）：保险费＝建筑工程费×2‰～4‰
(2) 其他建筑（厂房、道路、水坝、码头、桥隧等）：保险费＝建筑工程费×3‰～6‰
(3) 安装工程（农业、工业、机械、矿山等）：保险费＝建筑工程费×3‰～6‰</td></tr>
<tr><td>1.11 联合试运转费</td><td>指新建项目或新增加生产能力工程，在交付生产前按照批准的设计文件所规定的工程质量标准和技术要求，进行整个生产线或装置的负荷联合试运转或局部联动试车所发生的费用净支出（试运转支出大于收入的差额部分）；
试运转支出：试运转所需原材料、燃料及动力消耗、低值易耗品、其他物料消耗、工具用具使用费、机械使用费、保险金、施工单位参加试运转人员工资，专家指导费等。试运转收入：试运转期间的产品销售收入和其他收入
说明：为测定安装工程质量，对单台设备进行单机试运转、对系统设备进行系统联动无负荷试运转工作的调试费应划入安装工程费中。即联合试运转费不包括应由设备安装工程费用下开支的单台设备调试费及试车费用，以及在试运转中暴露出来的因施工原因或设备缺陷等发生的处理费用</td></tr>
<tr><td>1.12 特殊设备安全监督检验费</td><td>在施工现场组装的锅炉及压力容器、压力管道、消防设备、燃气设备、电梯等特殊设备和设施，由安全监察部门按照有关安全监察条例和实施细则以及设计技术要求进行安全检验，应由建设项目支付的，向安全监察部门缴纳的费用</td></tr>
<tr><td>1.13 市政公用设施费</td><td>指使用市政公用设施的建设项目，按照项目所在地省一级人民政府有关规定建设或缴纳的市政公用设施建设配套费用以及绿化工程补偿费用</td></tr>
</table>

（续表）

费用构成		具　体　内　容
2. 无形资产费用	2.1　专利及专有技术使用费	无形资产费用，指直接形成无形资产的建设投资，主要是指专利及专有技术使用费： (1) 国外设计及技术资料费用，引进有效专利、专有技术使用费和技术保密费 (2) 国内有效专利、专有技术使用费用 (3) 商标权、商誉权和特许经营权费等
	2.2　专利及专有技术使用费计算	1. 按专利使用许可协议和专有技术使用合同的规定计列 2. 专有技术的界定应以省、部级鉴定批准为依据 3. 项目投资中只计需在建设期支付的专利及专有技术使用费，在生产期支付的使用费应计入生产成本核算中 4. 一次性支付的商标权、商誉权或特许经营权费用若在生产期中支付亦应计入生产成本核算中 5. 为项目配套的专用设施投资，如专用铁路、送变配电站、地下管道、专用码头等，若由项目建设单位负责投资但产权不归属本单位的，应作无形资产处理
3. 其他资产费用	3.1　生产准备及开办费内容	其他资产费用指建设投资中除形成固定资产和无形资产以外的部分，主要包括生产准备及开办费等。 生产准备及开办费，指建设项目为保证正常生产（或营业、使用）而发生的人员培训费、提前进厂费以及投产使用必备的生产办公、生活家具用具及工器具等购置费用。包括： (1) 人员培训费用及提前进厂费 (2) 为保证初期正常生产所必需的生产办公、生活家具用具购置费 (3) 为保证初期正常生产（或营业、使用）必需的第一套不够固定资产标准的生产工具、器具、用具购置费，不包括备品备件费
	3.2　生产准备及开办费	生产准备费＝设计定员×生产准备费指标（元/人）

说明：(1) 土地征用及迁移补偿费通常不超过被征土地年产值的 30 倍。土地年产值按该地被征用前三年的平均产量和国家规定的价格计算。

(2) 土地补偿费按该耕地被征用前三年平均年产值的 6～10 倍；征收无收益的土地不予补偿。

(3) 安置补助费按需安置的农业人口数计算，为该耕地被征用前三年平均年产值的 4～6 倍，最高不得超过被征用前三年平均年产值的 15 倍。

(4) 缴纳的耕地占用税或城镇土地使用税，县市土地管理机构从征地费中提取土地管理费，按片地工作量大小，在 1%～4%幅度内提取。

(5) 土地使用权出让的最高年限：① 居住用地 70 年；② 工业用地 50 年；③ 教育、科技、文化、卫生、体育用地 50 年；④ 商业、旅游、娱乐用地 40 年；⑤ 综合或者其他用地 50 年。

(6) 城市土地出让和转让方式的适用范围：① 协议，适用于市政工程、公益事业用地以及需要减免地价的机关、部队用地和需要重点扶持、优先发展的产业用地；② 招标，适用于一般工程建设用地；③ 公开拍卖，适用于盈利高的行业用地。

(7) 土地有偿出让和转让，土地所有者和使用者应承担的义务：① 国家要向土地受让者征收契税；② 转让土地若有增值，国家要向转让者征收土地增值税；③ 国家向土地使用者收取土地占用费。

【课堂练习】

【1.5－1】 单台设备试车费属于（　　）。

A.联合试运转费　　　　B. 建设单位管理费

C. 生产准备费　　D.设备安装工程费

【解题要点】 联合试运转费是指新建企业或新增生产工艺过程的扩建企业在竣工验收前,按照设计规定的工程质量标准,进行整个车间的负荷或无负荷联合试转发生的费用支出大于度运转收入的亏损部分。

生产准备费是指新建企业或新增生产能力的企业为保证竣工交付使用进行必要的生产准备所发生的费用。

为测定安装工程质量,对单台设备进行单机试运转、对系统设备进行系统联动无负荷试运转工作的调试费,均属于安装工程费。

答案:D

【1.5-2】 新建项目或新增生产能力的工程,在计算联合试运转费时需考虑的费用支出项目有(　　)。

A.试运转所需原材料、燃料费

B. 施工单位参加试运转人员工资

C.专家指导费

D. 设备质量缺陷发生的处理费

E. 施工缺陷带来的安装工程返工费

【解题要点】 工程建设其他费用中联合试运转费是历年建设工程执业资格证考试中较喜欢考的知识点,较容易混淆概念。

答案:ABC

【1.5-3】 关于土地自用及迁移补偿费的说法中,正确的是(　　)。

A. 征用林地、牧场的土地补偿费标准为该地被征用前三年,平均年产值的 6～10 倍

B. 征收无收益的土地,不予补偿

C. 地上附着物及青苗补偿费归农村集体所有

D. 被征用耕地的安置补助费最高不超过被征用前三年平均年产值的 30 倍

答案:B

【1.5-4】 下列费用中,属于工程建设其他费的建设管理费的有(　　)。

A.建设单位管理费　　B. 可行性研究费

C. 勘察设计费　　D.工程监理费

E. 总承包管理费

【解题要点】 选项 B 和 C 属于固定资产其他费中与管理费平行位置上的费用。

答案:ADE

【1.5-5】 下列工程建设其他费中,按规定将形成固定资产的有(　　)。

A.市政公用设施费　　B. 可行性研究费

C. 场地准备及临时设施费　　D. 专有技术使用费

E. 生产准备费

答案:ABC

1.6　预备费、建设期贷款利息计算

1.6.1　预备费

预备费,包括基本预备费和涨价预备费。

1.6.1.1　基本预备费

基本预备费是指针对在项目实施过程中可能发生难以预料的支出,需要预留的费用,又称工程建设不可预见费。一般由以下部分内容构成:

(1) 在批准的初步设计范围内,技术设计、施工图设计及施工过程中所增加的工程费用;设计变更、工程变更、材料代用、局部地基处理等增加的费用。

(2) 一般自然灾害造成的损失和预防自然灾害所采取的措施费用。实行工程保险的工程项目,该费用应适当降低。

(3) 竣工验收时为鉴定工程质量对隐蔽工程进行必要的挖掘和修复费用。其计算公式为

基本预备费=(工程费+工程建设其他费×基本预备费费率　(1.6-1)

1.6.6.2　涨价预备费

涨价预备费一般是根据国家规定的投资综合价格指数,以估算年份价格水平的投资额为基数,采用复利方法计算。

$$PF=\sum_{t=1}^{n} I_t[(1+f)^m\sqrt{(1+f)}\ (1+f)^{t-1}-1] \quad (1.6-2)$$

式中:PF 为涨价预备费;n 为建设期年份数;I_t 为建设期中第 t 年的投资计划额,包括工程费用工程建设其他费用及基本预备费,即第 t 年的静态投资额;f 为年均投资价格上涨率;m 为建设前期年限(自编制估算到开工建设,单位:年)。

【例 1.6-1】 某建设项目建安工程费 4 000 万元,设备购置费 2 500 万元,工程建设其他费 1 500 万元,基本预备费费率 5%,项目建设前期年限 1 年,建设期 3 年,各年计划投资额第一年 30%,第二年 50%,第三年 20%,年均投资价格上涨率 10%。试计算建设期间涨价预备费。

解:基本预备费=(4 000+2 500+1 500)×5%=400(万元);

静态投资额 I_t=4 000+2 500+1 500+400=8 400(万元);

第一年计划投资额 I_{t1}=8 400×30%=2 520(万元);

第二年计划投资额 I_{t2}=8 400×50%=4 200(万元);

第三年计划投资额 I_{t3}=8 400×20%=1 680(万元)。

涨价预备费 PF：

$PF_1=2\,520\times[(1+10\%)^1\times\sqrt{1+10\%}\times(1+10\%)^0-1]\approx387.30$(万元)；

$PF_2=4\,200\times[(1+10\%)^1\times\sqrt{1+10\%}\times(1+10\%)^{2-1}-1]\approx1\,130.05$(万元)；

$PF_3=1\,680\times[(1+10\%)^1\times\sqrt{1+10\%}\times(1+10\%)^{3-1}-1]\approx665.22$(万元)；

$PF=PF_1+PF_2+PF_3=2\,182.57$(万元)。

1.6.2 建设期利息

建设期利息包括向国内银行和其他非银行金融机构贷款、出口信贷、外国政府贷款、国际商业银行贷款以及在境内外发行的债券等在建设期间应计的借贷利息。

当总贷款是分年均衡发放时，建设期利息的计算可按当年借款年中支用考虑，即当年贷款按半年计息，以前年度贷款按全年计算。其计算式如下：

$$q_j=\left(P_{j-1}+\frac{A_j}{2}\right)\times i \tag{1.6-3}$$

式中：q_j 为建设期第 j 年应计贷款利息；P_{j-1} 为建设期第($j-1$)年末累计贷款本金与利息之和；A_j 为第 j 年贷款金额；i 为建设期间贷款利率。

国外贷款利息的计算中，还应包括国外贷款银行根据贷款协议向贷款方以年利率的方式收取的手续费、管理费、承诺费；以及国内代理机构经国家主管部门批准的以年利率的方式向贷款单位收取的转贷费、担保费、管理费等。

【例 1.6-2】 某拟建项目，建设期 3 年，分年均衡进行贷款，第一年贷款 500 万元，第二年贷款 600 万元，第三年贷款 400 万元，年利率 8%，建设期内利息只计息不支付。试计算建设期贷款利息。

解：建设期贷款利息计算如下：

$q_1=\left(P_0+\frac{A_1}{2}\right)\times i=\left(0+\frac{500}{2}\right)\times8\%=20$(万元)；

$q_2=\left(P_1+\frac{A_2}{2}\right)\times i=\left(500+20+\frac{600}{2}\right)\times8\%=65.6$(万元)；

$q_3=\left(P_2+\frac{A_3}{2}\right)\times i=\left(520+600+65.6+\frac{400}{2}\right)\times8\%=110.848$(万元)；

$q=\sum_{j=1}^{3}q_j=20+65.6+110.848=196.448$(万元)。

1.7 营改增下建设工程计价规则

1.7.1 《建筑安装工程费用项目组成》(建标〔2013〕44 号)调整

(1) 明确建筑安装工程税前造价构成各项费用均不包括进项税额。

(2) 修改税金的定义

修正后的《建筑安装工程费用项目组成》税金是指按照国家税法规定应计入建筑安装工程造价的增值税销项税额。

(3) 明确城市维护建设税、教育费附加和地方教育附加等税费的计取。

1.7.2　要素价格

1.7.2.1　人工单价

人工单价的组成内容是工资，一般没有进项税额，不需要调整。

1.7.2.2　材料价格

材料价格组成内容包括材料原价、运杂费、运输损耗费、采购及保管费等，材料单价＝{(材料原价＋运杂费)×[1＋运输损耗率(%)]}×[1＋采购保管费率(%)]。

材料单价各项组成调整方法见表 1-7。

表 1-7　材料单价各项组成调整方法

序号	材料单价组成内容	调整方法及适用税率
1	“两票制”材料	材料原价、运杂费及运输损耗费按以下方法分别扣减
1.1	材料原价	以购进货物适用的税率(17%、13%)或征收率(6%、3%)扣减
1.2	运杂费	以接受交通运输业服务适用税率 11%扣减
1.3	运输损耗费	运输过程所发生损耗增加费，以运输损耗率计算，随材料原价和运杂费扣减而扣减
2	“一票制”材料	材料原价和运杂费、运输损耗费按以下方法分别扣减
2.1	材料原价＋运杂费	以购进货物适用的税率(17%、13%)或征收率(6%、3%)扣减
2.2	运输损耗费	运输过程所发生损耗增加费，以运输损耗率计算，随材料原价和运杂费扣减而扣减
3	采购及保管费	主要包括材料的采购、供应和保管部门工作人员工资、办公费、差旅交通费、固定资产使用费、工具用具使用费及材料仓库存储损耗费等。以费用水平(发生额)“营改增”前后无变化为前提，参照本方案现行企业管理费调整分析测定可扣除费用比例和扣减系数调整采购及保管费，调整后费率一般适当调增

说明：“两票制”材料，指材料供应商就收取的货物销售价款和运杂费向建筑业企业分别提供货物销售和交通运输两张发票的材料；“一票制”的材料，指材料供应商就收取的货物销售价款和运杂费合计金额向建筑业企业仅提供一张货物销售发票的材料。

调整基本公式(参考)：

$$C_{\Delta}=C_b \cdot T/(1+T)$$

$$C_v=C_b/(1+T)$$

$$K = 1/(1+T)$$

式中：C_{Δ} 为营业税下材料可抵扣进项税额；C_b 为营业税下材料价格；C_v 为扣减进项税额材料价格；T 为材料适用的平均税率；K 为材料扣减系数。

【例 1.7-1】 以"两票制"的 32.5 级水泥价格扣减进项税额为例，说明材料价格调整过程，详见表 1-8。其中采购及保管费费用考虑了 30%的可扣除费用，费率则由"2.2%"变化为"2.5%"。

表 1-8 材料价格调整

材料名称	价格形式	单价	原价	运杂费	运输损耗费	采购及保管费	平均税率
32.5 级水泥	含税价格	319.48	285.93	25	1.55	7	(319.48－274.90)÷274.90＝16.22
	不含税价格	274.90	285.93/1.17＝244.38	25/1.11＝22.52	1.33	7.00×(70%＋30%/1.17)＝6.69	

1.7.2.3 施工机具台班单价

施工机具包括施工机械和仪器仪表。施工机械台班单价＝台班折旧费＋台班大修费＋台班经常修理费＋台班安拆费及场外运费＋台班人工费＋台班燃料动力费＋台班车船税费；仪器仪表台班单价＝工程使用的仪器仪表摊销费＋维修费。施工机具台班单价的具体调整方法见表 1-9。

表 1-9 施工机具台班单价的具体调整方法

序号	施工机具台班单价	调整方法及适用税率
1	机械台班单价	各组成内容按以下方法分别扣减，扣减平均税率小于租赁有形动产适用税率 17%
1.1	台班折旧费	以购进货物适用的税率 17%扣减
1.2	台班大修费	以接受修理修配劳务适用的税率 17%扣减
1.3	台班经常修理费	考虑部分外修和购买零配件费用，以接受修理修配劳务和购进货物适用的税率 17%扣减
1.4	台班安拆费	按自行安拆考虑，一般不予扣减
1.5	台班场外运输费	以接受交通运输业服务适用税率 11%扣减
1.6	台班人工费	组成内容为工资总额，不予扣减
1.7	台班燃料动力费	以购进货物适用的相应税率或征收率扣减，其中自来水税率 13%或征收率 6%，县级及县级以下小型水力发电单位生产的电力征收率 6%，其他燃料动力的适用税率一般为 17%

调整公式同材料价格的调整。

【案例 1.7-2】 以履带式液压单斗挖掘机（1 m^3）台班单价扣减进项税额为例。其中台班经常修理费考虑了 70%的可扣除费用，台班安拆费及场外运输费考虑了 60%的可扣除费用。

解： 履带式液压单斗挖掘机（1 m^3）台班单价扣减进项税额详见表 1-10。

表 1－10　履带式液压单斗挖掘机(1 m^3)台班单价扣减进项税额

机械名称	价格形式	台班单价	折旧费	大修理费	经常修理费	安拆费及场外运输费	人工费	燃料动力费	平均税率
履带式液压单斗挖掘机 1 m^3	含税价格	1 088	286	75	158	0	127	442	(1 088－955)÷955＝13.9%
	不含税价格	955	286÷1.17＝244	75÷1.17＝64	158×(30%＋70%÷1.17)＝142	0×(40%＋60%÷1.11)＝0	127	442÷1.17＝378	

1.7.2.4　其他

定额中以金额“元”表示的其他材料费(或零星材料费)、小型机具使用费(或其他机具使用费),应以增值税适用税率扣减其进项税额;以百分比“%”表示的,鉴于其扣除率与计算基础——材料费、施工机具使用基本相当,一般不作调整。

1.7.3　费用定额

1.7.3.1　调整范围

1. 企业管理费

企业管理费包括 14 项。其中办公费、固定资产使用费、工具用具使用费、检验试验费等 4 项内容所包含的进项税额应予扣除,其他项内容不做调整。管理费中可扣减费用内容见表 1－11。

表 1－11　管理费中可扣减费用

序号	可扣减费用内容	调整方法及适用税率
1	办公费:是指企业管理办公用的文具、纸张、账表、印刷、邮电、书报、办公软件、现场监控、会议、水电、烧水和集体取暖降温(包括现场临时宿舍取暖降温)等费用	以购进货物适用的相应税率扣减,其中购进图书、报纸、杂志适用的税率 13%,接受邮政和基础电信服务适用税率 11%,接受增值电信服务适用的税率 6%,其他一般为 17%
2	固定资产使用费:是指管理和试验部门及附属生产单位使用的属于固定资产的房屋、设备、仪器等的折旧、大修、维修或租赁费	除房屋的折旧、大修、维修或租赁费不予扣减外,设备、仪器的折旧、大修、维修或租赁费以购进货物或接受修理修配劳务和租赁有形动产服务适用的税率扣减,均为 17%
3	工具用具使用费:是指企业施工生产和管理使用的不属于固定资产的工具、器具、家具、交通工具和检验、试验、测绘、消防用具等的购置、维修和摊销费	以购进货物或接受修理修配劳务适用的税率扣减,均为 17%
4	检验试验费	以接受试点“营改增”的部分现代服务业适用的税率 6%扣减

2. 利润及规费

规费和利润均不包含进项税额。

3. 措施费

安全文明施工费、夜间施工增加费、二次搬运费、冬雨季施工增加费、已完工程及设备保护费等措施费，应在分析各措施费的组成内容的基础上，参照现行企业管理费费率的调整方法调整。

1.7.3.2 费率调整方法

由于取费基础和费用内容发生变化，费率应做相应的调整，按照费用水平(发生额)“营改增”前后无显著变化考虑，调整费率见表 1-12。

表 1-12 费率调整

序号	计算基础	费率调整计算式	备注
1	直接费： 人工费＋材料费＋施工机具使用费	$\frac{K_i}{\gamma_r+K_c\gamma_c+K_m\gamma_m}\alpha_i$	现行企业管理费：$K_o<1$； 利润：$K_p=1$； 规费：$K_g=1$
2	人工费＋施工机具使用费	$\frac{K_i(\gamma_r+\gamma_m)}{\gamma_r+K_m\gamma_m}\alpha_i$	
3	人工费	$K_i\alpha_i$	

表中：γ_r，γ_c，γ_m 为按照专业工程测定的人工费、材料费、施工机具使用费占直接费的比例，$\gamma_r+\gamma_c+\gamma_m=1$；$K_c$ 为材料费扣减系数；K_m 施工机具使用费扣减系数；K_i 为现行企业管理费、利润或规费的扣减系数，分别记为 K_o，K_p，K_g；α_i 为现行企业管理费、利润或规费费率，分别记为 α_o，α_p，α_g。

1.7.4 指标指数

1.7.4.1 指标

工程造价指标中消耗量指标不需要调整。人工费、规费、利润等不含进项税额的费用指标也不调整。材料费、施工机具使用费、企业管理费、税金等费用指标“营改增”前后将产生较大变化，指标不具备纵向可比性。营业税下的指标不做调整，“营改增”后发布的指标按调整后的发布。

1.7.4.2 指数

指数均以报告期价格除以基期价格计算。“营改增”后，基期价格与报告期价格调整同口径，基期价格扣除进项税。

1.7.5 术语

(1) 进项业务，指建筑业企业生产经营过程中，购进货物或接受增值税应税劳务和服务的业务。

(2) 含税金额，指建筑业企业生产经营过程中，购进货物或接受增值税应税劳务和服务所支付的含可抵扣进项税额的价款和价外费用总额。

(3) 不含税金额，指建筑业企业生产经营过程中，购进货物或接受增值税应税劳务和服务所支付的价款和价外费用总额扣除可抵扣进项税额后的金额。

(4) 进项业务，指建筑业企业生产经营过程中，购进货物或接受增值税应税劳务和服务的业务。

1.7.6 “营改增”下湖南省的建筑安装工程费用构成计算

湖南省目前采用的建设工程造价计价依据是《关于调整补充增值税条件下建设工程计价依据》(湘建价〔2016〕160 号)文件，是根据《湖南省住房和城乡建设厅关于取消劳保基金与增加社会保险费有关事项的通知》(湘建价〔2016〕134 号)规定，并结合《湖南省住房和城乡建设厅关于印发〈湖南省建设工程计价办法〉及〈湖南省建设工程消耗量标准〉的通知》(湘建价〔2014〕113 号)、《湖南省住房和城乡建设厅关于印发〈关于增值税条件下计费程序和计费标准的规定〉及〈关于增值税条件下材料价格发布与使用的规〉>的通知》(湘建价〔2016〕72 号)相关规定，对建筑安装工程费用构成和计算调整补充如下：

(1) 鉴于劳保基金取消等政策调整，湘建价〔2014〕113 号、湘建价〔2016〕72 号文件所附的工程计价表格、工程费用标准全部作废，统一调整为本通知所附《增值税条件下工程计价表格及工程费用标准》。

(2) 对湘建价〔2016〕72 号文件附件 2《关于增值税条件下材料价格发布与使用的规定》进行调整补充：

① 混凝土、砂浆等配合比材料如为现场拌合，则按对应的材料分别除税。

② 园林苗木综合税率按 12.76%除税。

③ 其他未列明分类的材料及设备综合税率由按 6%调整为按 16.93%除税。税法另有规定的，从其规定。

(3) 专业工程暂估价调整为不超过清单项目总造价的 30%。

本章小结

本章的重点是我国工程造价中各项费用的构成。

1. 建设项目投资与工程造价

本节只要掌握图 1-3 中各项费用内容即可。

2. 设备及工、器具购置费

重点掌握国产非标准设备原价和进口设备原价的计算。按成本估价法计算国产非标准设备原价，特别注意包装费与利润的计算基数，计算包装费时应把外购配套件的费用加上，计算利润时不应考虑外购配套件费。进口设备原价计算，重点放在各项费用的计算基数，尤其是关税、增值税的计算；特别注意区别抵岸价、到岸价(CIF)、离岸价(FOB)和运费在内价(CFR)。

3. 建筑安装工程费用构成及计算

重点掌握直接工程费、措施费、规费、企业管理费的构成内容及税金的计算。特别注意哪些人工费计入直接工程费，哪些计入企业管理费。措施费中掌握夜间施工增加费，混凝土、钢筋混凝土模板及支架费，脚手架和临时设施费的计算。企业管理费中注意劳动保险费中包含的各个项目及与人工费中的辅助工资包含项目的区别。管理费及利润的计算基础分三种形式。

特别注意，营改增下建设工程计价规则的变化。

4. 工程建设其他费的构成

工程建设其他费用按固定资产其他费用、无形资产费用和其他资产费用进行分类。

5. 预备费、建设期利息

对于预备费，掌握其两种形式，即基本预备费和涨价预备费。基本预备费主要掌握其构成及计算基数；涨价预备费重点掌握计算。

建设期利息计算应重点掌握，特别注意利率中包含的附加费用项目、名义利率与实际利率的换算。

练习一

一、单项选择题

1. 某建设项目建筑安装工程费构成中，直接费 300 万元，间接费 200 万元，利润 100 万元，税金 20 万元，措施项目费 150 万元，规费 60 万元，临时设施费 50 万元。则直接工程费为(　　)万元。

A. 620　　B. 250　　C. 150　　D. 240

2. 成本计算估价法计算国产非标准设备原价时，其中的税金是指(　　)。

A. 增值税进项税额　　B. 当期应纳税额

C. 增值税与消费税之和　　D. 增值税销项税额

3. 国产标准设备原价，一般是按(　　)计算的。

A. 带有备件的原价　　B. 定额估价法

C. 系列设备插入估价　　D. 分组组合估价

4. 下列价格中不属于 FOB 的是(　　)。

A. 离岸价格　　B. 装运港船上交货价

C. 原币货价或人民币货价　　D. 到岸价格

5.下列对国产设备原价的表述，正确的是(　　)。

A. 国产设备原价即订货合同价

B. 国产设备原价还可分为建筑工程设备原价和安装工程设备原价

C. 在计算国产标准设备原价时，一般采用不带有备件的原价

D. 非标准设备原价计算时不包括包装费

6.下列对进口设备原价的阐述，正确的是(　　)。

A. 进口设备的原价是进口设备的出厂价

B. 进口设备原价的构成与进口设备的交货类别无关

C. 进口设备采用最多的是 CIF

D. CIF 包括 FOB、国际运费、运输保险费，它作为关税完税价格

7. 下列关于土地征用及迁移补偿费说法，不正确的是（　　）。

A. 土地征用及迁移补偿费是指建设项目为取得有限期的土地使用权，依据相关法律规定所支付的费用

B. 土地征用及迁移补偿总和一般不得超过被征用土地年产值的 30 倍

C. 被征用土地年产值按该地被征用前三年的平均产量和国家规定的价格计算

D. 土地征用及迁移补偿费主要包括土地补偿费、青苗补偿费及土地附着物补偿费、安置补助费、征地动迁费等

8. 具有总承包条件的工程公司，对工程建设项目从开始建设至竣工投产全过程的总承包所需的管理费用应计入（　　）。

A. 直接工程费　　B. 间接费

C. 建设单位管理费　　D. 与项目建设有关的其他费用

9. 下列对于设备运杂费的阐述，正确的是（　　）。

A. 设备运杂费属于工程建设其他费用

B. 该费用通常由运费和装卸费、包装费、设备供销部门的手续费、采购与仓库保管费构成

C. 设备运杂费的取费基础是运费

D. 工程造价构成中不含设备运杂费，因它属于流动资金

10. 用成本计算估价法计算国产非标准设备原价时，下列项目中包括在利润的计算基数中的是（　　）。

A. 外购配套件费　　B. 包装费

C. 增值税　　D. 非标准设备设计费

11. 下列对建筑安装工程费用中人工费的阐述，正确的是（　　）。

A. 人工费属于措施费

B. 构成人工费的基本要素有两个，即人工工日消耗量和人工日工资单价

C. 指为完成工程项目施工，发生于该工程施工前和施工过程中非工程实体项目的费用

D. 人工费 $=\sum$（工程消耗量 × 工资单价）

12. 纳税地点在县镇的企业综合税率的计算公式为（　　）。

A. 综合税率(%) $=\dfrac{1}{1-3\%-(3\%\times7\%)-(3\%\times3\%)-(3\%\times2\%)}-1$

B. 综合税率(%) $=\dfrac{1}{1-3\%-(3\%\times1\%)-(3\%\times3\%)-(3\%\times2\%)}-1$

C. 综合税率(%) $=\dfrac{1}{1-3\%-(3\%\times5\%)-(3\%\times3\%)-(3\%\times2\%)}-1$

D. 综合税率(%) $=\dfrac{1}{1-3\%-(3\%\times3\%)-(3\%\times3\%)-(3\%\times2\%)}-1$

13. 建筑安装工程费用中营业税的计税基础是(　　)。

A. 直接费与间接费之和

B. 直接费、间接费与计划利润之和

C. 直接工程费与间接费之和

D. 从事建筑、安装、修缮、装饰及其他工程作业收取的全部收入

14. 某项目进口一批工艺设备,其银行财务费为 4 万元,外贸手续费为 19 万元,关税税率为 20%,增值税税率为 17%,抵岸价为 1 790 万元。该批设备无消费税、海关监管手续费,则该批进口设备的到岸价格为(CIF)为(　　)万元。

A. 745.57　　B. 1 258.55　　C. 1 274.93　　D. 4 837.84

15. 当以直接费为计算基础时,建筑工程的企业管理费和利润的取费基数分别为(　　)。

A. 直接费、直接费

B. 直接费、直接费+间接费

C. 直接工程费、直接费

D. 分部分项工程费、定额人工费+定额机械费

16. 若建筑安装企业办有职工子弟学校,则其教育费附加的缴纳方式为(　　)。

A. 不需缴纳　　B. 照常缴纳

C. 减半征收　　D. 先照常缴纳,再酌情返还

17. 下列对工程监理费的阐述正确的是(　　)。

A. 它的取费费率受商务部文件规定影响

B. 一般按所监理工程概算或预算的百分比计算

C. 对于单工种或长期性项目可根据参与监理的年度平均人数计算

D. 它属于与未来企业生产经营有关的其他费用

18. 某项目周转使用临时设施建筑面积 100 m^2,造价 100 元/m^2,使用年限 4 年,利用率 90%,工期 50 d,一次性拆除费 500 元;该项目一次性使用临时设施建筑面积 200 m^2,每平方米造价 50 元,残值率 5%,一次性拆除费 300 元,其他临时设施所占比例 10%,则该项目临时设施费总额为(　　)元。

A. 880.52　　B. 9 800　　C. 11 748.57　　D. 10 680.52

19. 下列对二次搬运费的理解,正确的是(　　)。

A. 二次搬运费是指机械整体或分体由一个施工地点至另一个施工地点所发生的费用

B. 二次搬运费的计算与直接工程费无关

C. 二次搬运费的计算与全年建安产值有关

D. 二次搬运费计入直接工程费

20. 下列对于土地使用权出让最高年限的说法,正确的是(　　)。

A. 居住用地 70 年　　B. 工业用地 30 年

C. 科技、文化用地 60 年　　D. 商业、旅游用地 50 年

21. 某市建筑公司承建某政府办公楼,工程不含税造价为 2 000 万元。则该企业的含税造价为(　　)万元。

A. 62.04　　B. 2 066.33　　C. 2 022.45　　D. 2 069.54

22. 下列不属于基本预备费内容的是(　　)。

A. 人工、设备、材料、施工机械的价差费用

B. 技术设计、施工图设计及施工过程中所增加的工程费用

C. 一般自然灾害造成的损失和预防自然灾害所采取的费用

D. 竣工验收时为鉴定工程质量对隐蔽工程进行必要的修复费用

23. 某建设项目,建设期为 2 年,各年投资计划额如下:第一年投资 6 500 万元,第二年 9 000 万元,年均投资价格上涨率为 8%。则建设项目建设期间涨价预备费为(　　)万元。

A. 1 240　　B. 1 497.6　　C. 99.2　　D. 2 017.6

24. 某新建项目,建设期为 3 年,分年均衡进行贷款,第一年贷款 500 万元,第二年贷款 800 万元,第三年贷款 600 万元,年利率为 16%,建设期内利息只计息不支付。则建设期贷款利息为(　　)万元。

A. 361.5　　B. 476.86　　C. 152.9　　D. 265.4

二、多项选择题

1. 下列对工具、器具及生产家具购置费的描述,正确的是(　　)。

A. 是指新建或扩建项目施工图设计规定的

B. 保证初期正常生产必须购置的

C. 达到了固定资产标准

D. 一般以设备购置费为计算基数

E. 按照部门或行业规定的费率计算

2. 下列有关措施费的阐述,正确的是(　　)。

A. 可以发生在工程施工前　　B. 可以发生在施工过程中

C. 是非工程实体项目的费用　　D. 可以是工程实体项目的费用

E. 可以发生在施工结束之后

3. 下列有关土地有偿出让和转让的理解,正确的是(　　)。

A. 在有偿出让和转让土地时,政府对地价有统一规定

B. 城市土地的出让和转让只能通过招标方式

C. 有偿出让和转让使用权,要向土地受让者征收契税

D. 转让土地如有增值,要向转让者征收土地增值税

E. 土地转让期间,国家要区别不同地段、不同用途向土地使用者收取土地占用费

4. 建设期贷款利息包括(　　)。

A. 在建设期间内应偿还的借款利息

B. 国外贷款银行根据协议向贷款方以年利率方式收取的手续费、管理费、承诺费

C. 国内代理机构经国家主管部门批准的以年利率的方式向贷款方收取的转贷费、担保费、管理费等

D. 工程保险费

E. 涨价预备费

5. 计算国产非标准设备原价时,常用的计算方法有(　　)。

A. 成本计算估价法　　B. 系数估算法

C. 系列设备插入估价法　　D. 分部组合估价法

E. 定额估价法

6. 下列关于设备及工、器具购置费的描述中，正确的是(　　)。

A. 设备购置费由设备原价、设备运杂费、采购保管费组成

B. 国产标准设备带有备件时，其原价按不带备件的价值计算，备件价值计入工、器具购置费中

C. 国产设备的运费和装卸费是指由设备制造厂交货地点起至工地仓库所产生的运费和装卸费

D. 进口设备采用装运港船上交货价时，其运费和装卸费是指设备由装运港港口起到工地仓库止所发生的运费和装卸费

E. 工、器具及生产家具购置费一般以设备购置费为计算基数，乘以部门或行业规定的定额费率计算

7. 当计算进口设备的消费税时，计算基础中应该包括(　　)。

A. 货价　　B. 国际运费

C. 关税　　D. 增值税

E. 消费税

8. 根据我国现行建筑安装工程费用项目组成，下列属于社会保障费的是(　　)。

A. 住房公积金　　B. 养老保险费

C. 失业保险费　　D. 医疗保险费

E. 危险作业意外伤害保险费

9. 根据《建筑安装工程费用项目组成》(建标[2013]44 号)文件的规定，下列各项中属于施工机具使用费的是(　　)。

A. 机械夜间施工增加费　　B. 大型机械设备进出场费

C. 机械燃料动力费　　D. 机械经常修理费

E. 司机在年工作台班以外的人工费

10. 我国现行建筑安装工程费用构成中，属于措施费的项目有(　　)。

A. 环境保护费　　B. 文明施工费

C. 工程排污费　　D. 已完工程保护费

E. 研究试验费

11. 下列(　　)费用占工程造价比重的增大，意味着生产技术的进步和资本有机构成的提高。

A. 设备购置费　　B. 直接工程费

C. 工、器具购置费　　D. 固定资产投资方向调节税

E. 生产家具购置费

(注：扫描封面二维码获取全书习题答案。)

本章习题答案

第2章
工程造价计价依据

【内容提要与学习要求】

章节知识结构	学习要求	权重
建设工程定额计价	熟悉建设工程定额基本类型,掌握与定额计价模式相对应的工料单价计价法	40%
建设工程清单计价	掌握建设工程工程量清单计价方法,和与之相对应的综合单价组价方法	60%

【章前导读】

清单计价模式下组成综合单价的管理费和利润的计费基数是什么?施工中材料价格的变动对管理费和利润会有什么影响?

【案例】在我国某水电站建设过程中,甲方工程量清单编制中说明,施工提供一级公路但无详细的内容描述。该项目由意大利公司低价中标,合同价为1亿美元。施工中,施工方提出三项索赔:(1)运输车辆轮胎磨损;(2)因路面不合标准产生的运输降效;(3)由运输降效导致停工待料损失。由于甲方的工程量清单编制中说明施工提供一级公路,其他没有详细的内容描述,而实际提供的是施工便道,外方按照我国一级公路标准提出索赔。最终意大利公司成功索赔了近7千万美元。这就是我国著名的一级公路索赔案。

2.1 建设工程定额计价

所谓工程造价计价依据，是用以计算工程造价的基础资料总称，包括工程定额，人工、材料、机械台班及设备单价，工程量清单，工程造价指数，工程量计算规则，以及政府部门发布的有关工程造价的经济法规、政策等。根据工程造价计价依据的不同，目前我国处于工程定额计价和工程量清单计价两种计价模式并存的状态。

2.1.1 工程定额计价基本方法

工程定额是在合理的劳动组织和合理地使用材料与机械的条件下，完成一定计量单位合格建筑产品所消耗资源的数量标准。工程定额是一个综合概念，按照不同的原则和方法可以进行许多种分类。

2.1.1.1 按定额反映的生产要素消耗内容分类

按定额反映的生产要素消耗内容，可以把工程定额划分为劳动消耗定额、机械消耗定额和材料消耗定额三种。

1. 劳动消耗定额

劳动消耗定额简称劳动额定(也称人工定额)，是指完成一数量的合格产品(工程实体或劳务)规定活劳动消耗的数量标准。劳动定额的主要表现形式是时间定额，但同时也表现为产量定额。时间定额与产量定额互为倒数。

2. 机械消耗定额

机械消耗定额是指为完成一定数量的合格产品(工程实体或劳务)所规定的施工机械消耗的数量标准，是以一台机械一个工作班为计量单位，故又称为机械台班定额。机械消耗定额的主要表现是机械时间定额，同时也以产量定额表现。

3. 材料消耗定额

材料消耗定额简称材料定额，是指完成一定数量的合格产品所需消耗的原材料、成品、半成品、构配件、燃料以及水、电等动力资源的数量标准。

2.1.1.2 按定额的用途分类

按定额的用途，可以把工程定额分为施工定额、预算定额、概算定额、概算指标、投资估算指标五种。五者之间的关系如表 2-1 所示。

表 2-1　按定额的编制程序和用途分类各种定额间关系比较

项目	施工定额	预算定额	概算定额	概算指标	投资估算指标
对象	工序	分项工程	扩大的分项工程	整个建筑物或构筑物	独立的单项工程或完整的工程项目
用途	编制施工预算	编制施工图预算	编制扩大初步设计概算	编制初步设计概算	编制投资估算
项目划分	最细	细	较粗	粗	很粗
定额水平	平均先进	平均			
定额性质	生产性定额	计价性定额			

1. 施工定额

施工定额是指施工企业(建筑安装企业)组织生产和加强管理在企业内部使用的一种定额,属于企业定额的性质。施工定额是以同一性质的施工过程——工序(见表 2-2)作为对象编制,表示生产产品数量与生产要素消耗综合关系的定额。为了适应组织生产和管理的需要,施工定额的项目划分很细,是工程定额中分项最细、定额子目最多的一种定额,也是工程定额中的基础性定额。

表 2-2　施工过程及其分类

分类方法	分类结果	备　　注
施工过程组织上的复杂程度	工序	工艺方面最简单的施工过程,表现为工作者、劳动对象、劳动工具和工作地点均不变,是编制施工定额时主要的研究对象
	工作过程	同一工人或同一小组所完成的在技术操作上相互有机联系的工序的总合体。例如,砌墙和勾缝、抹灰和粉刷。特别是人员编制不变、工作地点不变而材料和工具可以变换
	综合施工过程	同时进行的,在组织上有机地联系在一起,并且最终能获得一种产品的施工过程总和。例如,浇灌混凝土结构
工艺特点	循环施工过程	各个组成部分按一定顺序一次循环进行,并且每经一次重复都可以生产出同一种产品
	非循环施工过程	工序或其组成部分不是以同样的次序重复,或者生产出来的产品各不相同

2. 预算定额(表 2－3)

表 2－3 预算定额

<table>
<tr><td>定义</td><td colspan="2">是指在合理的施工组织设计、正常施工条件下，生产一个规定计量单位合格产品所需的人工、材料和机械台班的社会平均消耗量标准，是计算建筑安装产品价格的基础。它是一种计价定额，是以施工定额为基础综合扩大编制的，同时它也是编制概算定额的基础</td></tr>
<tr><td>编制原则</td><td colspan="2">1. 按社会平均水平确定预算定额的原则
2. 简明适用原则
3. 坚持统一性和差别性相结合原则</td></tr>
<tr><td rowspan="3">编制方法</td><td>人工工日消耗量</td><td>人工工日消耗量＝基本用工＋其他用工
$基本用工=\sum(综合取定的工程量\times劳动定额)$
其他用工＝超运距用工＋辅助用工＋人工幅度差
超运距用工＝预算定额取定运距－劳动定额已包括的运距
$辅助用工=\sum(材料加工数量\times相应的加工劳动定额)$
人工幅度差＝(基本用工＋辅助用工＋超运距用工)×人工幅度差系数
人工幅度差，即预算定额与劳动定额的差额，主要是指劳动定额未包括而在正常施工情况下又不可避免但很难准确计量的用工和各种工时损失，包括：
(1) 各工种间的工序搭接及交叉作业相互配合或影响所发生的停歇用工
(2) 施工机械在单位工程之间转移及临时水电线路移动所造成的停工
(3) 质量检查和隐蔽工程验收工作的影响
(4) 班组操作地点转移用工
(5) 工序交接时对前一工序不可避免的修整用工
(6) 施工中不可避免的其他零星用工
人工幅度差系数一般为 10%～15%</td></tr>
<tr><td>材料消耗量</td><td>材料消耗量＝材料净用量＋损耗量
或　材料消耗量＝材料净用量×(1＋损耗率)
材料损耗率＝损耗量/净用量×100%
材料损耗量＝材料净用量×损耗率</td></tr>
<tr><td>机械台班消耗量</td><td>机械耗用台班＝施工定额机械耗用台班×(1＋机械幅度差系数)</td></tr>
</table>

3. 概算定额(表 2－4)

表 2－4 概算定额

<table>
<tr><td>定义</td><td colspan="2">是在预算定额基础上，确定完成合格的单位扩大分项工程或单位扩大结构构件所需消耗的人工、材料和机械台班的数量标准，又称为扩大结构定额，是一种计价定额</td></tr>
<tr><td rowspan="2">与预算定额的比较</td><td>相同点</td><td>它们都是以建(构)筑物各个结构部分和分部分项工程为单位表示的，内容均包括人工、材料和机械台班使用量定额三个基本部分，并列有基准价。概算定额表达的主要内容、表达的主要方式及基本使用方法都与预算定额相近</td></tr>
<tr><td>不同点</td><td>1. 在于项目划分和综合扩大程度上的差异，概算定额以单位扩大分项工程或扩大结构构件为对象编制，预算定额以单位分项工程或结构构件为对象编制
2. 概算定额用于设计概算的编制，预算定额用于施工图预算编制
3. 由于概算定额综合了若干分部分项工程的预算定额，因此使概算工程量计算和概算表的编制都比编制施工图预算简化一些</td></tr>
</table>

4. 概算指标(表 2 - 5)

表 2 - 5　概算指标

定义	是概算定额的扩大与合并,是以整个建筑物和构筑物为对象,以建筑面积、体积或成套设备装置的台或组为计量单位表示的人工、材料、机械台班的消耗量标准和造价指标。列出了各结构分部的工程量及单位建筑工程(以体积或面积计)的造价,是一种计价定额
与概算定额区别	1. 确定各种消耗量指标的对象不同。概算定额是以单位扩大分项工程或单位扩大结构构件为对象,而概算指标则是以整个建筑物和构筑物为对象。因此,概算指标比概算定额更加综合和扩大 2. 确定各种消耗量指标的依据不同,概算定额以现行预算定额为基础,通过计算之后才综合确定出各种消耗量指标,而概算指标中各种消耗量指标的确定,则主要来自各种预算或结算资料
分类	建筑工程概算指标、设备安装工程概算指标
表现形式	概算指标在具体内容的表示方法上,分综合概算指标和单项概算指标两种形式。综合概算指标的概括性较大,其准确性、针对性不如单项指标;单项概算指标针对性较强

5. 投资估算指标(表 2 - 6)

表 2 - 6　投资估算指标

定义		投资估算指标非常概略,往往以独立的单项工程或完整的工程项目为计算对象,编制内容是所有项目费用之和。它的概略程度与可行性研究阶段相适应,是编制建设项目建议书、可行性研究报告等前期工作阶段投资估算的依据,也可以作为编制固定资产长远规划投资额的参考。 投资估算指标往往根据历史的预、决算资料和价格变动等资料编制,但其编制基础仍然离不开预算定额、概算定额
层次划分	建设项目综合指标	按规定应列入建设项目总投资的从立项筹建开始至竣工验收交付使用的全部投资额,包括单项工程投资、工程建设其他费用和预备费等,一般以项目的综合生产能力单位投资表示,如“元/t”“元/kW”
	单项工程指标	按规定应列入能独立发挥生产能力或使用效益的单项工程内的全部投资额,包括建筑工程费、安装工程费、设备、工器具及生产家具购置费和其他费用。单项工程指标一般以单项工程生产能力单位投资,如“元/t”或其他单位表示
	单位工程指标	按规定应列入能独立设计、施工的工程项目的费用,即建筑安装工程费用

2.1.1.3　按照适用范围分类

按照适用范围,可以把工程定额分为全国通用定额、行业通用定额和专业定额三种。

1. 全国通用定额

全国通用定额是指在部门间和地区间都可以使用的定额。

2. 行业通用定额

行业通用定额是指具有专业特点在行业部门内可以通用的定额。

3. 专业定额

专业定额是指特殊专业的定额,只能在指定的范围内使用。

2.1.1.4 按主编单位和管理权限分类

按主编单位和管理权限，可以把工程定额分为全国统一定额、行业统一定额、地区统一定额、企业定额、补充定额五种。

1. 全国统一定额

全国统一定额是由国家建设行政主管部门综合全国工程建设中技术和施工组织管理的情况编制，并在全国范围内执行的定额。

2. 行业统一定额

行业统一定额是考虑到各行业部门专业工程技术特点以及施工生产和管理水平编制的，一般只在本行业和相同专业性质的范围内使用。

3. 地区统一定额

地区统一定额包括省、自治区、直辖市定额，主要考虑地区性特点对全国统一定额水平作适当调整和补充。

4. 企业定额(表2-7)

由施工企业考虑本企业具体情况，参照国家、部门或地区定额的水平制定的定额。企业定额只在企业内部使用，是企业素质的一个标志。企业定额水平一般应高于国家现行定额，才能满足生产技术发展、企业管理和市场竞争的需要。在工程量清单计价方式下，企业定额作为施工企业进行建设工程投标报价的计价依据，正发挥着越来越大的作用。

表2-7 企业定额

定　　义	指建筑安装企业根据本企业的技术水平和管理水平，编制完成单位合格产品所必需的人工、材料和施工机械台班的消耗量以及其他生产经营要素消耗的数量标准
特　　点	1. 其各项平均消耗要比社会平均水平低，体现其先进性 2. 可以表现本企业在某些方面的技术优势 3. 可以表现本企业局部或全面管理方面的优势 4. 所有匹配的单价都是动态的，具有市场性 5. 与施工方案能全面接轨
编制原则	1. 适应《建设工程工程量清单计价规范》的原则 2. 真实、平均先进性原则 3. 简明适用原则 4. 时效性和相对稳定性原则 5. 独立自主编制原则 6. 以专为主、专群结合的原则
编制内容	1. 工程实体消耗定额 2. 措施性消耗定额 3. 由计费规则、计价程序、有关规定及相关说明组成的编制规定
编制方法	定额修正法、经验统计法、现场观察测定法、理论计算法

5. 补充定额

补充定额是指随着设计、施工技术的发展，现行定额不能满足需要的情况下，为了补充缺陷所编制的定额。只在指定的范围内使用，可作为以后修订定额的基础。

2.1.2　工料单价法计价

工料单价法计价是采用社会平均消耗量标准（定额）为主要依据的工程造价计价方法，即传统的施工图预算编制方法。

施工图预算（即工法单价法）是根据施工设计图纸、现行的消耗量标准（预算定额）、费用定额以及当地现行的人工工资单价、材料预算价格、施工机械台班单价等来计算和确定的建筑工程造价文件。

下面介绍工料单价法编制施工图预算的程序和方法。

2.1.2.1　准备工作

(1) 熟悉施工图纸和预算定额（消耗量标准）。图纸是编制施工图预算的基本依据，必须充分而全面地熟悉图纸，要弄清图纸的内容，了解相关图纸的尺寸、位置关系、表格与图示数量是否相符，详图是否详细，尺寸是否相符，采用哪些标准图集。参加图纸会审（设计交底），关注设计变更，牢记设计变更通知是图纸的组成内容。

(2) 预算定额（消耗量标准）是施工图预算分项工程的计价标准，对适应范围、工程量计算规划、定额项目的工程内容、计量单位及各种调整换算方法都要有充分的了解。

(3) 了解施工现场情况及周围环境。

(4) 熟悉施工组织设计，措施费用的计算主要依据施工组织设计规定的施工工艺、施工方法和参数来确定。如场地土方开挖方案，土方调配、场地排水降水措施，施工机械的选择，脚手架和模板的采用，施工机械的进场和安拆，施工工期等都是计算措施费的主要依据。

2.1.2.2　划分工程项目，计算工程量

分部分项工程量设置必须与消耗量标准（预算定额）相一致。分项工程的工程内容要与消耗量标准（预算定额）相同。

工程量的计量单位和计算规则必须以预算定额（消耗量标准）为依据，以设计图纸标准的尺寸和构造、施工组织设计的规定为基础，在遵守工程量计算规则的前提下，计算方法、计算顺序可根据编制人的习惯进行，应尽量利用已有数据用于多个分项工程，如室内地面净面积可分别计算出室内地面填土、地面垫层、隔离层、面层和天棚抹灰等项目，工程量的计算既不能重算，也不能漏算，特别要注意工程量计量单位与预算定额（消耗量标准）相一致。

2.1.2.3　计算分项工程单价

按预算定额（消耗量标准）分项工程的人工、材料、施工机械台班消耗量乘以相应的人工工资单价、材料预算价格和施工机械台班单价，为分项工程的直接工程费。部分预算定额（消耗量标准）分项工程基期基价中未包括主材价值，应增列主材费用。

分项工程工料单价的内容及计算：

分项工程单价＝人工费＋材料费＋施工机械使用费　　(2.1－1)

1. 人工费的计算

人工费＝人工消耗量×人工工资单价 （2.1－2）

（1）人工消耗量是指在正常施工条件下，生产单位合格产品必须消耗的人工工日数量，包括基本用工、其他用工和工序交叉搭接停歇，机械临时维修小修移动，工程质量检验验收，施工收尾及临时水电线路移动等原因影响的时间损失。

（2）人工工资单价是指一个建筑安装生产工人一个工作日（8 小时）在计价时应计入的全部人工费用，反映建筑安装生产工人的工资水平和一个工人在一个工作日应该得到的合理报酬。合理确定人工工资单价是正确计算人工费和工程造价的前提和基础。人工工资单价确定见第 1 章第 4 节有关内容规定。

影响人工单价的因素有：① 社会平均工资水平；② 生活消费指数；③ 人工单价的组成内容；④ 劳动力市场供需变化；⑤ 政府推行的社会保障和福利政策。

为维护发包和承包双方的合法权益，合理确定和有效控制工程造价，建设行政主管部门将根据社会平均工资水平、生活消耗指数、人工工资单价组成的内容、劳动力市场供求变化和政府推行的社会保障和福利政策的改革和深化，将适时地发布工程造价计价的人工工资单价，并明确规定招标单位编制招标控制价（包括上限值、标底、合理价）时，其工资单价应按照市场工资单价计取：投标单位编制工程投标报价时，可根据企业的经营情况确定工资单价，但其最终体现的工资单价不得低于发布的当地最低工资单价，否则其投标报价按照低于其成本价的规定作出处理。当分部分项工程量变更后调增量大于原工程量 10%以上部分或工程量漏项、新增项目，其人工工资单价（最低工资单价与市场工资单价之间的取定值）合同有约定的按约定，合同没有约定的按发布的当地市场工资单价计取；按实结算的工程，其人工工资单价（最低工资单价与市场工资单价之间的取定值）合同有约定的按约定，合同没有约定的按发布的当地市场工资单价计取；发包单位与承包单位签订施工承包合同时，其工资单价不得低于发布的当地最低工资单价。

2. 材料费的计算

$$材料费 = \sum(材料消耗量 \times 材料预算价格) \qquad (2.1-3)$$

材料消耗量的计算。在建筑施工中，根据材料消耗的性质，可分为必需的材料消耗和损失的材料两大类。必须消耗的材料，是指在合理用料的条件下，生产单位合格产品所需消耗的材料，属施工正常消耗，是材料消耗数量的基本数据（即净用量），属于不可避免的施工废料和合理的材料损耗，也是确定材料消耗量必须包括的内容。

材料消耗量＝净用量＋合理的施工操作损耗 （2.1－4）

根据材料消耗与工程实体的关系，可分为实体材料和非实体材料。

实体材料，是构成工程实体的材料，包括主要材料和辅助材料。实体材料的消耗量包括净用量和合理的施工操作损耗。

非实体材料，是指在施工中必须使用，但又不构成工程实体的施工措施性材料，主要是周转性材料，如模板、脚手架等。

材料预算价格的计算见表 2－8。

表 2-8　材料预算价格的组成和确定方法

构　成		计　算　方　法
材料预算价	材料原价	加权平均原价＝$(K_1C_1+K_2C_2+\cdots+K_nC_n)/(K_1+K_2+\cdots+K_n)$
	材料运杂费	加权平均运杂费＝$(K_1T_1+K_2T_2+\cdots+K_nT_n)/(K_1+K_2+\cdots+K_n)$
	运输损耗	(材料原价＋运杂费)×相应材料损耗率
	采购及保管费	采购保管费＝材料运到工地仓库价格×采购及保管费率 或采购保管费＝(材料原价＋运杂费＋运输损耗费)×采购及保管费率
材料预算价		材料预算价＝(材料原价＋运杂费)×(1＋运输损耗费率)×(1＋采购及保管费率)
影响材料价格的因素		市场供需变化；材料生产成本的变动直接涉及材料预算价格的波动；流通环节多少和材料供应体制；运输距离和运输方式的改变；国际市场行情的变化

注：表中的 $K_1,K_2,\cdots,K_n;C_1,C_2,\cdots,C_n;T_1,T_2,\cdots,T_n$ 所表示的意思见【课堂练习】2.1-3，2.1-4。

3. 施工机械使用费的计算

施工机械台班消耗量是指生产单位合格产品所必须消耗机械台班数量标准，是按正常施工条件确定的，台班按 8 小时计算，包括机械有效工作时间，不可避免的无负荷工作时间，不可避免的中断时间和作业的转移及配套机械相互影响，施工初期和结尾限于条件影响，临时停电、停水、工程质量检查等原因影响的时间。施工机械台班单价的组成见表 2.9 和公式 2.1-5。

$$施工机械台班单价＝台班折旧费＋大修理费＋经常修理费＋安拆费及场外运费＋燃料动力费＋人工费＋其他费 \quad (2.1-5)$$

表 2-9　施工机械台班单价的组成和确定方法

名　称	计　算　方　法
折旧费	台班折旧费＝$\dfrac{机械预算价格\times(1-残值率)\times时间价值系数}{耐用总台班}$ 其中： 国产机械预算价格＝机械原价＋供销部门手续费＋一次运杂费＋车辆购置税 进口机械预算价格＝到岸价＋关税＋增值税＋消费税＋外贸部门手续费＋国内一次运杂费＋车辆购置税 耐用总台班＝折旧年限×年工作台班＝大修间隔台班×大修周期 大修周期＝寿命期大修理次数＋1 时间价值系数＝$1+\dfrac{(折旧年限+1)}{2}\times年折现率$
大修理费	台班大修理费＝$\dfrac{一次性修理费\times寿命期内大修理次数}{耐用总台班}$
经常修理费	台班大修理费＝$\dfrac{\sum(各级保养一次费用\times寿命期各级保养总次数)+临时故障排除费}{耐用总台班}+$ 替换设备和工具附具台班摊销费＋例保辅料费 或　台班经修费＝台班大修费×K(K 为台班经常修理费系数)

续表

名 称	计 算 方 法
安拆费及场外运输费	$台班安拆费及场外运费=\frac{一次安拆费及场外运费\times年平均安拆次数}{年工作台班}$
燃料动力费	台班燃料动力费=台班燃料动力消耗量×相应单价 台班燃料动力消耗量=(实测数×4+定额平均值+调查平均值)/6
人工费	$台班人工费=人工消耗量\times\left(1+\frac{年制度工作日-年工作台班}{年工作台班}\right)\times人工单价$
养路费及车船使用税	$台班养路费及车船使用税=\frac{年养路费+年车船使用税+年保险费+年检费用}{年工作台班}$

注：安拆费及场外运费根据施工机械不同分为计入台班单价、单独计算和不计算三种情况：

1. 工地间移动较为频繁的小型机械及部分中型机械，其安拆费及场外运费计入台班单价。
2. 移动有一定难度的特、大型(包括少数中型)机械，其安拆费及场外运费应单独计算，计入措施费中。
3. 不需安装、拆卸其自身又能开行的机械和固定在车间不需安装、拆卸及运输的机械，其安拆费及场外运费不计算。

2.1.2.4 计算直接费

$$直接费=\sum(分项工程数量\times分项工程单价) \tag{2.1-6}$$

分项工程数量包括分部分项(实体)工程数量和措施项目(非实体)工程数量。

2.1.2.5 工料分析和汇总

将分项工程按消耗量标准计算人工、材料、机械台班消耗量并汇总了单位工程人工、材料、机械台班消耗量。

$$人工工日=\sum(工程数量\times消耗量标准中分项人工消耗量) \tag{2.1-7}$$

$$材料数量=\sum(工程数量\times消耗量标准中分项材料消耗量) \tag{2.1-8}$$

$$机械台班=\sum(工程数量\times消耗量标准中分项机械台班消耗量) \tag{2.1-9}$$

2.1.2.6 间接费、利润、安全文明施工措施费、规费和税金的计算

见第1章第4节相应内容。

2.1.2.7 取费计算程序

取费计算程序见表2-10和表2-11。

表 2 - 10　单位工程造价计价表(以人工费为计价基础)

序号	费用名称	计费基础说明	(参考)费率(%)	金额(元)
1	直接费	1.1+1.2+1.3+1.4		
1.1	人工费	按规定计算的直接工程费中的人工费和施工措施项目费中的人工费合计		
1.2	材料费	按规定计算的直接工程费中的材料费和施工措施项目中的材料费合计		
1.3	机械费	按规定计算的直接工程费中的机械费和施工措施项目中的机械费合计		
1.4	安装工程设备费	按规定计人工程造价的安装设备费		
2	企业管理费	按规定计算的人工费合计×费率	按规定费率	
3	利润	按规定计算的人工费合计×费率	按规定费率	
4	商品砼管理费	按规定计算的商品砼总用量×单价×费率	5	
5	沥青商品砼管理费	按规定计算的沥青商品砼总用量×单价×费率	2.5	
6	安全文明施工费	按规定计算的人工费合计×费率	按规定费率	
7	冬雨季施工增加费	(1+2+3+4+5)×费率	0.16	
8	其他项目费	8.1+8.2+8.3		
8.1	暂列金额	按招标人要求填写		
8.2	暂估价	按招标人要求填写(材料暂估价在 1.2 中填写则此处不列)		
8.3	总承包服务费	根据招标文件列出的内容和提出的要求计取		
9	其他 A			
10	规费	10.1+10.2+10.3+10.4		
10.1	工程排污费	(1＋2＋…＋9)×费率	0.4	
10.2	职工教育费	按规定计算的直接工程费和施工措施项目中的人工费总额	1.5	
10.3	养老保险费	(1＋2＋…＋9)×费率	3.5	
10.4	其他规费	按规定计算的直接工程费和施工措施项目中的人工费总额×相应费率	18.9	
11	税金	(1+2+…+10)×税率		
12	其他 B			
	单位工程造价	1+2+…+12		

注：1. 计日工并入直接费中计算；2. 其他栏目包括协商、签证或索赔价款，其价款若包括了规费与税金，则应列于其他 B 栏目中。

表 2-11 单位工程造价计价表[以(人工费＋机械费)为计价基础]

序号	费用名称	计费基础说明	(参考)费率(%)	金额(元)
1	直接费	1.1＋1.2＋1.3＋1.4		
1.1	人工费	按规定计算的直接工程费中的人工费和施工措施项目费中的人工费合计		
1.2	材料费	按规定计算的直接工程费中的材料费和施工措施项目中的材料费合计		
1.3	机械费	按规定计算的直接工程费中的机械费和施工措施项目中的机械费合计		
1.4	安装工程设备费	按规定计人工程造价的安装设备费		
2	企业管理费	按规定计算的(人工费＋机械费)合计×费率	按规定费率	
3	利润	按规定计算的(人工费＋机械费)合计×费率	按规定费率	
4	商品砼管理费	按规定计算的商品砼总用量×单价×费率	5	
5	沥青商品砼管理费	按规定计算的商品沥青砼总用量×单价×费率	2.5	
6	安全文明施工费	按规定计算的(人工费＋机械费)合计×费率	按规定费率	
7	冬雨季施工增加费	(1＋2＋3＋4＋5)×费率	0.16	
8	其他项目费	8.1＋8.2＋8.3		
8.1	暂列金额	按招标人要求填写		
8.2	暂估价	按招标人要求填写(材料暂估价在 1.2 中填写则此处不列)		
8.3	总承包服务费	根据招标文件列出的内容和提出的要求计取		
9	其他 A			
10	规费	10.1＋10.2＋10.3＋10.4		
10.1	工程排污费	(1＋2＋…＋9)×费率	0.4	
10.2	职工教育费	按规定计算的直接工程费和施工措施项目中的(人工费＋机械费)总额	1.5	
10.3	养老保险费	(1＋2＋…＋9)×费率	3.5	
10.4	其他规费	按规定计算的直接工程费和施工措施项目中的(人工费＋机械费)总额×相应费率	18.9	
11	税金	(1＋2＋…＋10)×税率		
12	其他 B			
	单位工程造价	1＋2＋…＋12		

注：1. 计日工并入直接费中计算；2. 其他栏目包括协商、签证或索赔价款，其价款若包括了规费与税金，则应列于其他 B 栏目中。

【课堂练习】

【2.1－1】　挂贴墙面花岗岩板材的施工中，下列属于工程实体材料的有(　　)。

A.花岗岩板材　　B. 水泥砂浆

C. 钢龙骨　　D. 脚手架

E. 安全网

【解题要点】　实体材料指直接构成工程实体的材料，包括工程直接性材料和辅助性材料。工程直接性材料主要是指一次性消耗、直接用于工程上构成建筑物或结构本体的材料。

答案：ABC

【2.1－2】　以同一性质的施工过程——工序作为研究对象，表示生产产品数量与时间消耗综合关系编制的定额是(　　)。

A. 施工定额　　B. 劳动定额　　C. 预算定额　　D. 概算定额

【解题要点】　按照定额的编制程序和用途来分类，定额可以分为施工定额、预算定额、概算定额、概算指标、投资估算指标五种。其中，施工定额是以同一性质的施工过程——工序作为研究对象，表示生产产品数量与时间消耗定额综合关系编制的定额；预算定额是以建筑物或构筑物各个分部分项工程为对象编制的定额；概算定额是以扩大的分部分项工程为对象编制的，计算和确定该工程项目的劳动、机械台班、材料消耗量所使用的定额；概算指标是以整个建筑物和构筑物为对象，以更为扩大的计量单位来编制的；投资估算指标是在项目建议书和可行性研究阶段编制投资估算、计算投资需要量时使用的一种定额。

答案：A

【2.1－3】　某工程采购国产特种钢材 10 t，材料运输费 50 元/t，运输耗损率 2%，采购及保管费率为 8%。则特种钢材的基价为(　　)元/t。

A. 5 563　　B. 5 662　　C. 5 500　　D. 5 000

【解题要点】　本题主要考查材料价格的计算方法。

材料基价＝[(供应价＋运杂费)×(1＋运输损耗率)]×(1＋采购及保管费率)；

供应价＝出厂价＝5 000 元；

运输损耗费＝(5 000＋50)×2%＝101(元)；

材料价格＝(5 050＋101)×1.08≈5 563(元/t)。

答案：A

【2.1－4】　某工地水泥从两个地方采购，其采购量及有关费用如下表所示。则该工地水泥的基价为(　　)元/t。

采购处	采购量(t)	原价(元/t)	运杂费(元/t)	运输损耗率(%)	采购及保管费率(%)
来源一	300	240	20	0.5	3
来源二	200	250	15	0.4	

A. 244.0　　B. 262.0　　C. 271.1　　D. 271.6

【解题要点】　材料价格加权方法计算如下：

$$加权平均原价=\frac{300\times240+200\times250}{300+200}=244(元/t)；$$

加权平均运杂费$=\frac{300\times20+200\times15}{300+200}=18$(元/t)；

运输损耗费$=\frac{300\times(240+20)\times0.5\%+200\times(250+15)\times0.4\%}{300+200}=1.204$(元/t)；

水泥基价=(244+18+1.204)×(1+3%)≈271.1(元/t)。

答案:C

【2.1－5】 在预算定额人工工日消耗量计算时,已知完成单位合格产品的基本用工为22工日,超运距用工为4工日,辅助用工为2工日,人工幅度差系数是12%。则预算定额中的人工工日消耗量为(　　)工日。

A. 3.36　　B. 25.36　　C. 28　　D. 31.36

【解题要点】 预算定额中人工工日消耗量包括基本用工、其他用工两个部分。其他用工由超运距用工、辅助用工和人工幅度差组成。人工幅度差的计算如下:

人工幅度差=(基本用工+辅助用工+超运距用工)×人工幅度差系数

=(22+4+2)×12%=3.36(工日);

人工工日消耗量=基本用工+辅助用工+超运距用工+人工幅度差

=22+4+2+3.36=31.36(工日)。

答案:D

【2.1－6】 某施工机械预计使用9年,使用期内有3个大修周期,大修间隔台班为800台班,一次大修理费为4 500元。则其台班大修理费为(　　)元。

A. 1.88　　B. 3.75　　C. 5.63　　D. 16.88

【解题要点】 施工机械台班单价的组成和确定方法:

耐用总台班=折旧年限×年工作台班=大修间隔台班×大修周期;

大修周期=寿命期大修理次数+1;

台班大修理费$=\frac{一次性修理费\times寿命期内大修理次数}{耐用总台班}$

=4 500×(3－1)/(800×3)=3.75(元)。

答案:B

【2.1－7】 企业定额必须具备的特点是(　　)。

A. 能够体现本企业的技术优势

B. 能够体现本企业的管理优势

C. 其人工平均消耗高于社会平均水平

D. 其机械平均消耗低于社会平均水平

E. 以分项工程为对象编制

【解题要点】 作为企业定额,必须具备以下特点:

(1) 其各项平均消耗要比社会平均水平低,体现其先进性;

(2) 可以体现本企业在某些方面的技术优势;

(3) 可以体现本企业局部全面管理方面的优势;

(4) 所有匹配的单价都是动态的,具有市场性;

(5) 与施工方案能全面接轨。

答案:ABC

【2.1－8】 下列各项费用中,构成大型施工机械台班单价的是(　　)。

A. 折旧费

B. 大修理费

C. 安拆费及场外运费

D. 司机及配合机械施工人员的人工费

E. 燃料动力费

【解题要点】 施工机械台班单价由七项费用组成,包括折旧费、大修理费、经常修理费、安拆费及场外运费、人工费、燃料动力费、养路费及车船使用税等。其中需注意的是,大型施工机械的安拆费及场外运费应单独计算,不含在机械台班单价之中;此外,机械台班单价中的人工费是指操作人员的人工费,而配合机械施工人员的人工费应属于人工消耗量中的辅助用工。

答案:ABE

【2.1－9】 投资估算指标可分为下列哪三个指标层次(　　)。

A. 建设项目综合指标　　B. 分部分项工程指标

C. 单项工程指标　　D. 工序指标

E. 单位工程指标

【解题要点】 投资估算指标是确定和控制建设项目全过程各项投资支出的技术经济指标,其范围涉及建设前期、建设实施期和竣工验收交付使用期等各个阶段的费用支出,内容因行业不同而各异,一般可分为建设项目综合指标、单项工程指标、单位工程指标三个层次。

答案:ACE

【2.1－10】 材料基价由(　　)组成。

A. 材料原价　　B. 材料运杂费

C. 采购及保管费　　D. 检验试验费

E. 材料运输损耗费

【解题要点】 材料基价是材料原价(或供应价格)、材料运杂费、运输损耗费以及采购保管费合计而成;材料检验试验费属于材料价格。

答案:ABCE

【2.1－11】 在一项二级公路路面铺设工程中,铺设每平方米路面的时间定额是 1/50 工日,日工资标准是 50 元,每平方米地面消耗的材料费和机械使用费分别是 20 元和 15 元,分摊到每平方米路面的措施费是 5 元,规费和税金分别是 8 元和 3 元。则该项公路路面铺设工程每平方米的直接工程费单价为(　　)元。

A. 36　　B. 41　　C. 无法确定　　D. 52

【解题要点】 根据定额计价的基本方法,每一计量单位假定建筑产品直接工程费单价＝人工费＋材料费＋施工机械使用费。故 1 m^2 路面直接工程费＝50×1/50＋20＋15＝36(元)。

答案:A

2.2 建设工程清单计价

工程量清单计价方法是一种区别于定额计价(工料单价法)模式的新的计价模式,主要由市场定价,由建设产品的买方和卖方在建设市场上根据供求状况、信息状况进行自由竞争,从而最终签订合同价格的方法。工程量清单为建设市场的交易双方提供了一个平等的平台,是投标活动中进行公正、公平、公开竞争的基础。

工程量清单计价方法,是建设工程招投标中,招标人按照统一的清单工程量计算规则提供工程数量、招标人编制招标控制价、投标人根据工程量清单自主报价、经评审确定中标工程造价、招投标双方签订合同价款、工程竣工结算等的计价方法。工程量清单计价分工程量清单和工程量清单计价两部分。

2.2.1 工程量清单与工程量清单计价

工程量清单:表现分部分项工程项目、措施项目、其他项目名称和相应工程数量的明细项目清单,由招标人按照统一的项目编码、项目名称、计量单位和工程量计算规则(四统一)进行编制,其中分部分项工程量清单应包括项目编码、项目名称、项目特征、计量单位和工程数量;工程量清单内容包括分部分项工程量清单、措施项目清单、其他项目清单、规费项目清单、税金项目清单。

2.2.2 工程量清单计价模式下的建设工程造价

采用工程量清单计价,建设工程造价由分部分项工程费、措施项目费、其他项目费、规费和税金组成(表 2 - 12,2 - 13)

表 2 - 12 单位工程招标控制价汇总表(单位工程投标报价汇总表)

工程名称: 第 页 共 页

序号	工程内容	计费基础说明	费率(%)	金额(元)	其中:暂估价
1	分部分项工程费	1.1+1.2+1.3+1.4+1.5			
1.1	人工费	分部分项工程费用中的人工费合计(不含机上人工)			
1.2	材料费	分部分项工程费用中的材料费合计(不含机械费中的材料费)			
1.3	机械费	分部分项工程费用中的机械费合计			
1.4	企业管理费	分部分项工程费用中规定计算基数×企业管理费率累计			

（续表）

序号	工程内容	计 费 基 础 说 明	费率（%）	金额（元）	其中：暂估价
1.5	利润	分部分项工程费用中规定计算基数×利润率的累计			
2	措施项目费	2.1＋2.2＋2.3			
2.1	安全文明施工费	规定计费基数×相应费率			
2.2	冬雨季施工增加费	按解释汇编要求(《分部分项工程量清单费》即第1项)			
2.3	施工措施项目费	2.3.1＋2.3.2			
2.3.1	能计量的部分	2.3.1.1＋2.3.1.2＋2.3.1.3＋2.3.1.4＋2.3.1.5			
2.3.1.1	人工费	措施项目费用的人工费的合计(不含机上人工费)			
2.3.1.2	材料费	措施项目费用的材料费的合计(不含机械费中的材料费)			
2.3.1.3	机械费	措施项目费用中机械费的合计			
2.3.1.4	企业管理费	组成措施项目费用中的企业管理费计算基础合计			
2.3.1.5	利润	组成措施项目费用中的利润的计算基础合计			
2.3.2	不可计量的部分	以“项”为单位，按当地文件计费基数×相应费率			
3	其他项目费	3.1＋3.2＋3.3＋3.4			
3.1	暂列金额	指因一些不能预见、不能确定因素的价格调整暂时设立的			
3.2	专业工程暂估价	用于支付必然要发生但暂时不能确定价格的材料或专业工程			
3.3	计日工	俗称“点工”，施工中完成发包人提出的施工图纸以外的零星项目或工作			
3.4	总承包服务费				
4	规费	4.1＋4.2＋4.3＋4.4			
4.1	社会保险费(养老、失业、医疗、生育、工伤保险费)	(分部分项工程费＋措施项目费＋其他项目费)×相应费率			
4.2	住房公积金				
4.3	工程排污费	(分部分项工程费＋措施项目费＋其他项目费)×相应费率			
5	税金	(1＋2＋3＋4)×税率			
	含税工程造价	1＋2＋3＋4＋5			

表 2 - 13　单位工程竣工结算汇总表

工程名称：　　　　　　　　　　　　　　　　　　　　　　　　　　第 1 页　共　页

序号	工程内容	计费基础说明	费率（%）	金额（元）
1	分部分项工程费	1.1+1.2+1.3+1.4+1.5		
1.1	人工费	分部分项工程费用中的人工费合计（不含机上人工）		
1.2	材料费	分部分项工程费用中的材料费合计（不含机械费中的材料费）		
1.3	机械费	分部分项工程费用中的机械费合计		
1.4	企业管理费	分部分项工程费用中规定计算基数×企业管理费率累计		
1.5	利润	分部分项工程费用中规定计算基数×利润率的累计		
2	措施项目费	2.1+2.2+2.3		
2.1	安全文明施工费	规定计费基数×相应费率		
2.2	冬雨季施工增加费	按解释汇编要求（《分部分项工程量清单费》即第 1 项）		
2.3	施工措施项目费	2.3.1+2.3.2		
2.3.1	能计量的部分	2.3.1.1+2.3.1.2+2.3.1.3+2.3.1.4+2.3.1.5		
2.3.1.1	人工费	措施项目费用的人工费的合计（不含机上人工费）		
2.3.1.2	材料费	措施项目费用的材料费的合计（不含机械费中的材料费）		
2.3.1.3	机械费	措施项目费用中机械费的合计		
2.3.1.4	企业管理费	组成措施项目费用中的企业管理费计算基础合计		
2.3.1.5	利润	组成措施项目费用中的利润的计算基础合计		
2.3.2	不可计量的部分	以"项"为单位，按当地文件计费基数×相应费率		
3	其他项目费	3.1+3.2+3.3+3.4		
3.1	专业工程结算价			
3.2	计日工			
3.3	总承包服务费			
3.4	索赔与现场签证			
4	规费	4.1+4.2+4.3+4.4		
4.1	社会保险费（养老、失业、医疗、生育、工伤保险费）	（分部分项工程费＋措施项目费＋其他项目费）×相应费率		
4.2	住房公积金			
4.3	工程排污费	（分部分项工程费＋措施项目费＋其他项目费）×相应费率		
5	税金	（1+2+3+4）×税率		
	含税工程造价	1+2+3+4+5		

2.2.3　工程量清单计价模式下的综合单价

工程量清单计价采用综合单价法。综合单价法指完成工程量清单中一个规定计量单位项目所需的人工费、材料费、机械费、管理费、利润，并考虑一定的风险金，即

$$综合单价=人工费+材料费+机械费+管理费+利润(含风险金) \tag{2.2-1}$$

分部分项工程量清单计价采用以下计算公式

$$分部分项工程量清单费用=\sum 分部分项工程量清单工程量\times 综合单价 \tag{2.2-2}$$

措施项目清单费用分两种情况：

(1) 可以计算工程量的措施项目费，采用以下计算公式

$$措施项目费用=\sum 措施项目清单工程量\times 综合单价 \tag{2.2-3}$$

(2) 不可以计算工程量的措施项目费，采用以下计算公式

$$措施项目费用=规定计费基数\times 相应费率 \tag{2.2-4}$$

不可计算工程量的措施项目，以“项”为单位。

由于不同工程的人工、材料、机械含量的比例不同，因此根据待建工程的材料费占人工费、材料费、机械费合计的比例(以 C 表示)与当地典型工程材料费占人工费、材料费、机械费合计的比例(以 C_0 表示)大小关系，来决定企业管理费、利润两者的取费计算基数是以分部分项工程费为计算基数，还是以人工费与机械费之和为计算基数，或是以人工费为计算基数。

综合单价组价方式具体见表 2-14～2-16。

2.2.3.1　以分部分项工程费为计算基础的综合单价

当 $C>C_0$(C_0 为本地区原费用定额测算所选典型工程材料费占人工费、材料费、机械费合计的比例)时，采用以人工费、材料费、机械费合计为基计算数。

表 2-14　以分部分项工程费为计算基数

序号	费用名称	计　算　公　式
1	综合单价	1.1+1.2+1.3+1.4+1.5
1.1	分部分项工程费中人工费	按实计算
1.2	分部分项工程费中材料费	按实计算
1.3	分部分项工程费中机械使用费	按实计算
1.4	管理费	分部分项工程费中基期(人工费+材料费+机械费)×管理费费率(%)

（续表）

序号	费用名称	计　算　公　式
1.5	利润	分部分项工程费中基期（人工费＋材料费＋机械费）×利润率（％）
2	分部分项工程量清单费用	分部分项清单工程量×相应综合单价
3	措施项目清单费用	3.1＋3.2＋3.3
3.1	施工措施项目费	3.1.1＋3.1.2
3.1.1	可计算工程量的施工措施项目费	措施项目清单工程量×相应综合单价
3.1.2	不可计算工程量的施工措施项目费	规定计费基数×相应费率（％）
3.2	安全文明施工费	规定计费基数×相应费率（％）
3.3	冬雨季施工增加费	规定计费基数×相应费率（％）
4	其他项目清单费用	规定计费基数×相应费率（％）
5	规费	规定计费基数×相应费率（％）
6	税金	（2＋3＋4＋5）×税率（％）
	单位工程造价	2＋3＋4＋5＋6

2.2.3.2 以（人工费＋机械费）为计算基础的综合单价

当$C<C_0$值的下限时，可采用以人工费和机械费合计为计算基数。

表 2－15　以（人工费＋机械费）为计算基数

序号	费用名称	计　算　公　式
1	综合单价	1.1＋1.2＋1.3＋1.4＋1.5
1.1	分部分项工程费中人工费	按实计算
1.2	分部分项工程费中材料费	按实计算
1.3	分部分项工程费中机械使用费	按实计算
1.4	管理费	分部分项工程费中基期（人工费＋机械费）×管理费费率（％）
1.5	利润	分部分项工程费中基期（人工费＋机械费）×利润率（％）
2	分部分项工程清单费用	分部分项清单工程量×相应综合单价
3	措施项目清单费用	3.1＋3.2＋3.3
3.1	施工措施项目费	3.1.1＋3.1.2
3.1.1	可计算工程量的施工措施项目费	措施项目清单工程量×相应综合单价

（续表）

序号	费用名称	计　算　公　式
3.1.2	不可计算工程量的施工措施项目费	规定计费基数×相应费率(%)
3.2	安全文明施工费	规定计费基数×相应费率(%)
3.3	冬雨季施工增加费	规定计费基数×相应费率(%)
4	其他项目清单费用	
5	规费	规定计费基数×相应费率(%)
6	税金	(2+3+4+5)×税率(%)
	单位工程造价	2+3+4+5+6

2.2.3.3 以人工费为计算基础的综合单价

以人工费为计算基础：若该分项的分部分项工程费仅为人工费，无材料费和机械费时(即包工不包料的工程)，可采用以人工费为计算基数。

表 2-16　以人工费为计算基数

序号	费用名称	计　算　公　式
1	综合单价	1.1+1.2+1.3+1.4+1.5
1.1	分部分项工程费中人工费	按实计算
1.2	分部分项工程费中材料费	按实计算
1.3	分部分项工程费中机械使用费	按实计算
1.4	管理费	分部分项工程费中基期人工费×管理费费率(%)
1.5	利润	分部分项工程费中基期人工费×利润率(%)
2	分部分项工程清单费用	分部分项清单工程量×相应综合单价
3	措施项目清单费用	3.1+3.2+3.3
3.1	施工措施项目费	3.1.1+3.1.2
3.1.1	可计算工程量的施工措施项目费	措施项目清单工程量×相应综合单价
3.1.2	不可计算工程量的施工措施项目费	规定计费基数×相应费率(%)
3.2	安全文明施工费	规定计费基数×相应费率(%)
3.3	冬雨季施工增加费	规定计费基数×相应费率(%)
4	其他项目清单费用	
5	规费	规定计费基数×相应费率(%)
6	税金	(2+3+4+5)×税率(%)
	单位工程造价	2+3+4+5+6

2.2.4 工程量清单计价与工料单价法计价的主要区别

工料单价法(即定额计价法)是按消耗量标准项目分项工程的单价为基础计算分部分项工程费,分部分项工程费按消耗量标准中的人工、材料、机械台班消耗量及相应市场价格确定,措施费中的安全防护、文明施工措施费、企业管理费、利润、规费和税金按建设主管部门规定的取费标准计算。

工程量清单计价和工料单价法计价主要区别:

2.2.4.1 项目设置不同

工程量清单项目一般是以一个"综合"考虑的,一般包括多项内容。消耗量标准(定额)项目,一般是按施工工序进行设置的,包括的工程内容一般是单一的。

2.2.4.2 工程量计算规则不同

由于项目设置不同,包括的工程内容范围不同,因此工程量清单和消耗量(定额)分别制定了各自的工程量计算规则。工程量清单数量是按照设计图示工程实体的净值计算;消耗量标准(定额)中部分项目则考虑了各种因素需要增加的工程量。如地下室土方开挖中,清单工程量是按设计图纸的外墙外边线计算挖方量,而消耗量标准(定额)工程量则考虑了地下室外墙施工时所需的工作面而增加的土方量和为保证施工安全放坡而增加的土方工程量等。

2.2.4.3 计量单位不同

为了更直观反映工程实体的数量,清单工程量的部分项目计算单位与消耗量标准(定额)中计量单位不同,如桩基础消耗量标准是以体积列项的,而工程量清单则是以长度列项。又如小型井池,消耗量标准(定额)中以体积、面积单位列项,而工程量清单中以"座"为单位列项。消耗量标准(定额)中分项工程以体积、面积、长度单位大多以基本单位的10倍、100倍列项,而工程量清单中分项工程的单位一律以体积、面积、长度的基本单位列项。在计算工程量清单的综合单价时一定要特别注意计量单位的换算。

2.2.4.4 费用项目组成不同

工程量清单计价的工程造价,由工程量清单项目费、措施项目费、其他项目费、规费和税金项目组成,分项综合单价由人工费、材料费、机械使用费、企业管理费和利润(考虑一定的风险金)五部分组成。

工料单价法计价的工程造价,由直接工程费、措施费、企业管理费、利润、规费和税金组成,分项工料单价则只包括人工费、材料费、施工机械费三部分。

2.2.4.5 编制的单位不同

工料单价法是由招标人或投标人根据设计图纸自行计算工程量,由于对设计图纸和工程量计算方式的理解不同,招标人和投标人之间、投标人与投标人之间计算出的工程量也不同，报价也不相同，容易产生矛盾。而工程量清单则是由招标人编制，招标控制价（标底）和投标报价所依据的工程量是相同的，竞争则完全属于“价格”的竞争，能真正体现出企业之间不同的技术能力的竞争，使评标的标准更加明确合理。同时，由招标人提供的清单中的工程数量，对工程量变更和计算错漏的责任由招标人承担，投标人只对自己的报价成本和价格负责；实现了承发包双方合同风险的合理分摊和责任权利关系对等的原则。

【课堂练习】

【2.2-1】 计算清单项目中 010401009001 实心砖柱（柱截面 490 mm×490 mm，M10 水泥砂浆清水砌筑）的综合单价。人工工日按 68 元/工日，企业管理费与利润按表 2-17 计取。

表 2-17　企业管理费费率和利润率表

项目名称		计费基础	费率（%）	
			企业管理费	利润
建筑工程		人工费＋机械费	33.30	22.00
装饰装修工程		人工费	32.20	29.00
安装工程		人工费	37.90	39.00
园林（景观）绿化工程		人工费	28.60	19.00
仿古建筑		人工费	33.10	24.00
市政	给水、排水、燃气工程	人工费	35.20	34.00
	道路、桥涵、隧道	人工费＋机械费	31.00	21.00
机械土石方		人工费＋机械费	7.50	5.00
打桩工程		人工费＋机械费	14.40	12.00

表 2-18　A3-49 人、材、机消耗量及相应预算价　　10 m^3

序号	项目名称	消耗量	预算单价（元/单位）	基期基价
1	人工工日	21.04 工日	68 元/工日	30 元/工日
2	标准砖	5.45 千块	219 元/千块	
3	水泥砂浆 M10	2.28 m^3	159.33 元/m^3	
4	水	1.09 m^3	1.44 元/m^3	
5	灰浆搅拌机 200 L	0.38 台班	68.84 元/台班	38 元/台班

【解题要点】 查当地消耗量标准，柱截面 490 mm×490 mm，清水 M10 水泥砂浆砌筑的实心砖柱，其人、材、机的消耗量见表 2-18。注意，清单项目与消耗量标准中相应的子目的计算单位、工程名称、工程量计算规则、工程内容的一致性，尤其注意计量单位；清单工程量计量单位往往采用基本单位，消耗量标准往往使用扩大单位，要注意换算。

企业管理费与利润按建筑工程取费基数为人工费与施工机械费的和计算。

人工费：21.04 工日/10 m^3×68 元/工日≈143.07 元/m^3；

标准砖：5.45 千块/10 m^3×219 元/千块≈119.36 元/m^3；

M10 水泥砂浆：2.28 m^3/10 m^3×159.33 元/m^3≈36.33 元/m^3；

水：1.09 m^3/10 m^3×1.44 元/m^3≈0.16 元/m^3；

灰浆搅拌机 200 L：0.38 台班/10 m^3×68.84 元/台班≈2.62 元/m^3；

企业管理费：(143.07×30/68＋2.62×38/68.84)×33.3%≈64.565×33.3%≈21.50(元/m^3)；

利润：(143.07×30/68＋2.62×38/68.84)×22%≈14.20(元/m^3)。

清水砌筑实心砖柱的综合单价＝人工费＋材料费＋施工机具使用费＋管理费＋利润
＝143.07＋(119.36＋36.33＋0.16)＋ 2.62＋21.50＋14.20
＝337.24(元/m^3)。

【特别说明】 组成综合单价的人、材、机费用计算均采取当地的预算价(或结算价或动态价)，而组成综合单价中的企业管理费和利润计算基数中所采用相应的人、材、机费用的基期基价费用。

【2.2－2】 分部分项工程量清单项目的工程量应以实体工程量为准，对于施工中的各种损耗和需要增加的工程量，投标人投标报价时，应在(　　)中考虑。

A. 措施项目　　　　B. 该清单项目的综合单价

C. 其他项目清单　　　　B. 预留金

【解题要点】 工程量计算规则是指对清单项目工程量的计算规定。除另有说明外，所有清单项目的工程量应以实体工程量为准，并以完成后的净值计算；投标人投标报价时，应在单价中考虑施工中的各种损耗和需要增加的工程量，这也体现清单计价模式下与定额计价模式下工程量计算规则的本质区别。

答案：B

【2.2－3】 某分部分项工程的清单编码为 010302006004，则该分部分项工程的清单项目顺序编码为(　　)。

A. 01　　　　B. 02　　　　C. 006　　　　D. 004

【解题要点】 分部分项工程量清单的项目编码为五级十二位编码，其中第五级的三位编码是工程量清单项目顺序码。第 1、2 位阿拉伯数字为第一级，表示专业工程顺利码，01 表示建筑工程，02 表示装饰工程，03 表示安装工程；第 3、4 位阿拉伯数字为第二级，表示专业工程顺序码(章顺序码工程)，如此题中的 03 表示砌筑工程；第 5、6 位阿拉伯数字为第三级，表示分部工程顺序码(节顺序码)，如此题中的 02 砖砌体；第 7、8、9 位阿拉伯数字为第四级，表示分项工程项目名称顺序码；第 10、11、12 位阿拉伯数字为第五级，表示工程量清单项目顺序编码，由工程量清单编制人编制，从 001 开始。五级编码中每一级的含义都应该弄清楚。

答案：D

【2.2－4】 采用工程量清单计价的承包合同中的综合单价，如遇设计变更引起工程量增减，对其超出合同约定幅度部分工程量，除合同另有约定外，其综合单价的调整办法是(　　)。

A. 由承包人提出，经监理工程师确认后作为结算依据

B. 由发包人提出,并经承包人同意后作为结算依据

C. 由承包人提出,报工程造价管理机构备案后作为结算依据

D. 由承包人提出,经发包人确认后作为结算依据

【解题要点】 合同中综合单价因工程量变更,除合同另有约定外应按照下列办法确定;

(1) 工程量清单漏项或由于设计变更引起新的工程量清单项目,其相应综合单价由承包人提出,经发包人确认后作为结算的依据。

(2) 由于设计变更引起的工程量增减部分,属合同约定幅度以内的,应执行原有的综合单价;增减的工程量属合同约定幅度以外的,其综合单价由承包人提出,经发包人确认后作为结算的依据。

由于工程量的变更,且实际发生了规定以外的费用损失,承包人可提出索赔要求,与发包人协商确认后,给予补偿。

答案:D

【2.2-5】 工程量清单计价模式与定额计价模式相比,最大的差别是( )。

A. 计价依据及其性质不同　　B. 编制工程量主体不同

C. 合同价格的调整方式不同　　D. 体现了不同的定价阶段

【解题要点】 关于工程量清单计价模式与定额计价模式的区别,两者相比有很多差别,但主要都是从表现形式上来说的,之所以会出现这些形式的不同,是因为其本质的差异——定额计价模式更多地反映了国家定价或国家指导价阶段,清单计价模式则反映了市场定价阶段。因此,两者之间的最大差别在于体现了不同的定价阶段。

答案:D

【2.2-6】 措施项目清单的编制依据有( )。

A. 拟建工程的施工技术方案　　B. 相关的工程验收规范

C. 施工承包合同　　D. 工程量计算规则

E. 设计文件

【解题要点】 措施项目清单的编制依据有拟建工程的施工组织设计、拟建工程的施工技术方案、与拟建工程相关的工程施工规范与工程验收规范、招标文件、设计文件。

答案:ABE

【2.2-7】 工程量清单的编制,主要用于( )。

A. 编制招标控制价(或标底)　　B. 投标报价

C. 调整工程量　　D. 优化设计方案

E. 办理竣工结算

【解题要点】 工程量清单方主要由分部分项工程量清单、措施项目清单等组成,是编制标底、招标控制价和投标报价、签订工程合同、调整工程量和办理竣结算的依据。由于工程量清单用于招投标阶段和施工结算阶段,因此不可能用工程量清单来做优化设计方案。

答案:ABCE

本章小结

本章重点掌握工程建设定额的分类、建筑安装工程中人、材、机定额消耗量的使用，掌握工料单价计价方法，掌握工程量清单计价法和相应的综合单价组价方法。

1. 建设工程定额计价

主要掌握工程定额的分类和特点，工料单价计价方法。

2. 建设工程清单计价

重点掌握工程量清单计价下的建设工程造价和相应的综合单价组价方法，掌握额定计价（工料单价）和清单计价的区别。

练习二

一、单项选择题

1. 下列对工程建设定额的阐述，正确的是（　　）。

A. 工程建设定额反映各种消耗的社会平均先进水平

B. 工程建设定额是工程建设中各类定额的总称

C. 工程建设定额是对消耗量质的规定

D. 按照主编单位的管理权限可分为全国通用定额、行业通用定额、专用定额三种

2. 下列对劳动消耗定额、机械消耗定额的理解，正确的是（　　）。

A. 劳动定额的主要表现形式是时间定额，但同时也表现为产量定额

B. 机械消耗定额是指为完成一定数量的产品所规定的施工机械消耗的数量标准

C. 劳动消耗定额也称为生产定额

D. 机械消耗定额的主要表现形式是产量定额

3. 以独立的单项工程或完事的工程项目为对象编制的定额是（　　）。

A. 预算定额　　B. 概算定额　　C. 概算指标　　D. 投资估算指标

4. 定额项目划分程度最粗的是（　　）。

A. 施工定额　　B. 预算定额　　C. 概算定额　　D. 投资估算指标

5. 某工程需要某种材料 1 000 t，经调查有甲、乙两个供货地点，甲地出厂价格 35 元/t，可供需要量的 54%，甲地距施工地点 20 km；乙地出厂价格 38 元/t，可供需要量的 46%，乙地距离施工现场 28 km，材料损耗率为 5%，该地区汽车运输费 0.2 元/(t・km)，装卸费 2.1 元/t，调车费 0.9 元/t，采购及保管费率为 2.5%。则该种材料的基价为（　　）元/ t。

A. 47.52　　B. 46.77　　C. 50.00　　D. 47.48

6. 根据施工过程组织上的复杂程度，可以将施工过程分为（　　）。

A. 可调工序、不可调工序　　B. 工序、工作过程、综合工作过程

C. 循环施工过程、非循环施工过程　　D. 单一施工过程、复合施工过程

7. 机械台班单价中的折旧费计算公式为(　　)。

A. 台班折旧费=机械预算价格/耐用总台班数

B. 台班折旧费=机械预算价格×(1-残值率)/耐用总台班数

C. 台班折旧费=机械预算价格×(1-残值率)×时间价值系数/耐用总台班数

D. 台班折旧费=机械账面净值/耐用总台班数

8. 下列对概算定额的理解,正确的是(　　)。

A. 概算定额是工程建设定额中定额子目最多的一种定额

B. 概算定额是以分项工程和结构构件为对象编制的定额

C. 概算定额是一种计价性定额

D. 概算定额是以整个建筑物和构筑物为对象,以更为扩大的计量单位来编制的

9. 按专业性质,工程建设定额分为(　　)。

A. 劳动消耗定额、机械消耗定额和材料消耗定额

B. 施工定额、预算定额、概算定额、概算指标、投资估算指标五种

C. 全国通用定额、行业通用定额和专业专用定额

D. 全国统一定额、行业统一定额、地区统一定额、企业定额、补充定额五种

10. 在编制预算定额人工消耗量时,已知其必需消耗的技术工种用工为30工日,超运距用工2工日,辅助用工3工日,人工幅度差率为10%,则预算定额的人工消耗量为(　　)工日。

A. 30　　B. 23.5　　C. 38.5　　D. 27.3

11. 下列关于确定材料消耗量的基本方法的描述中,正确的是(　　)。

A. 利用实验室实验法,主要是编制材料损耗定额

B. 利用现场技术测定法,主要是编制材料效用量定额

C. 采用现场计法,可以作为确定材料净用量定额和材料损耗定额的依据

D. 理论计算法,是运用一定的数学公式计算材料消耗定额

12. 人工幅度差是指(　　)。

A. 预算定额与概算定额的差额

B. 预算定额自身的误差

C. 预算定额中人工定额必需消耗量与全部工时消耗量的差额

D. 指在劳动定额中未包括而在正常施工情况下不可避免但又很难准确计量的用工和各种工时损失

13. 预算定额机械耗用台班是由(　　)之积构成的。

A. 施工定额机械耗用台班×(1+机械幅度差系数)

B. 概算定额机械耗用台班×(1+机械幅度差系数)

C. 施工机械台班产量定额×(1+机械幅度差系数)

D. 施工机械时间定额×(1+机械幅度差系数)

14. 在确定材料定额消耗量时,建筑工程必须消耗的材料不包括(　　)。

A. 直接用于建筑工程的材料　　B. 不可避免的施工废料

C. 不可避免的场外运输损耗材料　　D. 不可避免的场内堆放损耗材料

15. 某施工机械预计使用9年,耐用总台班数为2 500台班,使用期内3个大修周期,一

次大修理费为 3 500 元，则台班大修理费为(　　)元/台班。

A. 3.2　　B. 1.6　　C. 2.8　　D. 0.5

二、多项选择题

1. 下列对于定额用途的表述，正确的是(　　)。

A. 施工定额用于编制投标报价　　B. 预算定额用于编制施工图预算

C. 概算定额用于编制扩大初步设计概算　　D. 概算指标用于编制初步设计概算

E. 投资估算指标用于编制投资估算

2. 下列关于工序的描述，正确的是(　　)。

A. 工序是在组织上不可分割的

B. 在操作过程中技术上属于同类的施工过程

C. 工序中工作者可变，但劳动对象、劳动工具和工作地点不变

D. 工序是工艺方面最复杂的施工过程

3. 概算定额与预算定额的相同之处在于(　　)。

A. 都是以建(构)筑物各个结构部分和分部分项工程为单位表示的

B. 内容均包括人工、材料和机械台班使用量定额三个基本部分

C. 项目划分和综合扩大程度上相同

D. 都用于设计概算的编制

E. 表达的主要内容、主要方式相近

4. 预算定额中人工工日消耗量中的基本用工包括(　　)。

A. 超运距用工　　B. 辅助用工

C. 人工幅度差　　D. 完成定额计量单位的主要用工

E. 按劳动定额规定应增加计算的用工量

5. 下列对预算定额计量单位的确定，正确的是(　　)。

A. 楼梯栏杆、木装饰条以平方米计量单位

B. 天棚面抹灰以延长米为计量单位

C. 钢筋混凝土构件以立方米为计量单位

D. 钢结构以吨为计量单位

E. 铸铁水斗平方米为计量单位

6. 概算指标的编制依据有(　　)。

A. 标准设计图纸和各类工程典型设计

B. 国家颁发的建筑标准、设计规范、施工规范等

C. 各类工程造价资料

D. 现行的劳动定额及产量定额资料

E. 人工工资标准、材料预算价格、机械台班预算价格及其他价格资料

7. 下列对企业定额编制方法优缺点的阐述，正确的是(　　)。

A. 定额修正法继承了全国(地区)定额、行业定额精华，使企业定额有模板可依，有改进基础

B. 经验统计法对企业历史资料和数据要求较高，依赖性较强，一旦数据有误，造成的误差相当大

C. 现场观察法费时、费工，需要大量的人力、物力，需要较长的周期才能建立起企业定额

D. 理论计算法可以节约大量的人力、物力和时间

E. 经验统计法能够把现场工时消耗情况和施工组织技术条件联系起来加以观察、测时、计量和分析

8. 下列对于施工定额在企业管理中基础作用的描述，正确的说法是(　　)。

A. 施工定额是企业计划管理的依据

B. 施工定额主要用来衡量工人的劳动数量和质量，但不用于计算工人工资

C. 施工定额是企业激励工人的条件

D. 施工定额是施工企业进行工程投标、编制工程投标报价的基础和主要依据

E. 施工定额是编制施工预算、加强企业成本管理的基础

9. 下列对人工单价组成内容的描述，正确的是(　　)。

A. 岗位工资、技能工资、年功工资组成基本工资

B. 物价补贴、煤燃气补贴、交通补贴、住房补贴组成工资性补贴

C. 非作业工日发放的工资和工资性补贴组成辅助工资

D. 职工福利费包括书报费、联欢晚会费和徒工服装费

E. 劳保用品购置及修理费、防暑降温费、徒工服装补贴和水洗理费组成劳动保护费

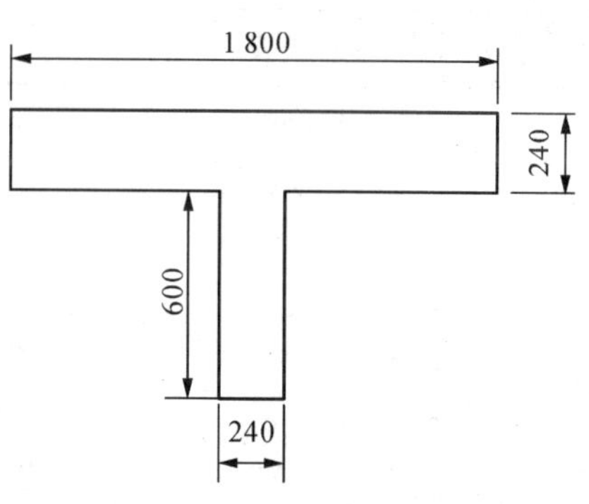

三、综合实训

如图，MU10，M7.5 水泥混合砂浆砌筑 240 mm 厚实心黏土混水砖墙，墙体高 2 000 mm。根据以下给定的背景材料，计算该砖墙的综合单价和分部分项工程费用。(企业管理费率 33.3%，利润率 22%，按表 2.17 取费)

某地区工程消耗量标准(节选)　　$10\ m^3$

定额编号			A3-9	A3-10	A3-11	A3-12
项目名称			混水砖墙			
			3/4 砖	1 砖	1 砖半	2 砖及 2 砖以上
类别	名称	单位	消耗量			
人工	综合工日	工日	19.64	16.08	15.63	15.46
材料	水泥砂浆 M5	m^3	2.13	—	—	—
	标准砖 240×115×53	千块	5.51	5.4	5.35	5.309
	水泥混合砂浆 M2.5	m^3	—	2.25	2.4	2.45
	水	m^3	1.1	1.06	1.07	1.06
机械	灰浆搅拌机 200 L	台班	0.35	0.38	0.4	0.41

建筑装饰装修工程基期基价表

编号	项目名称	单位	基价(元)	人工(工日)	人工费(元)	材料费(元)	机械费(元)
A3-9	混水砖墙 3/4 砖	10 m^3	2 104.11	19.64	589.2	1 497.82	17.09
A3-10	混水砖墙 1 砖	10 m^3	2 012.16	16.08	482.4	1 511.2	18.56
A3-11	混水砖墙 1 砖半	10 m^3	2 010.5	15.63	468.9	1 522.07	19.53
A3-12	混水砖墙 2 砖及 2 砖以上	10 m^3	2 004.17	15.46	463.8	1 520.35	20.02

常用材料预算价

材料名称及规格	单位	基期价格(元)	预算价(元)	备注
普通硅酸盐水泥 P.C32.5 包装	t	290	327.35	湖南
普通硅酸盐水泥 P.O42.5 包装	t	340	371.69	湖南
黏土烧结普通砖 240×115×53	块	0.23	0.32	
石灰膏	m^3	173	282.75	
粗净砂	m^3	57.61	65.5	
中净砂	m^3	54	70.83	
水	t		3.4	
电	kW·h		0.992	
人工工资单价	元	30	62	
灰浆搅拌机 200 L 台班单价	元	38	48.83	

工程量清单参考综合单价

序号	项目编码	项目名称	项目特征	计量单位	综合单价(元)
1	010301001001	砖基础	MU10 黏土砖,带型基础,M10 水泥砂浆砌筑	m^3	319.96
2	010302001001	实心砖墙	MU10 黏土砖,240 mm 厚内墙,M7.5 混合砂浆砌筑	m^3	360.64

(注:扫描封面二维码获取全书习题答案。)

本章习题答案

第3章 决策阶段工程造价控制

【内容提要及学习要求】

章节知识结构	学　习　要　求	权重
建设项目可行性研究	熟悉决策阶段影响工程造价的主要因素；掌握可行性研究阶段的要求	10%
建设项目投资估算	熟悉不同阶段投资估算的精度要求；熟悉投资估算编制方法；掌握分项详细估算法计算流动资金；熟练编制建设项目投资估算的各类财务报表	25%
建设项目财务分析与评价	掌握财务分析指标体系和财务评价指标体系的建立方法；掌握项目融资前财务分析报表(财务现金流量表)的编制；掌握项目融资后盈利能力财务报表(项目资本金现金流量表、利润和利润分配表)和偿债能力分析表(借款还本付息计划表、资产负债表)以及财务生存能力分析表(财务计划现金流量表)等财务报表的编制	35%
建设项目不确定性分析方法及应用	掌握盈亏平衡分析法和敏感性分析法	30%

【章前导读】

某市旅游局下属的某宾馆企业由于地理位置好，经营有方，经济效益与日俱增，成为该市的明星企业。该企业为了加快发展，2003年决定再建一个现代化宾馆大楼。新建宾馆大楼规划层高18层，总高度60 m，建筑面积54 000 m^2，计划投资2.6亿元。由于前期工作不深入，资金不到位，在未取得施工许可证的情况下草率开工。施工中变更大，大楼由原规划18层变更为26层，总高度由60 m变更为90 m，面积增加15 000 m^2，所需建设资金增加4 500万元。2004年投入7 000万元后资金告急，在贷款困难的情况下，企业不得不将主营业务资金抽调至该项目建设。最终，由于主营业务资金抽血过量，项目在施工不到一年的时间里不得不停工，明星企业濒临倒闭。

3.1 建设项目可行性研究

3.1.1 建设项目决策的含义

项目投资决策是选择和决定投资行动方案的过程，是对拟建项目的必要性和可行性进行技术经济论证，对不同建设方案进行技术经济比较及做出判断和决定的过程。正确的项目投资行动来源于正确的项目投资决策。项目决策正确与否，直接关系到项目建设的成败，关系到工程造价的高低及投资效果的好坏。正确决策是合理确定与控制工程造价的前提。

3.1.1.1 建设项目决策与工程造价的关系

1. 项目决策的正确性是工程造价合理性的前提

对项目建设做出科学的决策，优选出最佳投资行动方案，才能达到资源的合理配置，才能在实施最优投资方案过程中有效控制工程造价。

2. 项目决策的内容是决定工程造价的基础

工程造价的计价与控制贯穿于项目建设全过程，决策阶段各项技术经济决策，对该项目的工程造价有重大影响，特别是直接关系到工程造价高低的建设标准的确定、建设地点的选择、工艺的评选、设备选用等。据有关资料统计，在项目建设各阶段中，投资决策阶段影响工程造价的程度最高，达到70%～90%。因此，决策阶段是决定工程造价的基础阶段，直接影响着决策阶段之后的各个建设阶段工程造价的计价与控制的科学合理性。

3. 造价高低、投资多少影响着项目决策

决策阶段的投资估算是选择投资方案的重要依据之一，同时也是决定项目是否可行和主管部门审批项目的参考依据。

4. 项目决策的深度影响投资估算的精确度，也影响工程造价的控制效果

(1) 项目决策过程可依次分为若干个工作阶段，各阶段的决策深度不同，投资估算的精度要求也不同。例如，初步决策(即投资机会及项目建议书)阶段，投资估算的误差率在±30%；最终决策(即详细可行性研究)阶段，投资估算误差率在±10%以内。

(2) 为避免"三超"(即决策超预算、预算超概算、概算超估算)现象发生，工程造价控制坚持"前者控制后者"的原则，即投资估算对后面的各种形式的造价起着制约的作用，作为限额目标。

3.1.1.2 决策阶段影响工程造价的主要因素

项目工程造价的多少主要取决于项目的建设标准。建设标准是工程项目前期工作中，对项目决策中有关建设的原则、等级、规模、建筑面积、工艺设备配置、建设用地和主要技术经济指标等方面进行的规定。制定建设标准的目的在于建立工程项目的建设活动秩序，适应社会主义市场经济体制要求，加强固定资产投资与建设宏观调控，指导建设项目科学决策和管理，合理确定项目建设水平，充分利用资源，推动技术进步，不断提高投资效益。

项目决策阶段影响工程造价的因素很多，主要影响因素如图 3－1 所示。

- 决策阶段影响工程造价的因素——项目建设标准
  - 项目建设规模
    - 市场因素：项目产品的市场需求状况是确定项目生产规模的前提
    - 技术因素：生产技术和装备是规模效益赖以存在的基础，管理技术水平是实现规模效益的保证
    - 环境因素：政策因素、燃料动力供应、协作及土地条件、运输及通讯条件
    - 建设规模确定的方法：盈亏平衡法、平均成本法、生产能力平衡法、政府或行业规定
  - 建设地区及建设地点（场址）
    - 建设地区选择原则
      - 靠近原料、燃料提供地和产品消费地
      - 工业项目适当聚集
    - 建设地点（场址）选择原则
      - 节约地土，少占耕地
      - 减少拆迁移民
      - 选在工程地质、水文地质较好的地段
      - 厂区土地面积与外形满足需要
      - 便于供电、供热和其他协作条件
      - 尽量减少对环境的污染
  - 技术方案
    - 生产工艺方案的确定：先进适用、安全可靠、经济合理
    - 设备选用
      - 尽量选用国产设备
      - 注意进口设备之间及国内外设备之间的配套
      - 进口设备与原有国产设备、厂房应配套
      - 进口设备与原材料、备品备件及维修能力应配套
  - 工程方案
    - 满足生产使用功能要求
    - 适应已选定的场址
    - 符合工程标准规范要求
    - 经济合理
  - 环境保护措施方案比选
    - 技术水平对比
    - 治理效果对比
    - 管理及检测方式对比
    - 环境效益对比

图 3－1　项目决策阶段影响工程造价的因素

3.1.2　建设项目可行性研究

3.1.2.1　项目可行性研究概念

可行性研究是对项目建设条件作进一步调查、勘察、分析、比较，研究项目建设的必要性、技术上的可行性、经济上的合理性。可行性研究的最终成果是可行性研究报告。

项目可行性研究报告主要是通过对项目的主要内容和配套条件，如市场需求、资源供应、建设规模、工艺路线、设备选型、环境影响、资金筹措、盈利能力等，从技术、经济、工程等方面进行调查研究和分析比较，并对项目建成以后可能取得的财务、经济效益及社会影响进

行预测，从而提出该项目是否值得投资和如何进行建设的咨询意见，为项目决策提供依据。

根据国家计委[1983]116号《关于建设项目进行可行性研究的试行管理办法规定》，可行性研究报告的内容应包括：项目概况、项目建设必要性、市场预测、项目建设选址及建设条件论证、项目规划方案、建设规模和建设内容、项目外部配套建设、环境保护、劳动保护与卫生防疫、消防、节能、节水、总投资及资金来源、经济效益、社会效益、项目建设周期及工程进度安排、结论等。

3.1.2.2 政府对建设项目可行性研究的管理

政府对建设项目可行性研究的管理见表3-1。

表3-1 建设项目可行性研究报告的审批

序号	项目类别	审批权限
1	中央预算内投资、中央专项建设基金、中央统还国外贷款5亿元及以上、统借自还国外贷款的总投资50亿元及以上的项目	由国家发展和改革委员会审核，报国务院审批
2	地方政府采用直接投资(含通过各类投资机构)或以资本金注入方式安排地方各类财政性资金，建设《政府核准的投资项目目录》范围内应由国务院或国务院投资主管部门管理的固定资产投资项目	省级投资主管部门(通常指省级发展改革委员会和具有投资管理职能的经贸委)报国家发展和改革委员会，会同有关部门审批或核报国务院审批，需上报审批的地方政府投资项目，只需报批项目建设书
3	由中央统借统还的使用国外援助性资金的项目	由国家发展改革委审批或审核后报国务院审批
4	由省级政府负责偿还或提供还款担保的使用国外援助性资金的项目	应当报国务院及国家发展改革委审批的项目外，其他项目的可行性研究报告均由省级发展改革部门审批
5	项目用款单位自行偿还且不需政府担保的使用国外援助性资金的项目	凡《政府核准的投资项目目录》所列的项目，其项目申请报告分别由省级发展改革部门、国务院发展改革部门核准，或由国务院发展改革部门审核后报国务院核准;《政府核准的投资项目目录》之外的项目，报项目所在地省级发展改革部门备案，可行性研究报告无需审批

3.1.2.3 政府对投资项目的管理

政府对投资项目的管理见表3-2。

表3-2 政府对投资项目的管理方式

序号	项目类别	管理方式
1	政府直接投资和资金注入的项目	审批项目建议书、可行性研究报告
2	政府采用投资补助、转贷和贷款贴息方式的项目	不再审批项目建议书和可行性研究报告，只审批资金申请报告

（续表）

序号	项 目 类 别	管 理 方 式
3	企业不使用政府性资金投资建设的重大项目和限制类项目	从维护社会公共利益角度进行核准
4	企业不使用政府性资金投资建设的非重大项目和非限制类项目	采用备案制

建设工程投资实行立项审计制度。建设投资立项审计是审计机构通过参与建设工程项目的立项论证过程、审查与评价拟上报的可行性研究报告或项目申请报告(实行核准制的非政府投资项目)的真实性、完整性，为决策部门提供决策依据，规避投资风险，提高投资效益；或者说是审查拟建项目是否符合国家的方针政策，是否符合国家的长远规划，项目的建设有无必要等。通过建设工程投资立项审计，可及时发现问题，纠正错误，加强前期工作管理，确保拟建项目建立在稳妥可靠的基础上，防止损失和浪费，切实保证建设项目投资效益。

【例 3.1－1】 20 世纪 90 年代初期，南方某市决定在距该市区 45 km 的某镇修建大型国际机场。经组织评估论证，预测该国际机场建成后，与台湾桃园机场东西相对，直飞距离较近，地理位置得天独厚，可作为两岸“直航”后的定点机场，对台民航业务量会迅速增长，到 2005 年机场旅客吞吐量可达 650 万人次，货邮吞吐量可达 18 万 t。

该国际机场占地面积 1 万多亩，投资概算 17 亿元，实际修建突破 27 亿元，加上银行利息达 32.28 亿元。建成后的机场当时是国内最大的现代化大型国际机场，飞行区等级达到民航最高等级 4E，能起降世界上最大的波音 747－400 型和麦道 11 型飞机，满足直飞东南亚、北美等地区远距离航程要求。

该国际机场于 1997 年 6 月建成通航，运量一直未能达到设计规模，2001 年完成旅客、货邮吞吐量尚不足机场实际规模的 1/3。在通航 5 年时间内，负债达 30 亿元，陷入资不抵债的困境。

针对该机场建设中存在的问题，2002 年 11 月下旬，国务院指示原国家计委、审计署成立联合调查组对该国际机场项目进行审计，审计结果为：该国际机场目前旅客量和货邮量只达到设计规模的 1/3，航站楼和机场生活区大量闲置，运营 4 年半亏损达 11 亿元。亏损原因除了项目建设规模过度超前、大量举债加大运营成本、项目建设管理混乱、资金损失和资产闲置浪费、运营后机构体制不顺、管理不到位等因素以外，最重要的原因还是对该项目可行性研究论证不充分，基础数据采集不科学，市场需求预测结果过于乐观，决策失误而造成重大国有资产损失。

案例启示：(1) 切实提高对可行性研究作用的认识是做好建设项目可行性论证的前提。可行性研究是对拟建项目通过技术经济的分析，是用最小的投入获得最佳经济效果的科学方法。它是项目建设中一项极其重要的基础性工作。可行性研究的任务就是对某个拟建或改(扩)建的项目，论证其各种实施方案的经济效果，研究其在技术、经济方面的可行性，以选定在技术上具有先进性、在经济上具有合理性、在操作上具有安全可靠性的最佳方案，为项目的投资决策提供科学可靠的依据。国内外项目多年的建设实践证明，即使投入一定资金进行可行性研究后证明项目不可行，也胜于不做可行性研究就盲目进行项目建设投资。

对项目整体效益的影响而言，项目前期进行的可靠性研究其费用投入较少(通常不超过投资总额的1%～3%)，项目的主要投入在建设阶段。因此，不断提高对投资项目可行性研究工作重要性的认识，认真扎实地做好投资前期的研究论证工作是十分必要的。

(2) 认真进行市场调研和市场预测是做好建设项目可行性论证的基础。首先，进行项目市场调研时，要扎实做好项目前期对市场和资源、环境等因素的基础性调研工作，摸清市场有效需求规模和潜在需求规模。其次，要运用市场调查和预测的科学方法，实现市场调查从定性分析到定量研究的转变，改变重技术轻市场的现象。最后，必须高度重视市场研究及其成果的表达，具体地说，就是除了要能定性说明拟建项目在资源、物质技术条件和需求方面的存在形式外，还需满足市场预测调查在时间跨度上的定量需求。因此，在完成市场调查的基础上，要运用专业知识、技术方法和基本经验，对所取得的资料加以整理，建立能反映市场规律的预测模型，用数据或图标的形式把定性的市场分析转化为定量的说明，以对未来项目的市场发展态势做出分析预测和判断。预测模型的建立要充分利用一些软件如 SPSS、SAP 等，为项目拟建规模的投资决策提供可靠的依据。

(3) 为保证建设项目可行性论证的科学、严谨，应建立对拟建项目可行性研究报告进行审计的制度。对投资项目可行性研究结论审计是运用审计监督来控制投资项目管理的一个重要环节，从目前较为普遍的对项目绩效与实施阶段的审计监督前移到前期可行性研究阶段，对可行性研究的主要内容进行审计，用项目评估和可行性研究审计的“双保障”措施来确保投资决策的准确性与操作程序的规范，是从源头治理投资决策失误的一条极其有效的途径。因此，在对国内外重大投资项目进行审批的过程中，抓紧建立对拟建项目可行性研究内容进行审计的制度应是完善项目前期研究管理工作的一项紧迫的任务，是确保投资决策的科学与规范的必然。

3.2　建设项目投资估算

3.2.1　投资估算的概念

投资估算是指在项目投资决策过程中，依据现有的资料和特定的方法，对建设项目的投资数额进行的估计。它是项目建设前期编制项目建议书和可行性研究报告的重要组成部分，是项目决策的重要依据之一。投资估算的准确与否不仅影响可行性研究工作的质量和经济评价的结果，而且也直接关系下一阶段设计概算和施工图预算的编制，对建设项目资金筹措方案也有直接的影响。因此，全面准确地估算建设项目的工程造价，是可行性研究乃至整个决策阶段造价管理的重要任务。

3.2.2　投资估算的阶段划分与精度要求

国内外项目投资估算的阶段划分与精度要求比较见图 3－2。

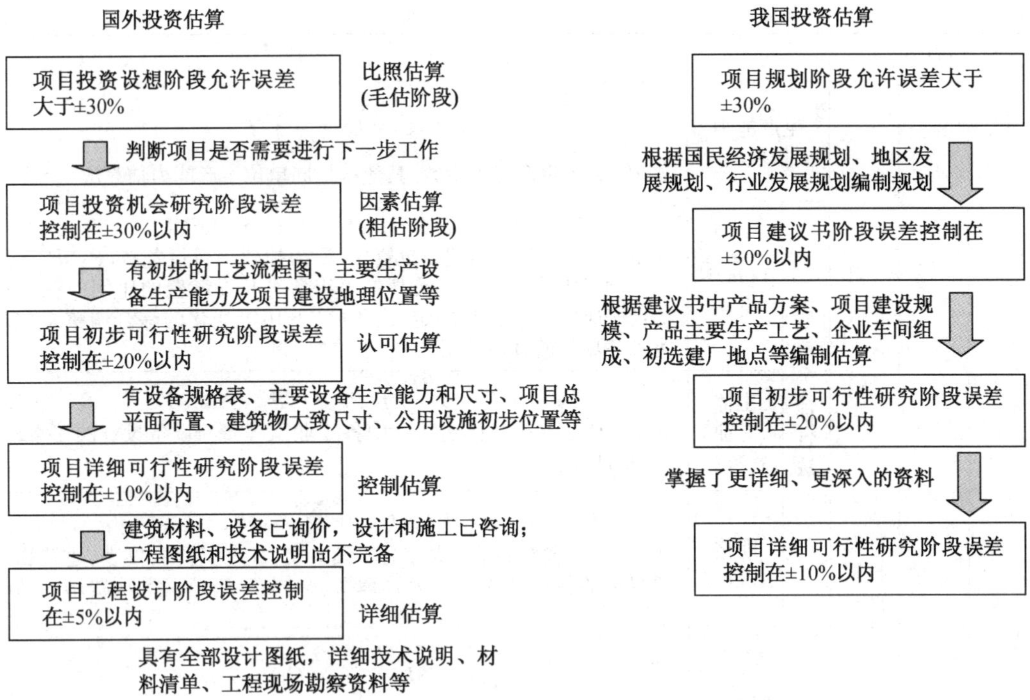

国外投资估算

项目投资设想阶段允许误差大于±30%

比照估算(毛估阶段)

判断项目是否需要进行下一步工作

项目投资机会研究阶段误差控制在±30%以内

因素估算(粗估阶段)

有初步的工艺流程图、主要生产设备生产能力及项目建设地理位置等

项目初步可行性研究阶段误差控制在±20%以内

认可估算

有设备规格表、主要设备生产能力和尺寸、项目总平面布置、建筑物大致尺寸、公用设施初步位置等

项目详细可行性研究阶段误差控制在±10%以内

控制估算

建筑材料、设备已询价，设计和施工已咨询；工程图纸和技术说明尚不完备

项目工程设计阶段误差控制在±5%以内

详细估算

具有全部设计图纸，详细技术说明、材料清单、工程现场勘察资料等

我国投资估算

项目规划阶段允许误差大于±30%

根据国民经济发展规划、地区发展规划、行业发展规划编制规划

项目建议书阶段误差控制在±30%以内

根据建议书中产品方案、项目建设规模、产品主要生产工艺、企业车间组成、初选建厂地点等编制估算

项目初步可行性研究阶段误差控制在±20%以内

掌握了更详细、更深入的资料

项目详细可行性研究阶段误差控制在±10%以内

图 3－2　国外和我国投资估算阶段划分和精度要求对比

3.2.3　投资估算内容及计算方法

投资估算费用内容与图 1－3 建设项目总投资费用构成是一致的，即根据国家规定，从满足建设项目投资设计和投资规模的角度，建设项目投资估算包括建设投资、建设期利息和流动资金费用估算三部分。

建设期利息是债务资金在建设期内发生并应计入固定资产原值的利息，包括借款(或债券)利息及手续费、承诺费、管理费等。建设期利息单独估算，以便对建设项目进行融资前和融资后财务分析。

流动资金是指生产经营性项目投产后，用于购买原材料、燃料、支付工资及其他经营费用等所需的周转资金。它是伴随着建设投资而发生的长期占用流动资产投资，流动资金等于流动资产减去流动负债。其中，流动资产主要考虑现金、应收账款、预付账款和存货；流动负债主要考虑应付账款和预收账款。因此，流动资金的概念，实际上就是财务中营运资金。

投资估算内容及计算方法见表 3－3。

表 3－3　投资估算内容及计算方法

估算内容			估算方法	
投资估算	固定资产投资估算	静态投资部分估算	单位生产能力估算法	$$C_2=\left(\frac{C_1}{Q_1}\right)Q_2 f$$ 式中：C_1 为已建类似项目静态投资额；C_2 为拟建项目静态投资额；Q_1 为已建类似项目生产能力；Q_2 为拟建项目生产能力；f 为不同时期、地点的定额、单价、费用变更等的综合调整系数

（续表）

<table>
<tr><th colspan="3">估算内容</th><th colspan="3">估　算　方　法</th></tr>
<tr><td rowspan="11">投资估算</td><td rowspan="11">固定资产投资估算</td><td rowspan="7">静态投资部分估算</td><td colspan="2">生产能力指数法</td><td>$$C_2=C_1\left(\frac{Q_2}{Q_1}\right)^x f$$式中：x 为生产能力指数，其他符号同单位生产能力估算法</td></tr>
<tr><td rowspan="3">系数估算法</td><td>设备系数法</td><td>$$C=E(1+f_1P_1+f_2P_2+\cdots)+I$$式中：C 为拟建项目建设投资额；E 为拟建项目设备费；P_1、P_2…为已建项目中建筑安装费及其他工程费等与设备费的比例；f_1、f_2…为由于时间因素引起的定额、价格、费用等变化的综合调整系数；I 为拟建项目的其他费用</td></tr>
<tr><td>主体专业系数法</td><td>$$C=E(1+f_1P'_1+f_2P'_2+\cdots)+I$$式中：P'_1、P'_2…为已建项目中各专业工程费与设备投资的比重；其他符号同前</td></tr>
<tr><td>朗格系数法</td><td>$$C=E(1+\sum K_i)K_c$$式中：C 为总建设费；E 为主要设备费；K_i 为管线、仪表、建筑物等项费用的估算系数；K_c 为管理费、合同费、应急费等项费用的估算系数</td></tr>
<tr><td colspan="2">比例估算法</td><td>$$I=\frac{1}{K}\sum_{i=1}^{n}Q_iP_i$$式中：I 为拟建项目的建设投资；K 为已建项目主要设备投资占拟建项目投资的比例；n 为设备种类；Q_i 为第 i 种设备的数量；P_i 为第 i 种设备的单价（到厂价）</td></tr>
<tr><td colspan="2">指标估算法</td><td>把建设项目以单项工程或单位工程，按建设内容纵向划分为各个主要生产设施、辅助及公用设备、行政及福利设施以及各项其他基本建设费用；按费用性质横向划分为建筑工程、设备购置、安装工程等。根据各种具体的投资估算指标，进行各单位工程或单项工程投资估算，在此基础上汇集成拟建项目的各个单项工程费用和拟建工程项目费用投资估算，再按相关规定估算工程建设其他费用、基本预备费等，形成拟建项目静态投资</td></tr>
<tr><td colspan="2">基本预备费</td><td>基本预备费＝（工程费用＋工程建设其他费）×基本预备费费率（%）</td></tr>
<tr><td rowspan="2">动态投资部分估算</td><td colspan="2">涨价预备费</td><td>$$PF=\sum_{t=1}^{n}I_t\left[(1+f)^m\sqrt{(1+f)}\,(1+f)^{t-1}-1\right]$$式中：PF 为涨价预备费；n 为建设期年份数；I_t 为建设期中第 t 年的投资计划额，包括工程费用、工程建设其他费、基本预备费，即第 t 年的静态投资额；f 为年均投资价格上涨率；m 为建设前期年限（自编制估算到开工建设，单位：年）</td></tr>
<tr><td colspan="2">建设期贷款利息</td><td>$$q_j=(P_{j-1}+\frac{A_j}{2})\times i$$式中：q_j 为建设期第 j 年应计贷款利息；P_{j-1} 为建设期第 $j-1$ 年末累计贷款本金与利息之和；A_j 为第 j 年贷款金额；i 为建设期间贷款利率</td></tr>
<tr><td rowspan="2"></td><td colspan="2">汇率变化的影响</td><td>本息所支付的外币金额不变，但随着外币的升值和贬值，换算成人民币的金额相应增加或减少</td></tr>
<tr><td colspan="2">固定资产投资方向调节税</td><td>固定资产投资方向调节税＝（设备及工、器具购置费＋建安工程费＋工程建设其他费＋预备费）×固定资产投资方向调节税税率</td></tr>
</table>

（续表）

估算内容			估　算　方　法	
投资估算	固定资产投资估算	流动资金估算	分项详细估算法	流动资金＝流动资产－流动负债 流动资产＝应收账款＋预付账款＋存货＋现金 流动负债＝应付账款＋预收账款 其中，流动资产中的各项费用计算： (1) 应收账款＝年经营成本/应收账款年周转次数 (2) 预付账款＝外购商品或服务年费金额/预付账款年周转次数 (3) 存货＝外购原材料、燃料＋其他材料＋在产品＋产成品 ① 外购原材料、燃料费＝年外购原料、燃料费/分项周转次数 ② 其他材料＝年其他材料费/其他材料年周转次数 ③ 在产品＝(年外购原料、燃料费＋年工资及福利＋年修理费＋年其他制造费)/在产品年周转次数 ④ 产成品＝(年经营成本－年其他营业费)/产成品年周转次数 (4) 现金＝(年工资及福利＋年其他费)/现金年周转次数 年其他费＝制造费用＋管理费＋营业费－以上三项费中所含工资及福利费、折旧费、摊销费、修理费 流动负债中的各项费用计算： 应付账款＝外购原材料、燃料及其他材料年费用/应付账款年周转次数 预收账款＝年预收营业收入年金额/预收账款年周转次数
			扩大指标估算法	年流动资金额＝年费用基数×各类流动资金率 或年流动资金额＝年产量×单位产品产量占流动资金额

3.2.3.1　项目静态投资估算

不同阶段的投资估算，其方法和允许误差均不同。项目规划和项目建议书阶段，投资估算精度低，可采取简单的匡算法，如生产能力指数法、单位生产能力法、比例法、系数法等；在可行性研究阶段，投资估算精度要求高，需采用相对详细的投资估算方法，即指标估算法。

1. 单位生产能力估算法

计算公式见表3-3。

使用单位生产能力估算法时要注意拟建项目的生产能力和类似项目的可比性，否则误差很大。由于在实际工作中不易找到与拟建项目完全类似的项目，通常是把项目按其下属的车间、设施和装置进行分解，分别套用类似车间、设施和装置的单位生产能力投资指标计算，然后汇总求得项目总投资，或根据拟建项目的规模和建设条件，将投资进行适当调整后估算项目的投资额。这种方法主要用于新建项目或装置的估算，简便迅速。

单位生产能力估算法估算结果精确度较差，误差可达±30%；使用时应注意地方性差异、配套性差异、时间性差异。

2. 生产能力指数法

计算公式见表3-3。

生产能力指数法又称指数估算法，它是根据已建成的类似项目生产能力和投资额来粗略估算拟建项目静态投资额的方法，是对单位生产能力估算法的改进；与单位生产能力估算法相比精确度略高。

此方法不需详细的工程设计资料，只需知道工艺流程及规模即可，在总承包报价时经常采用。若已建类似项目的生产规模与拟建项目生产规模相差不大，Q_1与Q_2的比值在0.5～2之间，则指数x的取值近似为1。若已建类似项目的生产规模与拟建项目生产规模相差不大于50倍，且拟建项目生产规模的扩大仅靠增大设备规模来达到时，则x的取值在0.6～0.7之间；若是靠增加相同规格设备的数量达到时，x取值在0.8～0.9之间。

3. 系数估算法

系数估算法，也称因子估算法，它是以拟建项目的主体工程费即主要设备购置费为基数，以其他工程费与主体工程费的百分比为系数估算项目的静态投资的方法。由于其精度较低，故一般用于项目建议书阶段。我国常用的系数估算法有设备系数估算法、主体专业系数法、朗格系数法。

3.2.3.2 动态投资估算

建设动态投资部分主要包括价格变动可能增加的投资额，如果是涉外项目，还应当计算汇率的影响。动态投资估算应以基准年静态投资的资金使用计划为基础来计算，而不是以编制的年静态投资为基础计算。

计算公式见表3-3。

3.2.3.3 建设投资估算表编制

按费用归集形式，建设投资可按概算法或按形成资产法分类。

1. 概算法编制建设投资估算

建设投资由工程费用、工程建设其他费用和预备费三部分构成。其中，工程费又包括建筑工程费、设备购置费（含工、器具及生产家具购置费）和安装工程费。具体如表3-4所示。

表3-4 按概算法编制的建设投资估算表

人民币单位：万元，外币单位：

序号	工程或费用名称	建筑工程费	设备购置费	安装工程费	其他费用	合计	其中：外币	比例(%)
1	工程费							
1.1	主体工程							
1.1.1	×××							
	……							
1.2	辅助工程							
1.2.1	×××							
	……							
1.3	公用工程							
1.3.1	×××							
	……							
1.4	服务性工程							

（续表）

序号	工程或费用名称	建筑工程费	设备购置费	安装工程费	其他费用	合计	其中：外币	比例（%）
1.4.1	×××							
	……							
1.5	厂外工程							
1.5.1	×××							
	……							
1.6	×××							
	……							
2	工程建设其他费用							
2.1	×××							
	……							
3	预备费							
3.1	基本预备费							
3.2	涨价预备费							
4	建设投资合计							
	比例（%）							

2. 形成资产法编制建设投资估算

按形成资产法分类，建设投资由形成固定资产的费用、形成无形资产的费用、形成其他资产的费用和预备费四部分组成。固定资产费用是指项目投产时将直接形成固定资产的建设投资，包括工程费用和工程建设其他费用中按规定将形成固定资产的费用，后者被称为固定资产其他费用，主要包括建设管理费、可行性研究费、研究试验费、勘察设计费、环境影响评价费、场地准备及临时设施费、引进技术和引进设备其他费、工程保险费、联合试运转费、特殊设备安全监督检验费和市政公用设施建设及绿化费等。无形资产费用是指将直接形成无形资产的建设投资，主要是专利权、非专利技术、商标权、土地使用权和商誉等。其他资产费用是指建设投资中除形成固定资产和无形资产以外的部分，如生产准备及开办费等。

对于土地使用权的特殊处理：按照有关规定，在尚未开发或建造自用项目前，土地使用权作为无形资产核算，房地产开发企业开发商品房时，将其账面价值转入开发成本；企业自用项目时将其账面转入在建工程成本。因此，为了与以后的折旧和摊销计算相协调，在建设投资估算中通常将土地使用权直接列入固定资产其他费用中。

按形成资产法编制建设投资估算表如表 3－5 所示。

表 3－5　形成资产法编制建设投资估算表

人民币单位：万元；外币单位：

序号	工程或费用名称	建筑工程费	设备购置费	安装工程费	其他费用	合计	其中：外币	比例（%）
1	固定资产费用							
1.1	工程费用							

（续表）

序号	工程或费用名称	建筑工程费	设备购置费	安装工程费	其他费用	合计	其中：外币	比例（%）
1.1.1	×××							
1.1.2	×××							
	……							
1.2	固定资产其他费							
1.2.1	×××							
1.2.2	×××							
	……							
2	无形资产费用							
2.1	×××							
	……							
3	其他资产费用							
3.1	×××							
	……							
3	预备费							
3.1	基本预备费							
3.2	涨价预备费							
4	建设投资合计							
	比例（%）							

3.2.3.4 建设期利息估算

建设期利息是指筹措债务资金时在建设期内发生并按规定允许在投产后计入固定资产原值的利息，即资本化利息。

建设期利息包括银行借款和其他债务资金的利息以及其他融资费用。其他融资费用是指某些债务融资中发生的手续费、承诺费、管理费、信贷保险费等融资费用，一般情况下应将其单独计算并计入建设期利息；在项目前期研究的初期阶段，也可以粗略估算并计入建设投资；对于不涉及国外贷款的项目，在可行性研究阶段，也可作粗略估算并计入建设投资。估算建设期利息，需要根据项目进度计划，提出建设投资分年计划，列出各年投资额，并明确其中的外汇和人民币。为了简单计算，往往假定借款在每年的年中支用，借款当年按半年计息，其余各年按全年计息。建设期利息估算表如表 3-6 所示。

表 3-6 建设期利息估算表 人民币单位：万元

序号	项目	合计	建设期					
			1	2	3	4	…	n
1	借款							
1.1	建设期利息							

（续表）

序号	项　　目	合计	建设期					
			1	2	3	4	…	n
1.1.1	期初借款余额							
1.1.2	当期借款							
1.1.3	当期应计利息							
1.1.4	期末借款余额							
1.2	其他融资费用							
1.3	小计(1.1+1.2)							
2	债券							
2.1	建设期利息							
2.1.1	期初债务余额							
2.1.2	当期债务金额							
2.1.3	当期应计利息							
2.1.4	期末债务余额							
2.2	其他融资费用							
2.3	小计(2.1+2.2)							
3	合计(3.1+3.2)							
3.1	建设期利息合计(1.1+2.1)							
3.2	其他融资费用合计(1.2+2.2)							

3.2.3.5　流动资金估算

项目运营需要流动资产投资，是指生产经营性项目投产后，为进行正常生产运营，用于购买原材料、燃料，支付工资及其他经营费用等所需的周转资金。流动资金估算一般采用分项详细估算法，个别小型项目可采用扩大指标法。

1. 分项详细估算法

流动资金的显著特点是在生产过程中不断周转，其周转额大小与生产规模及周转速度直接相关。分项详细估算法是根据周转额与周转速度之间的关系，对构成流动资金的各项流动资产和流动负债分别进行估算。流动资产的构成要素一般包括存货、库存现金、应收账款、预付账款；流动负债的构成要求一般包括应付账款、预收账款。其计算公式见表3-3。

周转次数的计算：周转次数是指流动资金的各个构成项目在一年内完成多少个生产过程。可用 1 年天数（通常按 360 天/年计算）除以流动资金的最低周转天数计算，以各项流动资金年平均占用额度为流动资金的年周转额度除以流动资金的年周转次数，即：

周转次数＝360/流动资金最低周转天数

2. 扩大指标估算法

扩大指标估算法是根据现有同类企业的实际资料，亦可依据行业或部门给定的参考值或经验确定比率，求得各种流动资金率指标的方法。将各类流动资金率乘以相对应的费用基数来估算流动资金。一般常用的基数有营业收放、经营成本、总成本费用和建设投资等。

扩大指标投资估算法简便易行，但准确度不高，适用于项目建议书阶段的估算。

3. 流动资金估算表

根据流动资金各项估算的结果，编制流动资金估算表，见表3－3。

3.2.3.6 项目总投资估算

1. 项目总投资及其构成

按上述投资估算内容和估算方法估算各类投资并进行汇总，编制项目总投资估算汇总见表3－7。

表3－7 项目总投资估算汇总表

人民币单位：万元；外币单位：

序号	费用名称	投资额		估算说明
		合计	其中：外汇	
1	建设投资(1.1+1.2)			
1.1	建设投资静态部分			
1.1.1	建筑工程费			
1.1.2	设备及工、器具购置费			
1.1.3	安装工程费			
1.1.4	工程建设其他费			
1.1.5	基本预备费			
1.2	建设投资动态部分			
1.2.1	涨价预备费			
2	建设期利息			
3	流动资金			
项目总投资(1+2+3)				

2. 分年度投资计划

估算出项目总投资后，应根据项目进度计划的安排，编制分年度投资计划表；分年度建设投资额可作为安排融资计划、估算建设期利息的基础。具体见表3－8。

表 3-8　建设期利息估算表

人民币单位：万元;外币单位：

序号	项　　目	人民币			外　币		
		1	2	…	1	2	…
分年度计划(%)							
1	建设投资						
2	建设期利息						
3	流动资金						
4	项目投入总资金(1+2+3)						

【例 3.2-1】　某建设项目的工程费与工程建设其他费的估算额为 52 180 万元，预备费为 5 000 万元，建设期 3 年。3 年的投资比例是：第 1 年 20%，第 2 年 55%，第 3 年 25%，第 4 年投产。

该项目固定资产投资来源为自有资金和贷款。贷款的总额为 40 000 万元，其中外汇贷款为 2 300 万美元，外汇牌价为 1 美元兑换人民币 6.6 元人民币。贷款的人民币部分从中国建设银行获得，年利率为 6%(按季计息)。贷款的外汇部分从中国银行获得，年利率为 8%(按年计息)。

建设项目达到设计生产能力后，全厂定员为 1 100 人，工资和福利费按每人每年 7.2 万元人民币计算；每年其他费用为 860 万元(其中：其他制造费用为 660 万元)；年外购原材料、燃料、动力费估算为 19 200 万元；年经营成本为 21 000 万元，年销售收入为 33 000 万元，年修理费占年经营成本 10%；年预付账款为 800 万元；年预收账款为 1 200 万元。各项流动资金最低周转天数分别为：应收账款为 30 天，现金为 40 天，应付账款为 30 天，存货为 40 天，预付账款为 30 天，预收账款为 30 天。

问题：

(1) 估算建设期贷款利息。

(2) 用分项详细估算法计算拟建项目的流动资金，编制流动资金估算表。

(3) 估算拟建项目的总投资。

【解题要点】

问题(1)：涉及复利计算和名义利率、有效利率的计算。

名义利率：如银行给出的利率为年利率 r，计算周期为按季计息，1 年计息次数 $m=4$ 次，即利率周期内计息次数>1 次时，则存在名义利率和实际利率。

有效利率(实际利率)：

- 计息周期有效利率：$i=\frac{r}{m}$，如给定的 r 为年利率，实际按季计息，则计息周期有效利率则为季利率 i。
- 利率周期有效利率：$i_{\text{eff}}=\left(1+\frac{r}{m}\right)^m-1$，$i_{\text{eff}}$ 为利率周期有效利率。

问题(2)：分项详细估算法估算流动资金。

流动资金=流动资产－流动负债。

① 流动资产＝应收账款＋现金＋存货＋预付账款；

② 流动负债＝应付账款＋预收账款。

流动资产中的各项费用计算：

应收账款＝年经营成本/应收账款年周转次数；

预付账款＝外购商品或服务年费金额/预付账款年周转次数；

存货＝外购原材料、燃料＋其他材料＋在产品＋产成品；

外购原材料、燃料＝年外购原材料、燃料费用/分项周转次数；

其他材料＝年其他材料费用/其他材料年周围次数；

在产品＝(年外购原材料、燃料动力费用＋年工资及福利＋年修理费＋年其他制造费)/在产品年周转次数；

产成品＝(年经营成本－年营业费用)/产成品的周转次数；

现金＝(年工资及福利＋年其他费)/现金年周转次数。

流动负债中的各项费用计算：

应付账款＝外购原材料、燃料及其他材料年费用/应付账款年周转次数；

预收账款＝年预收营业收入额/预收账款年周转次数。

问题(3)：建设项目总投资＝建设投资＋贷款利息＋流动资金。

解：

问题(1)：① 人民币实际利率

$$i_{\text{eff}}=\left(1+\frac{r}{m}\right)^{m}-1=(1+12.48\%/4)^{4}-1\approx 13.08\%$$

② 每年贷款额本金

人民币贷款总额＝40 000－2 300×6.6＝24 820(万元人民币)。

第 1 年贷：24 820×20%＝4 964(万元人民币)；

第 2 年贷：24 820×55%＝13 651(万元人民币)；

第 3 年贷：24 820×25%＝6 205(万元人民币)。

美元贷款总额＝2 300×6.6＝15 180(万元人民币)。

第 1 年贷：15 180×20%＝3 036(万元人民币)；

第 2 年贷：15 180×55%＝8 349(万元人民币)；

第 3 年贷：15 180×25%＝3 795(万元人民币)。

③ 建设期每年贷款利息

$$q_j=(P_{j-1}+\frac{A_j}{2})\times i$$

人民币贷款利息：

第 1 年：

$$q_1=\left(P_0+\frac{A_1}{2}\right)\times 13.08\%=\left(0+\frac{4\,964}{2}\right)\times 13.08\%\approx 324.65(\text{万元人民币})$$

第 2 年：

$$q_2=\left(P_1+\frac{A_2}{2}\right)\times 13.08\%=\left[(4\ 964+324.65)+\frac{13\ 651}{2}\right]\times 13.08\%$$
$$\approx 1\ 584.53(\text{万元人民币})$$

第 3 年：

$$q_3=\left(P_2+\frac{A_3}{2}\right)\times 13.08\%=\left[(4\ 964+324.65)+(13\ 651+1\ 584.53)+\frac{6\ 205}{2}\right]\times 13.08\%$$
$$\approx 3\ 090.37(\text{万元人民币})$$

外币贷款利息：

第 1 年：

$$q_1=\left(P_0+\frac{A_1}{2}\right)\times 8\%=\left(0+\frac{3\ 036}{2}\right)\times 8\%=121.44(\text{万元人民币})$$

第 2 年：

$$q_2=\left(P_1+\frac{A_2}{2}\right)\times 8\%=\left[(3\ 036+121.44)+\frac{8\ 349}{2}\right]\times 8\%\approx 586.56(\text{万元人民币})$$

第 3 年：

$$q_3=\left(P_2+\frac{A_3}{2}\right)\times 8\%=\left[(3\ 036+121.44)+(8\ 349+586.56)+\frac{3\ 795}{2}\right]\times 8\%$$
$$=1\ 119.24(\text{万元人民币})$$

建设期贷款利息＝(324.65＋1 584.53＋3 090.37)＋(121.44＋586.56＋1 119.24)

＝4 999.55＋1 827.24＝6 826.79(万元人民币)

问题(2)：

流动资产中的各项费用计算：

应收账款＝年经营成本/应收账款年周转次数

＝21 000/12＝1 750(万元人民币)。

预付账款＝外购商品或服务年费金额/预付账款年周转次数

＝19 200/12＝1 600(万元人民币)。

存货＝外购原材料、燃料＋其他材料＋在产品＋产成品：

① 外购原材料、燃料费＝年外购原料、燃料费/分项周转次数

＝19 200/9≈2 133.33(万元人民币)；

② 其他材料＝年其他材料费/其他材料年周转次数

＝(860－660)/9≈22.22(万元人民币)；

③ 在产品＝(年外购原料、燃料费＋年工资及福利＋年修理费＋年其他制造费)/在产品年周转次数

＝(19 200＋7.2×1 100＋21 000×10%＋660)/9＝29 880/9＝3 320(万元人民币)；

④ 产成品＝(年经营成本－年其他营业费)/产成品年周转次数

＝(21 000－0)/9≈2 333.33(万元人民币)；

存货＝2 133.33＋22.22＋3 320＋2 333.33≈7 808.89(万元人民币)。

现金=(年工资及福利+年其他费)/现金年周转次数

=(7.2×1 100+860)/9≈975.56(万元人民币)。

流动资产=应收账款+预付账款+存货+现金

=1 750+1 600+7 808.89+975.56=12 134.45(万元人民币)。

流动负债中的各项费用计算：

应付账款=外购原材料、燃料及其他材料年费用/应付账款年周转次数

=800/12≈66.67(万元人民币)；

预收账款=年预收营业收入额/预收账款年周转次数=1 200/12=100(万元人民币)。

流动负债=应付账款+预收账款=66.67+100=166.67(万元人民币)。

流动资金=流动资产-流动负债=12 134.45-166.67=11 967.78(万元人民币)。

流动资金估算表见表 3-9。

表 3-9　流动资金估算表　　人民币单位：万元

序号	项　目	最低周转天数(天)	周转次数	金额(万元)
1	流动资产(1.1+1.2+1.3+1.4)			12 134.45
1.1	应收账款	30	360/30=12	1 750
1.2	预付账款	30	360/30=12	1 600
1.3	存货	40	360/40=9	7 808.89
1.3.1	外购原材料、燃料、动力费	40	360/40=9	2 133.33
1.3.2	其他材料	40	360/40=9	22.22
1.3.3	在产品	40	360/40=9	3 320
1.3.4	产成品	40	360/40=9	2 333.33
1.4	现金	40	360/40=9	975.56
2	流动负债(2.1+2.2)			166.67
2.1	应付账款	30	360/30=12	66.67
2.2	预收账款	30	360/30=12	100
3	流动资金=1-2			1 1967.78

问题(3)：建设项目总投资=建设投资+贷款利息+流动资金

=(52 180+5 000)+6 826.79+11 967.78

=75 974.57(万元人民币)。

【例 3.2-2】 2005 年 10 月，广东省某大学附属医院建设了 21 层医疗大楼并投入使用。医疗大楼地下 2 层，地上 19 层，采用人工挖孔桩作基坑支护，钢筋混凝土满堂基础，钢筋混凝土框架剪力墙结构。该项目经核定的竣工结算建安工程经济指标如表 3-10 所示。

表3-10　医疗大楼竣工结算经济指标一览表

序号	工程及费用名称	费用(万元)	单方造价(元/m^2)	占投资百分比(%)	备注
1	建筑工程费用	14 858.84	2 131.58		
1.1	基础—结构—装饰工程	13 405.08	1 923.03		
1.2	土方及基坑支护	1 453.76	208.55		
2	水电安装工程	10 424.76	1 495.38		
2.1	电气工程	2 646.74	379.69		
2.2	通风空调工程	1 791.29	256.97		
2.3	给排水工程	2 078.95	298.24		
2.4	消防报警系统工程	437.57	62.75		
2.5	消防喷淋系统工程	739.92	106.1		
2.6	气体灭火系统工程	130.60	18.73		
2.7	弱电工程	839.18	120.34		
2.8	电梯工程	1 760.51	252.56		
3	室外工程	1 637.20	234.86		
合计		26 920.8	3 861.82		

随着医院的快速发展,2009年1月,医院决定再建一座19层医技综合楼(地下2层,地上17层),资金来源为医院自筹。医技综合楼与医疗大楼相距60 m,其基坑支护形式、基础形式、结构形式、建设规模、使用功能和建设标准等与医疗大楼相近。故该医院基建部门编制了投资估算,具体如表3-11所示。

表3-11　医技综合楼投资估算表

序号	工程及费用名称	费用(万元)	单方造价(元/m^2)	占投资百分比(%)	备注
1	建筑工程费用	14 858.84	2 131.58	49.82	
1.1	基础—结构—装饰工程	13 405.08	1 923.03		
1.2	土方及基坑支护	1 453.76	208.55		
2	水电安装工程	10 424.76	1 495.38	34.95	
2.1	电气工程	2 646.74	379.69		
2.2	通风空调工程	1 791.29	256.97		
2.3	给排水工程	2 078.95	298.24		
2.4	消防报警系统工程	437.57	62.75		
2.5	消防喷淋系统工程	739.92	106.1		
2.6	气体灭火系统工程	130.60	18.73		

（续表）

序号	工程及费用名称	费用(万元)	单方造价(元/m^2)	占投资百分比(%)	备注
2.7	弱电工程	839.18	120.34		
2.8	电梯工程	1 760.51	252.56		
3	室外工程	1 637.20	234.86	5.49	
4	工程建设其他费	1 484.35	212.97	4.98	
4.1	红线外市政工程费	253.53			暂估
4.2	场地准备费	402.67			暂估
4.3	建设单位临时设施费	53.38			
4.4	勘察设计费	622.24			
4.5	建筑物放线费	6.57			
4.6	白蚁防治费	20.75			
4.7	施工图审查费	22.64			
4.8	预算编制费	25.59			
4.9	竣工图编制费	23.75			
4.10	招投标代理服务费	37.63			
4.11	工程保险费	15.6			
5	预备费	1 420.27	203.74	4.76	
6	建设期贷款利息	0			按自有资金计
总投资		29 825.42	4 278.53	100	

造价人员审核了以上投资估算的内容，发现如下问题：

(1) 医技综合楼投资估算中，原封不动地套用了医疗大楼的竣工结算建安指标。

(2) 在医技综合楼投资估算中，没有反映建设单位管理费、城市基础设施建设费、可研等前期费用以及工程建设监理费。

问题分析：

建设工程造价具有单一性和动态性，即使是同一个设计方案或者同一份施工图纸，在不同的地点、不同的时间、不同的地区实施，其工程造价也会因此不一样。所以，在编制医技综合楼投资估算时，直接使用医疗科研综合楼的竣工结算建安指标是不合适的，尽管两栋大楼在建设地点、基坑支护形式、基础形式、结构形式、建设规模、使用功能和建设标准等方面很相近，但忽略了两栋楼在人工、材料、设备、机械等因素在时间价格差异以及两栋大楼的设计差异。

根据《建设项目投资估算编审规程》(CECA/GC1—2007)关于建设项目投资估算编制的有关规定，建设单位管理费、城市基础设施建设费、可研等前期费用以及工程建设监理费等是建设项目投资估算不可缺少的组成部分，否则，必然影响投资估算的准确性。

解决：

造价人员根据该医院提供的《医技综合楼方案设施图纸》、《医疗大楼竣工图纸》及竣工结算书、广东省 2006 年版《建筑工程综合定额》、《装饰装修工程综合定额》、《安装工程综合定额》、《市政工程综合定额》、广州地区 2009 年第一季度《建设工程材料指导价格》等文件和资料，充分考虑两栋大楼在人、材、机的造价指数差异和设计差异，对医技综合楼投资估算中的建安指标进行了修正。按照财建[2002]394 号《财政部关于印发（基本建设财务管理规定）的通知》增加了建设单位管理费；按照计价格[2001]585 号和粤价[2003]160 号文件增加了城市基础设施建设费用；按计价格[1999]1283 号（建设项目前期工作咨询收费暂行规定）增加了可研等前期费用；按照国家发改委与建设部 2007 年《建设工程监理与相关服务标准》增加了工程监理费用。修正后的投资估算见表 3 - 12。

表 3 - 12　医技综合楼投资估算修正表

序号	工程及费用名称	费用(万元)	单方造价(元/m²)	占投资百分比(%)	备注
1	建筑工程费用	14 858.84	2 131.58	47.40	
1.1	基础—结构—装饰工程	13 405.08	1 923.03		
1.2	土方及基坑支护	1 453.76	208.55		
2	水电安装工程	10 424.76	1 495.38	33.26	
2.1	电气工程	2 646.74	379.69		
2.2	通风空调工程	1 791.29	256.97		
2.3	给排水工程	2 078.95	298.24		
2.4	消防报警系统工程	437.57	62.75		
2.5	消防喷淋系统工程	739.92	106.1		
2.6	气体灭火系统工程	130.60	18.73		
2.7	弱电工程	839.18	120.34		
2.8	电梯工程	1 760.51	252.56		
3	室外工程	1 637.20	234.86	5.22	
4	工程建设其他费	3 004.46	212.97	9.59	
4.1	建设单位管理费	495.32			
4.2	城市建设配套费	292.67			
4.3	红线外市政工程费	253.53			
4.4	场地准备费	402.67			
4.5	可研等前期费用	103.65			
4.6	建设单位临时设施费	53.38			
4.7	勘察设计费	622.24			
4.8	建筑物放线费	6.57			

（续表）

序号	工程及费用名称	费用(万元)	单方造价(元/m²)	占投资百分比(%)	备注
4.9	白蚁防治费	20.75			
4.10	施工图审查费	22.64			
4.11	预算编制费	25.59			
4.12	竣工图编制费	23.75			
4.13	招投标代理服务费	37.63			
4.14	工程建设监理费	628.47			
4.15	工程保险费	15.6			
5	预备费	1 420.27	203.74	4.53	
6	建设期贷款利息	0			按自有资金计
	总投资	31 345.53	4 278.53	100	

3.3 建设项目财务分析与评价

3.3.1 建设项目财务分析

3.3.1.1 财务分析概述

财务分析概念、作用及程序见表 3 - 13。

表 3 - 13 财务分析概念、作用及程序

序号	名称	主　要　内　容
1	概念	财务分析是根据国家现行财税制度和价格体系，在财务效益与费用的估算以及编制财务辅助报表的基础上，计算财务分析指标，考察和分析项目盈利能力、清偿能力以及财务生存能力，判断项目的财务可行性
2	作用	(1) 考察项目的财务盈利能力 (2) 用于制定适宜的资金规划 (3) 为协调企业利益与国家利益提供依据 (4) 为中外合资项目提供双方合作的基础
3	程序	财务分析是在项目市场研究、生产条件及技术研究的基础上进行的，它主要通过有关的基础数据，编制财务报表，计算分析相关的经济评价指标，做出评价结论。其程序大致如下： (1) 选取财务分析的基础数据与参数 (2) 估算各期现金流量 (3) 编制基本财务报表 (4) 计算财务分析指标，进行盈利能力和偿债能力分析 (5) 进行不确定性分析 (6) 得出评价结论

3.3.1.2　融资前财务分析

项目决策可分为投资决策和融资决策两个层次。投资决策重在考察项目净现金流的价值是否大于其投资成本，融资决策重在考察资金筹措方案能否满足要求。严格意义上说，投资决策在先，融资决策在后。根据不同决策的需要，财务分析可分为融资前分析和融资后分析。

财务分析一般先做融资前分析，在融资前分析结论满足要求的情况下，初步设定融资方案，再进行融资后分析，因此相应的财务评价指标发生一些变化。

融资前分析只考虑项目总体盈利能力，以营业收入、建设投资、经营成本和流动资金的估算为基础，考察整个计算期内现金流入和流出，编制项目投资现金流量表，利用资金时间价值原理进行折现，计算项目投资内部收益率和净现值等指标。

融资前项目投资现金流量分析，是从项目投资总获利能力角度，考察项目方案设计的合理性，以动态分析(折现现金流量分析)为主，静态分析(非折现现金流量分析)为辅。根据需要，可从所得税前和(或)所得税后两个角度进行考察，选择计算所得税前和(或)所得税后指标。

融资前动态分析主要考察整个计算期内现金流入和流出，编制项目投资现金流量表如表 3－14 所示。

表 3－14　项目投资财务现金流量表及计算要点

序号	项　目	计　算　要　点
1	现金流入	1.1＋1.2＋1.3＋1.4
1.1	营业收入	各年营业收入＝设计生产能力×产品单价×当年生产负荷
1.2	补贴收入	某些项目按规定估算企业可得到的补贴收入
1.3	回收固定资产余值	现金流动发生在项目计算期末 固定资产残值＝固定资产原值×残值率 固定资产余值＝年折旧额×(固定资产使用年限－项目运营期)＋预计净残值 年折旧额的计算可采用：平均年限法、工作量法、年数综合法、双倍余额递减法
1.4	回收流动资金	项目投产期各年投入的流动资金在项目期末全额收回
2	现金流出	2.1＋2.2＋2.3＋2.4＋2.5
2.1	建设投资	不含建设期贷款利息
2.2	流动资金	投产期各年投入流动资金数额，填入对应年份
2.3	经营成本	运营期各年实际发生的经营成本数额，填入对应年份
2.4	营业税金及附加	只发生在运营期 年营业税金及附加＝年营业收入×营业税及附加税率
2.5	维持运营投资	某些项目运营期需投入的固定资产投资
3	所得税前净现金流量	所得税前净现金流量＝对应年份(现金流入－现金流出)
4	累计所得税前净现金流量	各年所得税前净现金流量的累计值

（续表）

序号	项　目	计　算　要　点
5	调整所得税	调整所得税＝息税前利润(EBIT)×所得税税率 息税前利润(EBIT)＝利润总额＋利息费用 利润总额＝营业收入－营业税及附加－总成本费用 总成本费用＝经营成本＋折旧＋摊销＋利息费用 利息费用＝长期借款利息支出＋流动资金借款利息支出
6	所得税后净现金流量	所得税后净现金流量＝所得税前净现金流量－调整所得税
7	累计所得税后净现金流量	各年所得税后净现金流量的累计值
8	财务评价指标： (1) 项目投资财务内部收益率(所得税前、所得税后)： $\sum_{t=0}^{n}(CI-CO)_t(1+FIRR)^{-t}=0, FIRR=i_1+\frac{FNPV_1}{FNPV_1-FNPV_2}(i_2-i_1)$ 判别准则：$FIRR\geqslant i_c$，方案可行；$FIRR<i_c$，方案不可行 (2) 项目投资财务净现值(所得税前、所得税后)： $FNPV(i)=\sum_{t=0}^{i}(CI-CO)_t(1+i_c)^{-t}$ 判别准则：$FNPV\geqslant i_c$，方案可行；$FNPV<i_c$，方案不可行 (3) 项目动态投资回收期(所得税前、所得税后)： $\sum_{t=0}^{P_t'}(CI-CO)_t(1+i_c)^{-t}=0$ $P'_t=$ 累计净现金流量现值开始出现正值的年份 $-1+\frac{\text{上一年累计现金流量现值的绝对值}}{\text{当年净现金流量现值}}$ 判别准则：$P_t'\leqslant P_c$，方案可行；$P_t'>P_c$，方案不可行 (4) 项目静态投资回收期(所得税前、所得税后)： $\sum_{t=0}^{P_t}(CI-CO)_t=0$ $P_t=$累计净现金流量开始出现正值的年份$-1+\frac{\text{上一年累计净现金流量的绝对值}}{\text{当年净现金流量}}$ 判别准则：$P_t\leqslant P_c$，方案可行；$P_t>P_c$，方案不可行	

3.3.1.3　融资后分析

在融资前分析结果可以接受的前提下，可以开始考虑融资方案，进行融资后分析。

融资后分析应以融资前分析和初步的融资方案为基础，考察项目在拟定融资条件下的盈利能力、偿债能力和财务生存能力，判断项目方案在融资条件下的可行性。融资后分析用于必选的融资方案，帮助投资者做出融资方案。

1. 项目融资后盈利能力分析

融资后的盈利能力分析包括动态分析和静态分析两种。

(1) 动态分析

融资后动态分析是在拟定的融资方案下，从项目资本金出资者整体的角度，确定其现金流入和现金流出，编制项目资本金现金流量表，利用资金时间价值原理进行折现，计算项目资本金财务内部收益率指标，考察项目资本金可获得的收益水平(表 3－15)。

表 3 - 15　项目资本金流量表及计算要点

序号	项　目	计　算　要　点
1	现金流入(CI)	1.1＋1.2＋1.3＋1.4
1.1	营业收入	营业收入只发生在运营期各年 各年营业收入＝当期销售额×销售单价
1.2	补贴收入	某些项目按规定估算企业可得到的补贴收入
1.3	回收固定资产余值	现金流动发生在项目计算期末 固定资产残值＝固定资产原值×残值率 固定资产余值＝年折旧额×(固定资产使用年限－项目运营期)＋预计净残值 年折旧额的计算可采用：平均年限法、工作量法、年数综合法、双倍余额递减法
1.4	回收流动资金	项目投产期各年投入的流动资金在项目期末全额收回
2	现金流出(CO)	2.1＋2.2＋2.3＋2.4＋2.5＋2.6＋2.7
2.1	项目资本金	项目各年投资中属于资本金的部分
2.2	借款本金偿还	借款还本付息计划表中当期应还本金数
2.3	借款利息支付	当期应付利息数，包括长期借款、短期借款、临时性借款利息支出
2.4	经营成本	运营期各年实际发生的经营成本数额，填入对应年份
2.5	营业税金及附加	只发生在运营期各年 年营业税金及附加＝年营业收入×营业税及附加税率
2.6	所得税	所得税＝应纳税所得额×所得税率
2.7	维持运营投资	某些项目运营期需投入的固定资产投资
3	净现金流量	净现金流量＝现金流入－现金流出
计算指标		资本金财务内部收益率： $\sum_{t=0}^{n}(CI-CO)_t(1+FIRR)^{-t}=0$ $FIRR=i_1+\frac{FNPV_1}{FNPV_1-FNPV_2}(i_2-i_1)$
判别准则：项目资本金内部收益率大于或等于项目投资者整体最低可接受收益率时(即 $FIRR \geqslant i_c$)，说明该项目投资获利水平大于或达到要求，项目可行		

(2) 静态分析

融资后静态投资分析是依据利润与利润分配表，计算项目资本金净利润率和总投资收益率指标，考察项目盈利能力。利润与利润分配表中损益栏目反映项目计算期内各年的营业收入、总成本费用支出、利润总额情况；利润分配栏目反映所得税及税后利润的分配情况(表 3 - 16)。

表 3 - 16　利润与利润分配表及计算要点

序号	项　目	计　算　要　点
1	营业收入	各年营业收入＝当期销售额×销售单价
2	营业税金及附加	营业税金及附加＝年营业收入×营业税及附加税率

（续表）

序号	项 目	计 算 要 点
3	总成本费用	总成本费用＝经营成本＋折旧＋摊销＋利息费用
4	补贴收入	某些项目按规定估算企业可得到的补贴收入
5	利润总额	利润总额＝营业收入－营业税及附加－总成本费用＋补贴收入
6	弥补以前年度亏损	企业以前年度亏损当期弥补数
7	应纳所得税额	应纳所得税额＝利润总额－按规定允许在税前弥补的以前年度亏损
8	所得税	所得税＝应纳税所得额×所得税率
9	净利润	净利润＝利润总额－所得税
10	期初未分配利润	上一年的未分配利润项目数
11	可供分配的利润	可供分配的利润＝净利润＋期初未分配利润
12	提取法定盈余公积金	提取法定盈余公积金＝净利润×提取盈余公积金比例
13	可供投资者分配的利润	可供投资者分配的利润＝可供分配的利润－提取法定盈余公积金
14	应付利润(股利分配)	应付利润＝可供分配的利润－提取法定盈余公积金－未分配利润
15	未分配利润	各年未分配利润根据具体项目运营期借款偿还期情况，当年折旧摊销等情况确定
16	息税前利润	息税前利润＝利润总额＋当期利息支出
17	息税折旧摊销前利润	息税折旧摊销前利润＝息税前利润＋折旧＋摊销
计算指标		(1) 总投资收益率 $ROI=\dfrac{\text{正常年份(运营期)年平均息税前利润 }EBIT}{\text{项目总投资 }TI}$ (2) 项目资本金净利润率 $ROE=\dfrac{\text{正常年份(运营期)平均净利润 }NP}{\text{项目资本金 }EC}$
判别准则：总投资收益率 *ROI* 高于同行业收益率参考值，方案可行；项目资本金净利润率 *ROE* 高于同行业净利润率参考值，方案可行		

2. 项目融资后偿债能力分析

偿债能力分析是以项目总投资使用计划与资金筹措情况，编制项目借款还本付息计划表、资产负债表，计算利息备付率、偿债备付率和资产负债率等指标，分析判断财务主体偿债能力。

(1) 借款还本付息表编制

如果能够得知或根据经验设定所要求的借款偿还期，可以直接计算利息备付率、偿债备付率指标；如果难以设定借款偿还期，也可以先大致估算出借款偿还期，再采用适宜的方法计算出每年需要还本和付息的金额，代入公式计算利息备付率、偿债备付率指标。计算公式如下：

$$借款偿还期=借款偿还后开始出现盈余年份-开始借款年份+\frac{当年借款}{当年可用于还款资金额}$$

此借款偿还期只是为估算利息备付率和偿债备付率指标所用，不应与利息备付率和偿债备付率指标并列。借款还本付息计算见表3-17。

表3-17　借款还本付息表及计算要点

序号	项　目	计　算　要　点
1	期初借款余额	当期期初尚未归还的本息累计数
2	当期借款	
3	当期应计利息	当期应计利息=期初借款余额×年借款利率
4	当期还本付息	4.1+4.2
4.1	当期应还本金	根据借款偿还的方式确定当期还本额 (1) 等额还本、利息照付 年应偿还本金=偿还期期初借款余额/偿还期 (2) 等额还本付息 首先，确定每年等额还本付息额 $A=P\frac{i(1+i)^n}{(1+i)^n-1}$；其次，确定年应偿还的本金=A-当期利息
4.2	当期应还利息	当期应支付利息=当期应计利息
5	期末借款余额	期末借款余额=期初借款余额-当期还本额
计算指标： 利息备付率(ICR) 偿债备付率(DSCR)		$ICR=\frac{借款偿还期内息税前利润EBIT}{计入总成本的应付利息PI}$ $DSCR=\frac{息税前利润+折旧+摊销-企业所得税}{当期应还本付息金额PD}$
判别准则： 利息备付率(ICR)：应大于1，越高说明利息偿付保障程度越高，偿债风险越小；偿债备付率(DSCR)：应大于1，其值越大，说明可用于还本付息的资金偿还借款的本息保证倍率越高，偿债风险越小		

(2) 资产负债表编制

资产负债表计算见表3-18。

表3-18　资产负债表及计算要点

序号	项　目	计　算　要　点
1	资产	1.1+1.2+1.3+1.4
1.1	流动资产总额	流动资产=货币资金+应收账款+预收账款+存货+其他
1.1.1	货币资金	数据取自财务计划现金流量表的累计资金盈余与流动资金估算表中现金项之和
1.1.2	应收账款	应收账款=年经营成本/应收账款年周转次数
1.1.3	预付账款	预付账款=外购商品或服务年费金额/预付账款年周转次数

（续表）

序号	项　目	计　算　要　点
1.1.4	存货	存货＝外购原材料、燃料＋其他材料＋在产品＋产成品 ① 外购原材料、燃料费＝年外购原料、燃料费/分项周转次数 ② 其他材料＝年其他材料费/其他材料年周转次数 ③ 在产品＝(年外购原料、燃料费＋年工资及福利＋年修理费＋年其他制造费)/在产品年周转次数 ④ 产成品＝(年经营成本－年其他营业费)/产成品年周转次数
1.1.5	其他	
1.2	在建工程	建设投资和建设期利息的年累计额
1.3	固定资产净值	数据取自固定资产折旧费估算表
1.4	无形及其他资产净值	数据取自无形和其他资产摊销估算表
2	负债及所有者权益	2.4＋2.5
2.1	流动负债总额	流动负债＝短期借款＋应付账款＋预收账款＋其他
2.1.1	短期借款	运营期借入的临时性借款
2.1.2	应付账款	应付账款＝年外购原料、燃料动力费＋年其他材料费/应付账款周转次数
2.1.3	预收账款	预收账款＝预收的营业收入年金/预收账款周转次数
2.1.4	其他	
2.2	建设投资借款	根据财务计划现金流量表中的对应项及相应的本金偿还项进行计算
2.3	流动资金借款	根据财务计划现金流量表中的对应项及相应的本金偿还项进行计算
2.4	负债小计	2.1＋2.2＋2.3
2.5	所有者权益	所有者权益＝资本金＋资本公积金＋累计盈余公积金＋累计分配利润
2.5.1	实收资本	项目投资中累计自有资金(扣除资本溢价)，当存在由资本公积金或盈余公积金转增资本金的情况时应进行相应调整
2.5.2	资本公积金	资本公积金为累计资本溢价及赠款，转增资本金时进行相应调整
2.5.3	累计盈余公积金	由利润与利润分配表中盈余公积金项计算各年份的累计值，但应根据是否用盈余公积金弥补亏损或转增资本金的情况进行相应调整
2.5.4	累计未分配利润	数据取自利润与利润分配表
计算指标： 资产负债率		$资产负债率=\frac{负债总额}{资产总额}\times 100\%$ 资产＝负债＋所有者权益

判别准则：适度的资产负债率既能表明企业投资人、债权人的风险较小，又能表明企业经营安全、稳健、有效，具有较强的融资能力。国际上公认的较好的资产负债率指标是60%。但过高的资产负债率表明企业财务风险太大；过低的资产负债率则表明企业对财务杠杆利用不够。实际分析时应结合国家总体经济运行状况、行业发展趋势、企业所处竞争环境等具体条件进行判定

3. 项目融资后财务生存能力分析

财务生存能力是在财务分析辅助表和利润与利润分配表的基础上，编制财务计划现金流量

表，通过考察项目计算期内的投资、融资和经营活动所产生的各项现金流入和流出，计算净现金量和累计盈余资金，分析项目是否有足够的净现金流量维持正常运营，以实现财务可持续性。

财务计划现金流量表是国际上通过的财务报表，用于反映计算期内各年的投资活动、融资活动和经营活动所产生的现金流入、现金流出和净现金流量，分析项目是否有足够的净现金流量维持正常运营，是表示财务状况的重要财务报表。财务计划现金流量表见表3-19。

表3-19　财务计划现金流量表及计算要点

序号	项　目	计　算　要　点
1	经营活动净现金流量	1.1－1.2
1.1	现金流入	1.1.1＋1.1.2＋1.1.3
1.1.1	营业收入	营业收入只发生在运营期各年 各年营业收入＝当期销售量×销售单价
1.1.2	增值税销项税额	产品的营业收入×增值税税率
1.1.3	补贴收入	某些项目按规定估算企业可得到的补贴收入
1.2	现金流出	1.2.1＋1.2.2＋1.2.3＋1.2.4＋1.2.5
1.2.1	经营成本	只发生在运营期各年
1.2.2	增值税进项税额	用于生产的外购原材料×增值税税率
1.2.3	营业税金及附加	只发生在运营期 年营业税金及附加＝年营业收入×营业税及附加税率
1.2.4	增值税	1.1.2－1.2.3
1.2.5	所得税	所得税＝应纳税所得额×所得税率
2	投资活动净现金流量	2.1－2.2
2.1	现金流入	一般投资活动没有现金流入
2.2	现金流出	2.2.1＋2.2.2＋2.2.3
2.2.1	建设投资	只在运营期前几年有，确定分年的建设投资额
2.2.2	维持运营投资	某些项目运营期需投入的固定资产投产
2.2.3	流动资金	只在运营期前几年有，确定分年的流动资金投资额
3	筹资活动净现金流量	3.1－3.2
3.1	现金流入	3.1.1＋3.1.2＋3.1.3＋3.1.4
3.1.1	项目资本金投入	项目各年投资中属于资本金的部分
3.1.2	建设投资借款	建设期各年借入的建设投资借款
3.1.3	流动资金借款	运营期各年借入的流动资金借款
3.1.4	短期借款	运营期借入的临时性借款
3.2	现金流出	3.2.1＋3.2.2＋3.2.3
3.2.1	各种利息支出	包括长期借款、流动资金借款、短期借款当期利息支出
3.2.2	偿还债务本金	包括长期借款、流动资金借款、短期借款当期应还本金

（续表）

序号	项　目	计　算　要　点
3.2.3	应付利润(股利分配)	参照利润与利润分配表中的应付利润项目
4	净现金流量	1+2+3
5	累计盈余资金	∑净现金流量
判别准则：财务可持续性应首先体现在有足够大的经营活动净现金流量，其次各年累计盈余资金不应出现负值。若出现负值，应进行短期借款，同时分析该短期借款的年份长短和数额大小，进一步判断项目的财务生存能力。短期借款应体现在财务计划现金流量表中，其利息应计入财务费用		

3.3.2 建设项目财务评价

财务评价是在国家现行财税制度和价格体系的前提下，从项目的角度出发，计算项目范围内的财务效益和费用，分析项目的盈利能力和清偿能力，评价项目在财务上的可行性。财务评价的方法有以现金流量表和利润表为基础的动态获利性评价和静态获利性评价，以资产负债表为基础的财务比率分析，以借款还本付息计划表和财务计划现金流量表为基础的偿债能力分析和财务生存能力分析等。

3.3.2.1 建设项目财务评价指标体系

建设项目财务评价指标体系是按照财务评价的内容建立起来的，同时也与编制的财务评价报表密切相关。建设项目财务评价内容、评价报表、评价指标之间的关系见表 3-20。

表 3-20　财务评价的内容、评价指标与财务报表的关系

<table>
<tr><th rowspan="2">评价内容</th><th colspan="2" rowspan="2">基 本 报 表</th><th colspan="2">评 价 指 标</th></tr>
<tr><th>静态指标</th><th>动态指标</th></tr>
<tr><td>融资前分析</td><td>盈利能力分析</td><td>项目投资现金流量表</td><td>静态投资回收期</td><td>财务内部收益率(FIRR)、财务净现值(FNPV)
动态投资回收期 P_t'</td></tr>
<tr><td rowspan="6">融资后分析</td><td rowspan="3">盈利能力分析</td><td>项目资本金现金流量表</td><td></td><td>资本金财务内部收益率</td></tr>
<tr><td>投资各方财务现金流量表</td><td></td><td>投资各方财务内部收益率</td></tr>
<tr><td>利润与利润分配表</td><td>总投资收益率(ROI)
项目资本金
净利润率(ROE)</td><td></td></tr>
<tr><td rowspan="2">偿债能力分析</td><td>借款还本付息计划表</td><td>利息备付率(ICR)
偿债备付率(DSCR)</td><td></td></tr>
<tr><td>资产负债表</td><td>资产负债率(LOAR)
流动比率
速动比率</td><td></td></tr>
<tr><td>财务生存能力分析</td><td>财务计划现金流量表</td><td>净现金流量
累计盈余资金</td><td></td></tr>
</table>

（续表）

评价内容	基本报表		评价指标	
			静态指标	动态指标
外汇平衡分析	财务外汇平衡表			
不确定性分析	盈亏平衡分析	总成本费用表	产量盈亏平衡 单价盈亏平衡 生产能力利用率盈亏平衡	
	敏感性分析	现金流量表	灵敏度 临界点	内部收益率(IRR)、净现值(NPV)
风险分析	概率分析		$FNPV \geqslant 0$ 的累计概率	
			定性分析	

3.3.2.2　建设项目财务评价方法

常见的建设项目财务评价方法见表 3-21。

表 3-21　财务评价主要指标与计算方法

评价内容	评价指标	计算方法	评价标准	指标性质
盈利能力评价	财务净现值(FNPV)	$FNPV=\sum_{t=0}^{i}(CI-CO)_t(1+i_c)^{-t}$	$FNPV \geqslant 0$，项目可行	动态价值性指标
	财务内部收益(FIRR)	$\sum_{t=0}^{n}(CI-CO)_t(1+FIRR)^{-t}=0$ $FIRR=i_1+\frac{FNPV_1}{FNPV_1-FNPV_2}(i_2-i_1)$	$FIRR \geqslant i_c$，项目可行	动态比率性指标
	静态投资回收期(P_t)	$\sum_{t=0}^{P_t}(CI-CO)_t=0$ P_t=累计净现金流量开始出现正值的年份$-1+\frac{\text{上一年累计现金流量的绝对值}}{\text{当年净现金流量}}$	$P_t \leqslant P_c$，项目可行	静态时间性指标
	动态投资回收期$(P_t)'$	$\sum_{t=0}^{P'_t}(CI-CO)_t(1+i_c)^{-t}=0$ P'_t=累计净现金流量现值开始出现正值的年份$-1+\frac{\text{上一年累计现金流量现值的绝对值}}{\text{当年净现金流量现值}}$	$P'_t \leqslant P_c$，项目可行	动态时间性指标
	总投资收益率(ROI)	$ROI=\frac{\text{正常年份(运营期)平均息税前利润 }EBIT}{\text{项目总投资 }TI}$	高于同行业收益率参考值，项目可行	静态比率性指标
	项目资本金净利润率(ROE)	$ROE=\frac{\text{正常年份(运营期)平均净利润 }NP}{\text{项目资本金 }EC}$	高于同行业净利润率参考值，项目可行	

（续表）

评价内容	评价指标	计算方法	评价标准	指标性质
清偿能力评价	贷款偿还期	借款偿还期＝借款偿还后开始出现盈余年份－开始借款年份＋$\frac{当年借款}{当年可用于还款资金额}$	只是为估算利息备付率和偿债备付率指标所用	静态时间性指标
	利息备付率（ICR）	$ICR=\frac{借款偿还期内息税前利润\ EBIT}{计入总成本的应付利息\ PI}$	应大于1，越高说明利息偿付保障程度越高，偿债风险越小	静态比率性指标
	偿债备付率（DSCR）	$DSCR=\frac{息税前利润+折旧+摊销-企业所得税}{当期应还本付息金额\ PD}$	应大于1	静态比率性指标
	资产负债率	资产负债率＝$\frac{负债总额}{资产总额}$	国际上公认的较好的资产负债率是60％	静态比率性指标
	流动比率	流动比率＝$\frac{流动资产总额}{流动负债总额}$	一般为2∶1较好	静态比率性指标
	速动比率	速动比率＝$\frac{流动资产总额-存货}{流动负债总额}$	一般为1左右较好	静态比率性指标
财务生存能力分析	累计盈余资金	累计盈余资金＝$\sum$各年的净现金流量 净现金流量＝经营期净现金流量＋投资活动现金流量＋筹资活动净现金流量	不应出现负值	

3.3.2.3 资金的时间价值及其计算

1. 资金的时间价值（表3－22）

表3－22 资金时间价值的6个等值计算公式

资金的时间价值	定义	资金是运动的价值，资金的价值是随时间变化而变化的，是时间的函数，随时间的推移而增值，其增值的这部分资金就是原有资金的时间价值				
	利息与利率	利息	利息 I＝目前应付（应收）总金额 F－本金 P			
		利率	利率 $i=\frac{单位时间内所得利息\ I_t}{本金\ P}\times100\%$			
	等值计算公式	公式名称	已知项	欲求项	系数符号	公式
		一次支付终值	现值 P	终值 F	$(F/P,i,n)$	$F=P(1+i)^n$
		一次支付现值	终值 F	现值 P	$(P/F,i,n)$	$P=F(1+i)^{-n}$
		等额支付终值	等额年值 A	终值 F	$(F/A,i,n)$	$F=A\frac{(1+i)^n-1}{i}$
		等额偿债基金	终值 F	等额年值 A	$(A/F,i,n)$	$A=F\frac{i}{(1+i)^n-1}$
		等额资金回收	现值 P	等额年值 A	$(A/P,i,n)$	$A=P\frac{i(1+i)^n}{(1+i)^n-1}$
		年金现值	等额年值 A	现值 P	$(P/A,i,n)$	$P=A\frac{(1+i)^n-1}{i(1+i)^n}$

2. 名义利率与实际利率(表 3 - 23)

表 3 - 23　名义利率与实际利率

<table>
<tr><td rowspan="5">名义利率与实际利率</td><td>相关概念</td><td colspan="2">在复利计算中，利率周期通常以年为单位，它可以与计息周期相同，也可以不同。当利率周期与计息周期不一致时，就出现了名义利率和实际利率的概念</td></tr>
<tr><td>名义利率</td><td colspan="2">名义利率 r 是计息周期利率 i 乘以一个利率周期内的计息周期数 m 所得的利率周期利率，即 $r=i\times m$</td></tr>
<tr><td rowspan="3">实际利率计算公式</td><td>概念</td><td>有效利率是指资金在计息中所发生的实际利率，包括计息周期有效利率和利率周期有效利率两种情况</td></tr>
<tr><td>计息周期有效利率</td><td>计息周期有效利率：$i=\frac{r}{m}$</td></tr>
<tr><td>利率周期有效利率</td><td>已知利率周期名义利率 r，一个利率周期内计息 m 次，计息周期利率 $i=\frac{r}{m}$，则
利率周期有效利率：$i_{\text{eff}}=\frac{I}{P}=(1+\frac{r}{m})^{m}-1$</td></tr>
</table>

【例 3.3 - 1】　某拟建项目有关资料如下：

1. 项目工程费用由以下内容构成：

(1) 主要生产项目 1 500 万元，其中：建筑工程费 300 万元，设备购置费 1 050 万元，安装工程费 150 万元。

(2) 辅助生产项目 300 万元，其中：建筑工程费 150 万元，设备购置费 110 万元，安装工程费 40 万元。

(3) 公用工程 150 万元，其中：建筑工程费 100 万元，设备购置费 40 万元，安装工程费 10 万元。

2. 项目建设前期年限为 1 年，项目建设期第 1 年完成投资 40%，第 2 年完成投资 60%。工程建设其他费用 250 万元。基本预备费率 10%，年均投资价格上涨率 6%。

3. 项目建设期 2 年，运营期 8 年。建设期贷款 1 200 万元，贷款年利率为 6%，在建设期第 1 年投入 40%，第 2 年投入 60%。贷款在运营期前 4 年按照等额还本、利息照付的方式偿还。

4. 项目固定资产投资预计全部形成固定资产，固定资产使用年限 8 年，残值率为 5%，采用直线法折旧。项目运营期第 1 年投入资本金 200 万元作为运营期的流动资金。

5. 项目运营期正常年份营业收入为 1 300 万元，经营成本为 525 万元。运营期第 1 年营业收入和经营成本均为正常年份的 70%，第 2 年起各年营业收入和经营成本达到正常年份水平。

6. 项目所得税税率为 25%，营业税金及附加税率 6%。

问题：

(1) 列式计算项目的基本预备费和涨价预备费。

(2) 列式计算项目的建设期贷款利息，并完成表 3 - 24 建设项目固定资产投资估算表。

(3) 计算项目各年还本付息额，并将数据填入表 3 - 25 还本付息计划表中。

(4) 列式计算项目运营期第 1 年的项目总成本费用。

(5) 列式计算项目资本金现金流量分析中运营期第 1 年的净现金流量。

（计算结果均保留两位小数）

表 3－24 建设项目固定资产投资估算表 万元

序号	项目名称	建筑工程费	设备购置费	安装工程费	其他费用	合计
1	工程费					
1.1	主要项目					
1.2	辅助项目					
1.3	公用工程					
2	工程建设其他费用					
3	预备费					
3.1	基本预备费					
3.2	涨价预备费					
4	建设期利息					
5	固定资产投资					

表 3－25 还本付息计划表 万元

序号	项目名称	1	2	3	4	5	6
1	年初借款余额						
2	当年借款						
3	当年计息						
4	当年还本						
5	当年还本付息						

解：

问题(1)：项目基本预备费＝[(1 500＋300＋150)＋250]×10%＝220.00(万元)；

项目静态投资额＝1 500＋300＋150＋250＋220＝2 420.00(万元)；

建设期第 1 年完成投资＝2 420×40%＝968.00(万元)；

第 1 年涨价预备费＝$968\times[(1+6\%)^{1}\times(1+6\%)^{0.5}\times(1+6\%)^{1-1}-1]\approx 88.41$(万元)；

建设期第 2 年的静态投资额＝2 420×60%＝1 452.00(万元)；

第 2 年涨价预备费＝$1\,452\times[(1+6\%)^{1}\times(1+6\%)^{0.5}\times(1+6\%)^{2-1}-1]\approx 227.70$(万元)；

涨价预备费合计＝88.41＋227.70＝316.11(万元)。

问题(2)：建设期第 1 年贷款利息＝(0＋1 200×40%/2)×6%＝14.40(万元)；

建设期第 2 年贷款利息＝[(1 200×40%＋14.40)＋1 200×60%/2]×6%≈51.26(万元)；

建设期贷款利息合计＝14.40＋51.26＝65.66(万元)。

建设项目固定资产投资估算表见表 3－26。

表 3-26　建设项目固定资产投资估算表　万元

序号	项目名称	建筑工程费	设备购置费	安装工程费	其他费用	合计
1	工程费	550.00	1 200.00	200.00		1 950.00
1.1	主要项目	300.00	1 050.00	150.00		1 500.00
1.2	辅助项目	150.00	110.00	40.00		300.00
1.3	公用工程	100.00	40.00	10.00		150.00
2	工程建设其他费用				250.00	250.00
3	预备费				536.11	536.11
3.1	基本预备费				220.00	220.00
3.2	涨价预备费				316.11	316.11
4	建设期利息				65.66	65.66
5	固定资产投资	550.00	1 200.00	200.00	851.77	2 801.77

问题(3)：还本付息计划表见表 3-27。

表 3-27　还本付息计划表　万元

序号	项目名称	1	2	3	4	5	6
1	年初借款余额		494.40	1 265.66	949.24	632.82	316.40
2	当年借款	480.00	720.00				
3	当年计息	14.40	51.26	75.94	56.95	37.97	18.98
4	当年还本			316.42	316.42	316.42	316.42
5	当年还本付息			392.36	373.37	354.39	335.38

问题(4)：项目运营第 1 年的经营成本＝525×0.7＝367.50(万元)；

项目运营期第 1 年的折旧费＝2 801.77×(1－0.05)/8≈332.71(万元)；

项目运营期第 1 年利息＝75.94 万元；

项目运营期第 1 年的总成本费用＝776.15 万元。

问题(5)：运营期第 1 年现金流入项目中，仅包括营业收入。因此：

运营期第 1 年的现金流入＝1 300×0.7＝910.00(万元)。

运营期第 1 年现金流出的项目中，

项目资本金＝200 万元；

借款本金偿还＝316.42 万元；

借款利息支付＝75.94 万元；

经营成本＝367.50 万元；

营业税金＝910.00×0.06＝54.60(万元)；

所得税＝(910.00－54.60－776.15)×25%≈19.81(万元)；

运营期第 1 年的现金流出＝200.00＋316.42＋75.94＋367.50＋54.60＋19.81

＝1 034.27(万元)；

运营期第1年的净现金流量＝910.00－1 034.27＝－124.27(万元)。

3.4 建设项目不确定性分析方法及应用

投资方案评价所采用的数据大部分来自估算和预测，由于数据的统计偏差、通货膨胀、技术进步、市场供求结构变化、法律法规及政策的变化、国际政治经济形势的变化等因素的影响，经常会使得投资方案经济效果的评价指标值带有不确定性，从而使由经济效果评价值作出的决策带有风险。为了分析不确定因素对经济评价指标的影响，应根据投资方案的具体情况，分析各种外部条件发生变化或者测算数据误差对方案经济效果的影响程度，以估计项目可能承担不确定性的风险及其承受能力，确定项目在经济上的可靠性。

不确定性分析是项目经济评价中的一项重要内容，常用的不确定性分析方法有盈亏平衡分析、敏感性分析和概率分析。在具体应用时，要综合考虑项目的类型、特点，决策者的要求，相应的人力、财力以及项目对国民经济的影响程度等条件来选择。一般来讲，盈亏平衡分析只适用于项目的财务评价，而敏感性分析和概率分析则可同时用于财务评价和国民经济评价。

3.4.1 盈亏平衡分析

盈亏平衡分析是在一定市场、生产能力及经营管理条件下，通过对产品产量、成本、利润相互关系的分析，判断企业对市场需求变化适应能力的一种不确定性分析方法，故亦称为量本利分析。在工程经济评价中，这种方法的作用是找出投资项目的盈亏临界点，以判断不确定性因素对方案经济效果的影响程度，说明方案实施的风险大小及投资项目承担风险的能力，为投资决策提供科学依据。

3.4.1.1 盈亏平衡基本损益方程

根据成本总额对产量的依存关系，全部成本可分解成固定成本和变动成本两部分。在一定期间将成本分解成固定成本和变动成本两部分后，再同时考虑收入和利润。成本、产量和利润的关系表达式如下：

利润＝销售收入－总成本－税金

销售收入＝单位售价×销量

总成本＝变动成本＋固定成本＝单位变动成本×产量＋固定成本

销售税金＝单位产品营业税金及附加×销售量

因此，盈亏平衡基本损益方程式表达如下：

$$BEP = pQ - C_{\mathrm{v}}Q - C_{\mathrm{F}} - tQ$$

式中：BEP 为利润；p 为单位产品售价；Q 为产销量，一般认为产量和销量一致；C_{v} 为单位产品变动成本；C_{F} 为固定成本；t 为单位产品营业税金及附加。

由于单位产品的营业税及附加是随产品的销售单价变化而变化的，为了便于分析，将销售收入与营业税金及附加合并考虑，即可将产销量、成本、利润的关系反映在直角坐标系中，成为基本的量本利图（图 3－2）。

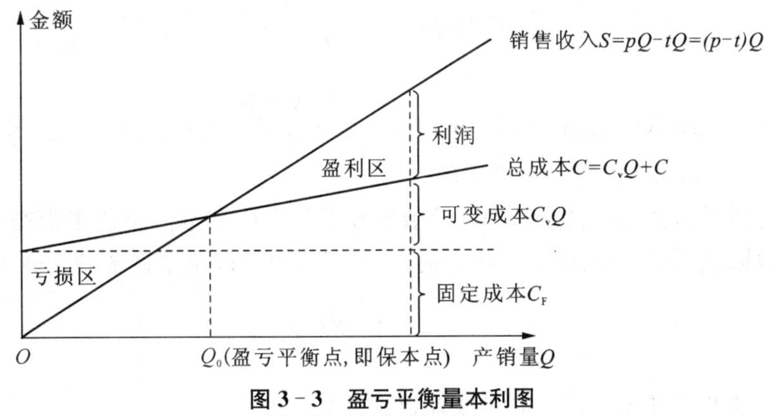

图 3－3　盈亏平衡量本利图

3.4.1.2　盈亏平衡分析方法

由图 3－3 可知，销售收入线与总成本线的交点是盈亏点，即企业不盈利也不亏损时应达到的产销量，此时所对应的点即为盈亏平衡点。当增加产销量，销售收入超过总成本，收入线与成本线的距离即为盈利区；当减少产销量，销售收入线位于总成本线的下方，此时收入线与成本线的距离即为亏损区。即：$Q=Q_0$时，项目不亏不盈；$Q<Q_0$时，项目亏损；$Q>Q_0$时，项目盈利。

所谓盈亏平衡分析，即是将产销量作为不确定因素，通过计算企业或项目的盈亏平衡点的产销量，据此分析观察项目可以承受多少风险而不致发生亏损。根据生产成本及销售收入与产销量之间是否呈线性关系，盈亏平衡分析又可进一步分为线性盈亏平衡分析和非线性盈亏平衡分析。通常只要求线性盈亏平衡分析。

1. 线性盈亏平衡分析前提条件

(1) 生产量等于销售量；

(2) 产量变化，销售单价不变；

(3) 产量变化，单位可变成本不变；

(4) 只生产单一产品，或者生产多种产品，但可换算成一种产品计算。

2. 盈亏平衡点的表达形式

项目盈亏平衡点（Break-even Point，BEP）的表达形式有多种，可以用实物产销量、年销售额、单位产品售价、单位产品的可变成本以及年固定总成本的绝对量表示，也可以用某些相对值表示。例如，生产能力利用率，其中以产量和生产能力利用率表示的盈亏平衡点应用最广。

根据量本利公式，$BEP=S-C$，即

$$BEP=pQ-C_vQ-C_F-tQ$$

当 $BEP=0$ 时，所对应的产量，即称为产量盈亏平衡点；所对应的单价即为单价盈亏平衡点;所对应的生产能力利用率即为生产能力利用率盈亏平衡点。

(1) 产销量盈亏平衡点 $BEP(Q)$

$BEP=pQ-C_vQ-C_F-tQ=0$,此时以产量 Q_0 表示盈亏平衡点,即 $BEP(Q)$,故有

$$BEP(Q)=\frac{C_F}{p-C_v-t}$$

即 $$BEP(Q)=\frac{\text{年固定总成本}}{\text{单位产品销售价格}-\text{单位产品可变成本}-\text{单位产品营业税金及附加}}$$

(2) 生产能力利用率盈亏平衡点 $BEP(\%)$

生产能力利用率表示的盈亏平衡点是指盈亏平衡点产销量占企业正常产销量的比重。所谓正常产销量,是指达到设计生产能力的产销数量,也可以用销售金额来表示。

$$BEP(\%)=\frac{BEP(Q)}{Q_d}\times 100\%$$

式中:Q_d 为正常生产年份的产(销)量或项目设计生产能力,故

$$BEP(\%)=\frac{BEP(Q)}{Q_d}\times 100\%=\frac{C_F}{(p-C_v-t)Q_d}\times 100\%$$

即 $$BEP(\%)=\frac{\text{年固定总成本}}{\text{年销售收入税前}-\text{年可变成本}-\text{年营业税及附加}}$$

(3) 单价盈亏平衡点 $BEP(p)$

$BEP=pQ-C_vQ-C_F-tQ=pQ-C_vQ-C_F-prQ=0$,此时以 p 表示盈亏平衡点,即 $BEP(p)$,故有

$$BEP(p)=\frac{C_F+C_vQ}{Q(1-r)}=\frac{C_F+C_vQ_d}{Q_d(1-r)}$$

盈亏平衡点按正常生产年份的产销量、变动成本、产品价格、营业税及附加等数据计算,故取 $Q=Q_d$;单位产品税金 t=单位产品价格 $p\times$产品税率 r,$t=pr$。

【例 3.4-1】 某新建项目正常生产年份的设计生产能力为 100 万件,年固定成本 580 万元,每件产品预计售价 60 元,销售税金及附加税率 6%,单位产品的可变成本估算 40 元。

问题:

(1) 对项目进行盈亏平衡分析,计算项目的盈亏平衡点和单价盈亏平衡点。

(2) 在市场销售良好的情况下,正常生产年份的最大可能盈利额是多少?

(3) 在销售不良的情况下,企业要保证能获年利润 120 万元的产量是多少?

(4) 在销售不良的情况下,为了促销,产品的市场价格由 60 元降低 10%销售时,若每年要获利润 60 万元,年产量是多少?

(5) 从盈亏平衡分析角度,判断该项目的可行性。

解:

问题(1):产量盈亏平衡点为

$$BEP(Q)=\frac{C_F}{p-C_v-t}=\frac{C_F}{p\times(1-r)-C_v}=\frac{580}{60\times(1-6\%)-40}\approx 35.37(\text{万件})$$

单价盈亏平衡点为

$$BEP(p)=\frac{C_F+Q_dC_v}{Q_d(1-r)}=\frac{580+100\times40}{100\times(1-6\%)}\approx48.72(元/件)$$

问题(2)：市场情况良好，正常年份最大可能盈利额为

最大可能盈利额 R＝正常年份总收益－正常年份总成本，即

$$R=S-C=(p-t)Q_d-(C_F+C_vQ_d)=pQ_d(1-r)-(C_F+Q_dC_v)$$
$$=100\times60\times(1-6\%)-(580+100\times40)=1\,060(万元)$$

问题(3)：销售情况不良，保证年利润 120 万元的产量。

$R=S-C=pQ_d(1-r)-(C_F+Q_dC_v)=120$ 万元，所以

$$Q=\frac{R+C_F}{p(1-r)-C_v}=\frac{120+580}{60\times(1-6\%)-40}\approx42.68(万件)$$

问题(4)：在销售不良时，产品降价，由 60 元降低 10%，即降至 60×90%＝54(元/件)；维持每年 60 万元利润对应的年产量：

$$Q=\frac{R+C_F}{p(1-r)-C_v}=\frac{60+580}{54\times(1-6\%)-40}\approx59.48(万件)$$

问题(5)：综上计算结果，从盈亏平衡角度分析该项目可行性。

① $BEP(Q)=35.37$ 万件远小于设计生产能力 100 万件/年，为设计生产能力的 35.37%，说明该项目抗风险能力强；

② 单价盈亏平衡点 $BEP(p)=48.72$ 元/件，远小于预测单价 60 元/件，纵然销售不良促销时降价 11.28%以内，项目仍可保本；

③ 市场不利时，单价压低 10%，年产量达设计生产能力 59.48%，仍可获利 60 万元/年。

综上所述，可知该项目的盈利能力和抗风险能力均较强。

由此可见，盈亏平衡点的经济含义为：反映项目对市场变化的适应能力和抗风险能力，其值越低，项目适应市场的变化能力就越强，项目抗风险能力越强。其缺点是无法揭示风险产生的根源及有效控制风险的途径。

3.4.2　敏感性分析

敏感性分析是在确定性分析的基础上，通过进一步分析、预测项目主要不确定因素的变化对项目评价指标(如内部收益率、净现值等)的影响，从中找出敏感因素，确定评价指标对该因素的敏感程度和项目对其变化的承受能力。

一个项目在其建设与生产经营的过程中，由于项目内外部环境的变化，许多因素都会发生变化。一般将产品价格、产品成本、产品产量(生产负荷)、主要原材料价格、建设投资、工期、汇率等作为考察的不确定因素。敏感性分析不仅可以使决策者了解不确定因素对评价指标的影响，从而提高决策的准确性，还可以启发评价者对那些较为敏感的因素重新进行分析研究，以提高预测的可靠性。

3.4.2.1　敏感性分析的种类

敏感性分析有单因素敏感性分析和多因素敏感性分析两种。

单因素敏感性分析是对单一不确定因素变化的影响进行分析，即假设各不确定性因素之间相互独立，每次只考察一个因素，其他因素保持不变，以分析这个可变因素对经济评价指标的影响程度和敏感程度。单因素敏感性分析是敏感性分析的基本方法。

多因素敏感性分析是对两个或两个以上互相独立的不确定因素同时变化时，分析这些变化的因素对经济评价指标的影响程度和敏感程度。通常只要求进行单因素敏感性分析。

3.4.2.2 敏感性分析步骤

1. 确定分析指标

分析指标的确定，一般是根据项目的特点，不同的研究阶段，实际需求情况和指标的重要程度来选择，与进行分析的目标和任务有关。

如果主要分析方案状态和参数变化对方案投资回收快慢的影响，则可选用投资回收期作为分析指标；如果主要分析产品价格波动对方案净收益的影响，则可选用净现值作为分析指标；如果主要分析投资大小对方案资金回收能力的影响，则可选用内部收益率指标等。

如果在机会研究阶段，主要是对项目的设想和鉴别、确定投资方向和投资机会，可选用静态的评价指标，常采用的指标是投资收益率和投资回收期。如果在初步可行性研究和可行性研究阶段，已进入了可行必实质性阶段，经济分析指标则需选用动态的评价指标，常用净现值、内部收益率，通常还辅之以投资回收期。

由于敏感性分析是在确定性经济分析的基础上进行的，一般而言，敏感性分析的指标应与确定性经济评价指标一致，不应超出确定性经济评价指标范围而另立新的分析指标。当确定性经济评价指标比较多时，敏感性分析可以围绕其中一个或若干个最重要的指标进行。

2. 选择需要分析的不确定性因素

选择原则：① 预计这些因素在其可能变动的范围内对经济评价指标的影响较大；② 对在确定性经济分析中采用的该因素数据的准确性把握不大。

对于一般投资项目，通常从以下几个方面选择项目敏感性分析中的影响因素：

(1) 项目投资；

(2) 项目寿命年限；

(3) 经营成本，特别是变动成本；

(4) 产品价格；

(5) 产销量；

(6) 项目建设年限、投产期限和产出水平及达产期限；

(7) 基准折现率；

(8) 项目寿命期末资产残值。

3. 分析不确定性因素的波动程度及其对分析指标的影响

首先，对所选定的不确定性因素应根据实际情况设定这些因素的变动幅度，其他因素固定不变。因素的变化可以按照一定的变化幅度，如±5%、±10%、±20%等改变其数值。

其次，计算不确定性因素每次变动对经济评价指标的影响。

对每一个因素的每一变动，均重复以上计算，然后将因素变动及相应指标变动结果用表或图表示出来，以便于测定敏感因素。

4. 确定敏感性因素

由于各因素的变化都会引起经济指标的一定的变化，但其影响程度却各不相同。有些因素可能仅发生较小幅度的变化就能引起经济评价指标发生大的变动（此类因素称为敏感性因素），而另一些因素即使发生了较大的幅度的变化，对经济评价指标的影响也不是很大（此类因素称为非敏感性因素）。敏感性分析的目的就是找出敏感性因素，可通过计算敏感度系数和临界点来确定。

(1) 敏感度系数，又称灵敏度，表示项目评价指标对不确定因素敏感程度，利用敏感度系数来确定敏感性因素的方法是一种相对测定的方法，即设定要分析的因素均从确定性经济分析中所采用的数值开始变动，且各因素每次变动的幅度（增或减的百分数）相同，比较在同一变动幅度下各因素的变动对经济评价指标的影响，据此判断方案的经济评价指标对各因素变动的敏感程度。

$$\beta_{ij} = \frac{\Delta Y_j}{\Delta F_i}$$

$$\Delta Y_j = \frac{Y_{j1} - Y_{j0}}{Y_{j0}}$$

式中：β_{ij} 为第 j 个指标对第 i 个不确定性因素的敏感度系数；ΔF_i 为第 i 个不确定性因素的变化幅度（%）；ΔY_j 为第 j 个指标受变量因素变化影响的差额幅度（变化率）；Y_{j1} 为第 j 个指标受变量因素变化影响后所达的指标值；Y_{j0} 为第 j 个指标未受变量因素变化影响时的指标值。

根据不同因素相对变化对经济评价指标影响的大小，可以得到各个因素的敏感性程度排序，从而找出哪些因素是最敏感的因素。

(2) 临界点，是指项目允许不确定因素向不利方向变化的极限值。超过极限，项目的效益指标将不可行。临界点表明方案的经济效果评价指标达到最低要求所允许的最大变化幅度。把临界点与未来实际可能发生的变化幅度相比较，就可大致分析该项目的风险情况。利用临界点来确定敏感性因素的方法是一种绝对测定法。

可以通过单因素敏感性分析图，确定敏感性因素。如图 3－4 中斜线的斜率反映经济评价指标对该不确定因素的敏感程度，斜率越大则敏感度越高；每条斜线与横轴的相交点所对应的不确定因素变化率即为该因素的临界点。

在实践中，可将以上两种方法结合使用。首先，设定有关经济评价指标为其临界值，如令净现值等于零、内部收益率等于基准折现率；然后，分析因素的最大允许变动幅度，并与其可能出现的最大变动幅度相比较。如果某因素可能出现的变动幅度超过最大允许变动幅度，则表明该因素是方案的敏感因素。

5. 方案选择

如果进行敏感性分析的目的是对不同的投资项目（或某一项目的不同方案）进行选择，一般应选择敏感性小、承受风险能力强、可靠性大的项目或方案。

【例 3.4－2】 某投资项目的设计生产能力为年产 10 万台某种设备，主要经济参数估算值：初始投资额为 1 200 万元，预计产品价格为 40 元/台，年经营成本 170 万元，运营年限 10 年，运营期末残值为 100 万元，基准收益率 i_c = 12%，现值系数见下表。

n	1	3	7	10
$(P/A,12\%,n)$	0.892 9	2.401 8	4.563 8	5.650 2
$(P/F,12\%,n)$	0.892 9	0.711 8	0.452 3	0.322 0

问题：

(1) 以财务净现值为分析对象，就项目的投资额、产品价格和年经营成本等因素进行敏感性分析。

(2) 绘制财务净现值随投资、产品价格和年经营成本等因素的敏感性曲线图。

解：

资金时间价值现金流量图：

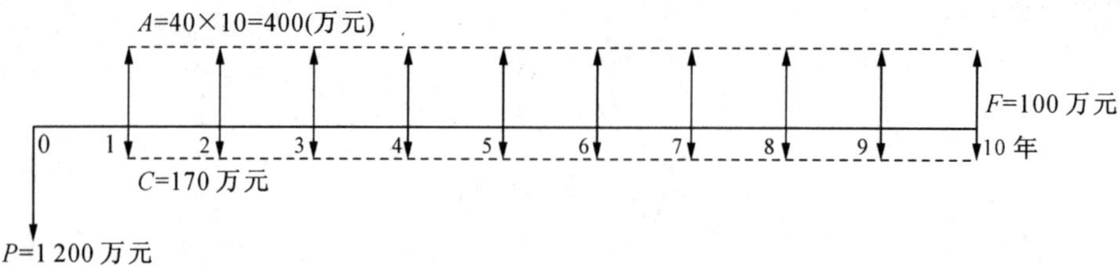

问题(1)：初始条件下的净现值(NPV_0)。

根据现金流量图列式如下：

$$NPV_0 = -1\,200 + (400-170)\times(P/A,12\%,10) + 100\times(P/F,12\%,10)$$
$$= -1\,200 + 230\times5.650\,2 + 100\times0.322$$
$$\approx 131.75(\text{万元})$$

问题(2)：分别对投资额、单位产品价格、年经营成本，在初始值的基础上按±10%、±20%的幅度变动，逐一计算净现值。

① 投资额在±10%、±20%范围变动对净现值的影响：

$$NPV_{10\%} = -1\,200\times(1+10\%) + (400-170)\times(P/A,12\%,10) + 100\times(P/F,12\%,10)$$
$$\approx 11.75(\text{万元})$$

$$NPV_{20\%} = -1\,200\times1.2 + (400-170)\times(P/A,12\%,10) + 100\times(P/F,12\%,10)$$
$$\approx -108.25(\text{万元})$$

$$NPV_{-10\%} = -1\,200\times0.9 + (400-170)\times(P/A,12\%,10) + 100\times(P/F,12\%,10)$$
$$\approx 251.75(\text{万元})$$

$$NPV_{-20\%} = -1\,200\times0.8 + (400-170)\times(P/A,12\%,10) + 100\times(P/F,12\%,10)$$
$$\approx 371.75(\text{万元})$$

② 单位产品价格在±10%、±20%范围变动对净现值的影响。

$$NPV_{10\%} = -1\,200 + (40\times10\times1.1-170)\times(P/A,12\%,10) + 100\times(P/F,12\%,10)$$
$$\approx 357.75(\text{万元})$$

$$NPV_{20\%} = -1\,200 + (40\times10\times1.2-170)\times(P/A,12\%,10) + 100\times(P/F,12\%,10)$$
$$\approx 583.76(\text{万元})$$

$$NPV_{-10\%} = -1\,200 + (40\times10\times0.9-170)\times(P/A,12\%,10) + 100\times(P/F,12\%,10)$$
$$\approx -94.26(\text{万元})$$

$NPV_{-20\%}=-1\,200+(40\times10\times0.8-170)\times(P/A,12\%,10)+100\times(P/F,12\%,10)$
≈-320.27(万元)

③ 年经营成本在±10%、±20%范围变动对净现值的影响。

$NPV_{10\%}=-1\,200+(40\times10-170\times1.1)\times(P/A,12\%,10)+100\times(P/F,12\%,10)$
≈35.69(万元)

$NPV_{20\%}=-1\,200+(40\times10-170\times1.2)\times(P/A,12\%,10)+100\times(P/F,12\%,10)$
≈-60.36(万元)

$NPV_{-10\%}=-1\,200+(40\times10-170\times0.9)\times(P/A,12\%,10)+100\times(P/F,12\%,10)$
≈227.80(万元)

$NPV_{-20\%}=-1\,200+(40\times10-170\times0.8)\times(P/A,12\%,10)+100\times(P/F,12\%,10)$
≈323.85(万元)

将计算结果列于单因素敏感性分析表中：

因　素	变　化　幅　度						
	−20%	−10%	0	+10%	+20%	平均+1%	平均−1%
投资额	371.75	251.75	131.75	11.75	−108.25	−9.11%	9.11%
单位产品价格	−320.27	−94.26	131.75	357.75	583.76	+17.5%	−17.5%
	323.85	227.80	131.75	35.69	−60.36	−7.29%	7.29%

根据以上计算结果绘制财务净现值随投资、产品价格和年经营成本等因素的敏感性曲线图，如图 3－4 所示。

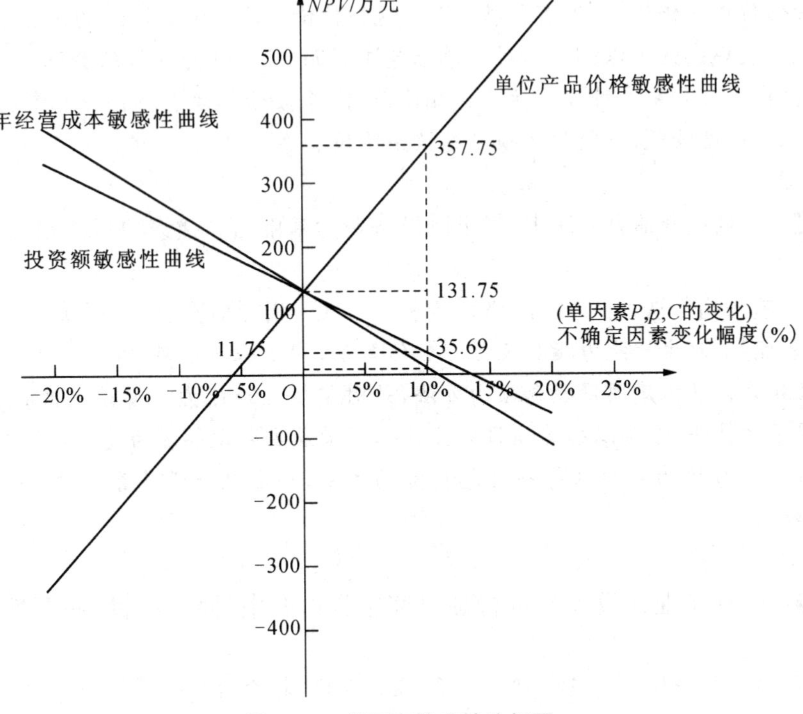

图 3－4　单因素敏感性分析图

【课堂练习】

【3－1】 建设项目规模的合理选择关系着项目的成败，决定着项目工程造价的合理与否。影响项目规模合理化的制约因素主要包括（　　）。

A. 资金因素、技术因素和环境因素　　B. 资金因素、技术因素和市场因素

C. 市场因素、技术因素和环境因素　　D. 市场因素、环境因素和资金因素

【解题要点】 合理经济规模是指在一定技术条件下，项目投入产出比处于较优状态，资源和资金可以得到充分利用，并可获得较优经济效益的规模。需要注意的是，规模扩大所产生的效益不是无限的，它受到技术进步、管理水平、项目经济技术环境等多种因素的制约。而资金因素是在确定了项目合理规模后所考虑的问题，应根据所确定的项目规模来考虑资金筹措的问题。

答案：C

【3－2】 下面有关单位生产能力估算法的叙述，正确的是（　　）。

A. 此种方法估算误差小，是一种常用的方法

B. 这种方法把项目的建设投资与其生产能力的关系视为简单的线性关系

C. 在总承包工程报价时，承包商大都采用此方法估价

D. 这种方法一般用于项目建议项目建议书阶段

【解题要点】 单位生产能力估算法是利用相近规模的单位生产能力投资乘以建设规模，即得拟建项目投资。其计算公式为 $C_2=\left(\frac{C_1}{Q_1}\right)Q_2 f$。这种方法把项目的建设投资与其生产能力的关系视为简单的线性关系，估算误差较大，可达±30%。而经过高速的生产能力指数法尽管估价误差仍较大，但有独特好处：这种估价方法不需要详细的工程设计资料，只知道工艺流程及规模就可以；其次，对于总承包工程而言，可作为作价的旁证，在总承包工程报价时，承包商大都采用这种方法估价。相比而言，系数估算法也称因子估算法，这种方法简单易行，但精确度较低，一般用于项目建议书阶段。

答案：B

【3－3】 下列投资估算方法中，属于以设备费为基础估算建设项目固定资产投资的方法是（　　）。

A. 生产能力指数法　　B. 朗格系数法　　C. 指标估算法　　D. 定额估算法

【解题要点】 此生产能力指数又称指数估算法，它是根据已建成的类似项目生产能力和投资额来粗略估算拟建项目投资额的方法，是对单位生产能力估算法的改进。系数估算法也称为因子估算法，它是以拟建项目的主体工程费或主要设备费为基数，经其他工程费与主体工程费的百分比为系数估算项目总投资的方法，种类包括设备系数法、主体专业系数法、朗格系数法。

答案：B

【3－4】 一般工业建设项目可行性研究报告内容中，回答项目"必要性"问题的是（　　）。

A. 市场调查与分析　　B. 财务评价　　C. 社会评价　　D. 环境影响评价

【解题要点】 建设项目可行性研究报告的内容可概括为三大部分。首先是市场研究，

其主要任务是要解决项目的"必要性"问题；第二是技术研究，它要解决项目在技术上的"可行性"问题；第三是效益研究，主要解决项目在经济上的"合理性"问题。

答案：A

【3-5】 根据《国务院关于投资体制改革的决定》，政府投资项目中需要审批可行性研究报告的投资方式是(　　)。

A. 投资补助　　B. 转贷　　C. 资本金注入　　D. 贷款贴息

【解题要点】 根据《国务院关于投资体制改革的决定》，对于政府投资项目，继续实行审批制。其中采用直接投资和资本金注入方式的，审批程序上与传统的投资项目审批制度基本一致，继续审批项目建议书、可行性研究报告等。采用投资补助、转贷和贷款贴息方式的，不再审批项目建议书和可行性研究报告，只审批资金申请报告。

答案：C

【3-6】 已知某项目建设期末贷款本利和累计1 200万元，按照贷款协议，采用等额还本、利息照付方式分4年还清，年利率为6%。则第2年还本付息总额为(　　)万元。

A. 348.09　　B. 354.00　　C. 372.00　　D. 900.00

【解题要点】 等额还本、利息照付指在还款期内等额偿还本金，而利息按年初借款余额和利息率的乘积计算，利息不等，而且每年偿还的本利和不等。此法适用于投产初期效益好、有充足现金流的项目。对于本题每年的还本额=1 200/4=300，还款期各年的还本额、会息额和还本付息总额如下表，可见答案为B。

万元

年　份	第1年	第2年	第3年	第4年
年初借款余额	1 200	900	600	300
年利息	72	54	36	18
年还本额	300	300	300	300
年还本付息总额	372	354	336	318

答案：B

【3-7】 按照生产能力指数法($n=0.6, f=1$)，若将设计中的化工生产系统的生产能力提高三倍，投资额大约增加(　　)。

A. 200%　　B. 300%　　C. 230%　　D. 130%

【解题要点】 生产能力指数法是根据已建成的类似项目生产能力和投资额来粗略估算拟建项目投资额的方法。其计算公式为

$$C_2=C_1\left(\frac{Q_2}{Q_1}\right)^x\cdot f$$

计算过程如下：

$$\frac{C_2}{C_1}=\left(\frac{Q_2}{Q_1}\right)^x\cdot f=\left(\frac{4}{1}\right)^{1.6}\cdot 1=2.3$$

所以投资额增加了130%。

此题是对于生产能力指数法的一种变形考题，应注意以下三个问题：

(1) 在本题所求的不是 C_2 的值，而是 C_2 与 C_1 之间的增长关系；

(2) 所检流计值为 C_2 相对 C_1 增长的比例，因此值为 2.3－1＝1.3＝130%；

(3) 生产能力增长三培，因此 $Q_2/Q_1=4$。

答案：D

【3-8】 下列关于还本付息资金来源的说法，错误的是(　　)。

A. 归还贷款的利润，一般应是提取了盈余公积金、公益金后的未分配利润

B. 归还贷款的折旧基金，应由未分配利润归还贷款后的余额垫回

C. 项目提取的摊销费，现行财务制度没有具体的用途规定，可以用来归还贷款

D. 可用税前利润弥补，不足弥补的，可以 5 年内延续弥补

【解题要点】 根据国家现行财税制度的规定，贷款还本的资金来源主要包括可用于归还借款的未分配利润、固定资产折旧、无形资产摊销费和其他还款资金来源。从性质上说，能够构成贷款还本资金来源的应是可自由支配的资金，而税前利润尚未完成分配程序，因此不具备这一特征，而能够构成还本资金来源的通常是经过分配程序后结余的未分配利润。故本题应选 D。

答案：D

【3-9】 某项目投产一年的产量为 1.8 亿件，其同类企业的千件产量流动资金占用额为 180 元。则该项目的流动资金估算额为(　　)万元。

A. 100　　B. 1　　C. 3 240　　D. 32.4

【解题要点】 本题考核扩大指标估算法计算流动资金。本题中的已知条件为年产量，因此计算过程如下：

年流动资金额＝年产量×单位产品产量占用流动资金额

＝180 000 000×180/1 000＝3 240(万元)

答案：C

【3-10】 下列基础财务报表中不属于反映总投资及其资金来源和筹措的报表是(　　)。

A. 借款还本付息计划表　　B. 建设投资估算表

C. 建设期利息估算表　　D. 流动资金估算表

【解题要点】《建设项目经济评价方法与参数》第三版中各种财务基础报表也发生了相应的变化，用建设投资估算表取代了原固定资产投资估算表，并且在投资构成中，建设投资与固定资产投资不同，不包括建设贷款利息。建设期贷款利息是作为单独的一项编制报表的，借款还本付息表是反映项目偿债能力的财务分析报表，不属于反映总投资及其资金来源和筹措的财务基础报表。

答案：A

【3-11】 下列经营成本计算正确的是(　　)。

A. 经营成本＝总成本费用－折旧费－利息支出

B. 经营成本＝总成本费用－摊销费－利息支出

C. 经营成本＝总成本费用－折旧费－摊销费－利润支出

D. 经营成本＝总成本费用－折旧费－摊销费－利息支出

【解题要点】 总成本费用由三部分组成：由投资活动引起的(主要包括折旧费、维修费和摊销费)；由筹资活动引起的(主要包括利息)；由经营活动引起的(经营成本)。因此经营成本应该是总成本费用与前两部分之差。此外应注意，在《建设项目经济评价方法与参数》中，经营成本可以有两种表示方法：既可以表示为“经营成本＝总成本费用－折旧费－摊销费－利息支出”，也可以表示为“经营成本＝外购原材料、燃料和动力费＋工资及福利费＋修理费＋其他费用”，两者的结果是一致的。

答案：D

【3-12】 在项目投资现金流量表中，用所得税前净现金流量计算所得税后净现金流量，扣除项为(　　)。

A. 所得税　　B. 利润总额×所得税率

C. 息税前利润×所得税率　　D. 应纳税所得额×所得税率

【解题要点】 所得税前净现金流量计算所得税后净现金流量时，扣除项是“调整所得税”，即用息税前利润(EBIT)为基数计算的所得税，实际上就是项目所支付的利息作为项目盈余的一部分来考虑，“调整所得税”区别于“利润与利润分配表”、“项目资本金现金流量表”和“财务计划现金流量表”中的所得税，这也是本表与“全部投资现金流量表”差异最大的地方。

答案：C

【3-13】 已知某项目投资现金流量表如下所示，则该项目静态投资回收期为(　　)年。

年　份	第1年	第2年	第3年	第4年
现金流入		100	100	120
现金流出	220	40	40	50

A. 4.428　　B. 4.571　　C. 5.428　　D. 5.571

【解题要点】 静态投资回收期是指以项目每年的净收益回收项目全部投资所需要的时间，当项目建成投产后年的净收益不相同时，需要通过插值法求。

本项目前5年净现金流量及各年累计净现金流量如下表：

年　份	第1年	第2年	第3年	第4年	第5年
净现金流量	－220	60	60	70	70
累计净现金流量	－220	－160	－100	－30	40

静态投资回收期$=5-1+\frac{|-30|}{70}\approx 4.428\,6$。

答案：A

【3-14】 在利润与利润分配表中，可供分配的利润应首先(　　)。

A. 支付优先股股利　　B. 提取任意盈余公积金

C. 支付普通股股利　　D. 提取法定盈余公积金

【解题要点】 利润与利润分配表与原“损益表”类似，不过在表格所包括的内容中更加细化，经营所得的净利润与期初未分配利润之和构成可供分配的利润。可供分配的利润其分配顺序为：提取法定盈余公积金、支付优先股股利、提取任意盈余公积金、支付普通股股利，其余额为未分配利润。

答案：D

【3-15】 下列各项中，可以反映企业财务盈利能力的指标是(　　)。

A. 财务净现值　　B. 流动比率　　C. 盈亏平衡产量　　D. 资产负债率

【解题要点】 项目盈利能力分析的静态指标是总投资收益率、项目资本金净利润率，动态指标是财务内部收益率和财务净现值。借款偿还期、速动比率、流动比率和资产负债率反映企业偿债能力。

答案：A

【3-16】 下列有关建设地点的选择，正确的是(　　)。

A. 尽量把场址放在荒地和不可耕种的地点

B. 场址的地下水位应尽可能等于地下建筑物的基准面，以利于取水

C. 场区地形力求有坡度，一般10%～15%为宜

D. 应靠近铁路、公路、水路，以缩短运输距离，减少建设投资

E. 将排放大量有害气体和烟尘的项目建在城市上风口

【解题要点】 选择建设地点的要求：节约土地；场址的地下水位应尽可能低于地下建筑物的基准面；厂区地形力求平坦而略有坡度(一般5%～10%为宜)，以减少平整土地的土方工程量，节约投资，又便于地面排水；应靠近铁路、公路、水路，以缩短运输距离，减少建设投资；对于排放大量有害气体和烟尘的项目，不能建在城市的上风口，以免对整个城市造成污染。

答案：AD

【3-17】 在编制财务计划现金流量表时，属于经营活动现金流入的是(　　)。

A. 增值税销项税额　　B. 增值税进项税额

C. 营业收入　　D. 增值税

E. 项目资本金投入

【解题要点】 财务计划现金流量表是《建设项目经济评价方法与参数》第三版中新增加的报表，其作用相当于原“资金来源与运用表”，该表从经营活动、投资活动、筹资活动三个方面分别反映现金流入和现金流出，最终合计得到项目财务的累计盈余资金，目的是分析项目是否有足够的净现金流量维持正常运营，是分析项目财务生存能力的报表。增值税销项税额是向购买方收取的增值税，因此属于现金流入；增值税进项税额是向销售方支付的增值税，而“增值税”是向税务机关上缴的税收，因此均属于现金流出。而项目资本金投入属于筹资活动现金流入。

答案：AC

【3-18】 总成本费用估算时按生产成本加期间费用法计算，不计入生产成本的是(　　)。

A. 其他直接支出　　B. 间接费用

C. 管理费用　　D. 财务费用

E. 营业费用

【解题要点】 按生产成本加期间费用法计算总成本费用时，计入生产成本的是与产品

的生产制造有直接关系的支出，包括直接费用（直接材料、直接燃料和动力费、直接工资及福利费、其他直接支出）和分摊入成本的制造费用。期间费用是与生产制造过程没有直接关系的支出，不能计入生产成本，主要包括管理费用、财务费用、营业费用。

答案：CDE

【3-19】 关于现金流量表中现金流入的资金回收部分，下列说法中正确的是（　　）。

A. 固定资产余值回收额为固定资产折旧费估算表中最后一年的期末固定资产净值

B. 流动资金回收额为流动资产投资估算表中最后一年的期末净值

C. 固定资产余值回收和流动资金回收均在计算期最后一年

D. 固定资产余值回收额是正常生产年份固定资产的占用额

E. 流动资金回收额为项目正常生产年份流动资金的占用额

【解题要点】 固定资产余值和流动资金的回收均在计算期最后一年。固定资产余值回收额为固定资产折旧费估算表中最后一年的固定资产期末净值，流动资金回收额为项目正常生产年份流动资金的占用额。

固定资产和流动资金是由投资形成的，因此只有在项目的寿命期结束时才能回收，固定资产需要分期提取折旧，逐渐回收价值量，因此在期末时仅仅回收余值；而流动资金在生产过程中循环往复使用，价值量并不减少，因此在期末时可以全额回收，即正常生产年份流动资金的占用额。

答案：ACE

本章小结

1. 建设项目可行性研究报告

熟悉可研阶段的工作要求和可研报告的内容及编写要求。

2. 建设项目投资构成与投资估算

本部分要求掌握建设项目评价中的总投资，包括建设投资、建设期利息和流动资金，掌握各组成部分的估算方法和重要计算公式。

3. 建设项目财务分析和评价

本部分分为融资前财务分析和评价，融资后财务分析和评价两大部分。要求熟悉项目财务评价中所涉及的辅助报表和基本财务报表，掌握建设项目财务评价中基本报表的编制，熟悉建设项目财务评价指标体系的分类，掌握建设项目财务评价主要内容（包括建设项目净现值、投资回收期、内部收益率、总投资收益率、项目资本金利润率等盈利能力分析指标的计算；建设项目利息备付率、偿债备付率、资产负债率等偿债能力分析指标的计算；项目计算期内净现金流量等财务生存能力分析指标的计算），评价项目的财务可行性。

4. 建设项目不确定性分析

常用的不确定性分析方法有盈亏平衡分析法、敏感性分析法、概率分析法。本部分要求掌握建设项目产量盈亏平衡点、单价盈亏平衡点、生产能力利用率盈亏平衡点的计算方法以及敏感性分析指标计算方法。

练习三

一、单项选择题

1. 详细可行性勘察阶段的投资估算至关重要，投资估算误差率在正负(　　)以内。

A. 30%　　B. 20%　　C. 10%　　D. 5%

2. 投资决策阶段，建设项目投资方案选择的重要依据是(　　)。

A. 工程预算　　B. 投资估算　　C. 设计概算　　D. 工程投标报价

3. 所谓项目的规模收益递增，就是伴随着生产规模扩大引起(　　)而带来的经济效益。

A. 单位成本上升　　B. 单位成本下降

C. 投资总量提高　　D. 产量增大效益提高

4. 我国中部地区要建一座现代化石油加工工厂，则下列(　　)是该项目规模确定中需考虑的首要因素。

A. 当地乃至全国该产品市场需求情况　　B. 生产技术的先进水平

C. 协作及土地条件　　D. 国家、地区及行业经济发展规划

5. 场区选址时一般要求地形力求平坦而略有坡度，这是为了(　　)。

A. 节省土地补偿费用

B. 使厂址的地下水位应尽可能低于地下建筑物的基准面

C. 减少平整土地的土方工程量、节约投资，又便于地面排水

D. 缩短运输距离，减少建设投资和未来的运营成本

6. 下列项目中，国家需要审批其可行性研究报告的是(　　)。

A. 三峡工程　　B. 海尔集团海外扩建项目

C. 个人大型投资项目　　D. 集体大型投资项目

7. 编制项目资本现金流量表，表中没有反映建设项目投资借款的流入，是因为(　　)。

A. 不发生借款

B. 规定不必借贷款项目

C. 项目资本金现金流量表用于融资前分析，不考虑融资计划对项目收益的影响

D. 建设项目投资借款是现金流入，但同时将借款用于项目投资则构成同一时点、相同数额的现金流出，两者相抵对净现金流量计算无影响

8. 下列对建设项目可行性研究报告的内容阐述，正确的是(　　)。

A. 技术研究是项目可行性研究的前提和基础

B. 市场研究主要任务是要解决项目的“必要性”问题

C. 效益研究要解决项目在技术上的“可行性”问题

D. 环境研究主要解决项目在经济上的“合理性”问题

9. 流动比率越高，说明(　　)。

A. 企业偿付长期负债的能力越差　　B. 企业偿付长期负债的能力越强

C. 企业偿付短期负债的能力越差　　D. 企业偿付短期负债的能力越强

10. 在计算某投资项目的财务内部收益率时得到以下结果：当用 $i=18\%$试算时，净现值为-499 元；当 $i=16\%$试算时，净现值为 9 元。则该项目的财务内部收益率为(　　)。

A. 17.80%　　B. 17.96%　　C. 16.04%　　D. 16.20%

11. 生产能力指数法是根据已建成的类似项目生产能力和投资额来粗略估算拟建项目投资额的方法。下列关于生产能力指数法的说法，不正确的是(　　)。

A. 工程造价与规模呈线性关系，单位造价随工程规模的增大而增大

B. 在正常情况下，生产能力指数取值通常在 0 与 1 之间

C. 若已建类似项目的生产规模与拟建项目生产规模相差不大，则指数 x 的取值近似为 1

D. 同一性质的项目在不同生产率水平的国家，指数 x 的取值往往不相同

12. 下列各种投资估算方法中精确度最高的是(　　)。

A. 生产能力指数法　　B. 单位生产能力法

C. 比例法　　D. 指标估算法

13. 下列汇率变化对涉外项目投资额影响理解正确的是(　　)。

A. 外币对人民升值时，项目从国外市场购买设备材料所支付的外币金额不变，但换算成人民币的金额减少

B. 外币对人民币升值时，从国外借款，本息所支付的外币金额不变，但换算成人民币的金额增加

C. 外币对人民币贬值时，项目从国外市场购买设备材料所支付的外币金额不变，但换算成人民币的金额增加

D. 外币对人民币贬值时，从国外借款，本息所支付的外币金额不变，但换算成人民币的金额增加

14. 在总承包工程报价时，承包商大都采用(　　)方法进行估价。

A. 系数估价法　　B. 单位生产能力估算法

C. 指标估算法　　D. 生产能力指数法

15. 下列报表中属于分析项目偿债能力的报表是(　　)。

A. 项目投资现金流量表　　B. 项目资本现金流量表

C. 财务计划现金流量表　　D. 资产负债表

16. 某建设项目工期为两年，第一年投资 400 万元，第二年投资 600 万元，投产后每年净现金流量为 250 万元，项目计算期为 20 年，基准收益率为 12%。则此项目的财务净现值为(　　)万元。

A. 609.39　　B. 568.34　　C. 425.92　　D. 634.52

17. 法定盈余公积金按照税后利润扣除用于弥补损失的金额后的 10%提取，该项达到注册资金(　　)时可以不再提取。

A. 10%　　B. 50%　　C. 5%　　D. 30%

18. 在项目财务评价指标中，属于反映项目盈利能力的动态评价指标的是(　　)。

A. 借款偿还期　　B. 总投资收益率

C. 财务净现值　　D. 净本金净利润率

19. 某项目建设期为一年，建设投资 800 万元。第二年末净现金流量为 220 万元，第三年为 242 万元，第四年为 266 万元，第五年为 293 万元。该项目静态投资回收期为(　　)年。

A. 4　　B. 4.25　　C. 4.67　　D. 5

20. 下列对流动资金估算阐述正确的是(　　)。

A. 若采用分项详细估算法，应根据项目实际情况分别确定现金、应收账款等的最高周转天数

B. 不同生产负荷下的流动资金，按照100％的生产负荷下的流动资金乘以生产负荷百分比求得

C. 流动资金估算方法可采用扩大指标估算法或分项详细估算法

D. 最低周转天数在确定时不考虑保险系数

21. 已知 1997 年某项目生产能力为 45 万件，投资额为 1 200 万元，若 2009 年在该地开工建设生产能力为 60 万件的项目，计划于 2011 年完工，则用生产能力指数法估算该项目的静态投资为(　　)万元。($X=0.8$，1997 年至 2009 年每年平均工程造价指数为 1.05，2009 年至 2011 年预计年平均工程造价指数为 1.08)

A. 1 586.07　　B. 1 697.09　　C. 3 164.11　　D. 2 712.71

22. 某新建生产型项目，采用主要车间技术法进行固定资产投资估算，经估算主要生产车间的投资为 2 800 万元，辅助及工用系统投资系数为 0.67，行政及生活福利设施投资系数为 0.25，其他投资系数为 0.38。则该项目的投资额为(　　)万元。

A. 6 440.00　　B. 7 418.88　　C. 7 621.88　　D. 8 066.10

23. 已知当某项目 $i_1=20\%$ 时，$FNPV_1=336$；$i_2=25\%$ 时，$FNPV_2=-197$。则该项目内部收益率约为(　　)。

A. 23.2％　　B. 17.6％　　C. 22.4％　　D. 21.55％

24. 某项目建设投资为 5 500 万元，建设期两年，第一年计划投资使用比例为 60％，其余为第二年计划投资额，建设期年平均价格上涨率为 5％。则该项目第二年的涨价预备费应为(　　)万元。

A. 225.5　　B. 336.2　　C. 714.3　　D. 336.4

25. 下列对财务分析的融资前分析的阐述，正确的是(　　)。

A. 融资前分析排除了融资方案变化的影响，从项目投资总获利能力的角度，考察项目方案设计的合理性

B. 融资前分析以静态分析为主、动态分析为辅

C. 主要财务指标：项目投资内部收益率、净现值、利息备付率、偿债备付率

D. 融资前分析包括盈利能力分析、偿债能力分析、生存能力分析

26. 以生产成本法估算项目总成本费用时，折旧费应计入(　　)。

A. 直接材料费　　B. 制造费用　　C. 期间费用　　D. 直接费用

二、多项选择题

1. 在设备选用中，应注意处理好以下问题(　　)。

A. 要尽量选用国产设备

B. 要注意进口设备之间以及国内外设备之间的衔接配套问题

C. 要注意进口设备与原有国产设备、厂房之间的配套问题

D. 要注意进口设备与原材料、备品备件及维修能力之间的配套问题

E. 要靠近原料、燃料提供地和产品消费地的原则

2. 在财务计划现金流量表中，属于筹资活动现金流出的是(　　)。

A. 应付利润　　B. 债券

C. 偿还债务本金　　D. 各种利息支出

E. 流动资金借款

3. 朗格系数法估算精度仍不是很高的原因是(　　)。

A. 不同地区经济地理条件有一定相似性

B. 不同设备由于材质不同，费用变化较大，而安装费变化不大

C. 该法以设备费为计算基础，而设备费用在某些工程中所占的比重几乎达到一半

D. 一项工程中每台设备所含有的管道、电气、自控仪表、绝热、油漆等，都有一定规律

E. 不同地区自然地理条件有一定传承性

4. 在下列项目中，包含在项目资本金现金流量表中而不包含在项目投资现金流量表中的有(　　)。

A. 营业税金及附加　　B. 建设投资

C. 借款本金偿还　　D. 借款利息支付

E. 所得税

5. 财务分析中，融资后分析包括(　　)。

A. 盈利能力分析　　B. 偿债能力分析

C. 生存能力分析　　D. 风险分析

E. 承受能力分析

6. 下列对国外投资估算的阶段划分和精度要求阐述，正确的是(　　)。

A. 阶段顺次为项目规划阶段—项目建议书阶段—初步可行性研究阶段—详细可行性研究阶段

B. 项目的投资设想阶段的投资估算又称为投标估算

C. 项目的工程设计阶段属控制估算，误差控制在±10%以内

D. 项目的投资机会研究阶段属因素估算，误差控制在±30%以内

E. 项目的初步可行性研究阶段属认可估算，误差控制在±20%以内

7. 财务评价指标体系按性质可分为以下几类(　　)。

A. 静态评价指标　　B. 时间性评价指标

C. 价值性指标　　D. 动态评价指标

E. 比率性指标

8. 下列对项目财务生存能力分析的理解，正确的是(　　)。

A. 财务生存能力分析亦可称为资金平衡分析

B. 借款还本付息表是项目财务生存能力分析的基本报表

C. 各年累计盈余资金不出现负值是财务生存的充分条件

D. 通常因运营期前期的还本付息负担过重，故应特别注重运营期前期的财务生存能力分析

E. 拥有足够的经营净现金流量是财务可持续的基本条件，特别是在运营初期

9. 流动资产估算时，一般采用分项详细估算法，其正确的计算式：流动资金=(　　)。

A. 流动资产+流动负债

B. 流动资产−流动负债

C. 应收账款+存货−现金

D. 应付账款+预收账款+存货+现金−应收账款−预付账款

E. 应收账款+预付账款+存货+现金−应付账款−预收账款

三、综合训练题

1. 2006 年某市教育局拟新建一所中学，编制了一份可研报告拟报市发改委审批。该项目可研报告中的投资估算为 16 808 万元，其中建安工程费 13 610 万元，设备及工、器具购置费 100 万元，其他费用 2 598 万元，预备费用 600 万元，见下表。

序号	工程项目名称和费用名称	建筑面积(m^2)	估算金额(万元)					
			土建工程	电气工程	给排水工程	设备及工器具购置费	其他费用	合计
一	建安工程费							13 610
1	图文信息中心	9 390	1 144	85	28	100		1 357
2	1 号教学楼	10 112	1 013	71	30			1 114
3	2 号教学楼	4 394	445	30	13			488
4	行政楼	2 947	297	28	9			334
5	实验楼	7 055	732	35	28			795
6	艺美中心	4 800	586	48	15			649
7	1 号食堂	5 515	562	39	28			629
8	2 号食堂	6 951	719	48	35			802
9	体育馆	4 500	818	45	10			873
10	1 号学生宿舍	9 912	835	60	40			935
11	2 号学生宿舍	9 722	817	58	35			910
12	3 号学生宿舍	8 361	731	42	33			806
13	体育看台	576	86					86
14	门卫 1	120	19	2	0.5			22
15	门卫 2、3	64	10	1	0.2			11
16	锅炉房	227	27	2	0.5	40		70

（续表）

序号	工程项目名称和费用名称	建筑面积（m^2）	估算金额（万元）					
			土建工程	电气工程	给排水工程	设备及工器具购置费	其他费用	合计
17	变电所	170	17	1	0.5	60		79
18	田径场		300					300
19	球场		300					300
20	道路		350					350
21	商业用房	10 000	1 200	65	35			1 300
22	环境布置		800					800
23	外管线		500					500
24	围墙		100					100
二	其他费用							2 598
1	征地拆迁费						750	750
2	各项规费						548	548
3	设备费					1 000		1 000
4	勘察设计监理费						300	300
三	预备费							600
	预备费						600	600
合计			12 408	660	340.7	1 200	2 198	16 808

为确保项目顺利通过审批，教育局基建处委托某甲级造价咨询公司对可行性报告中的投资估算进行审核。你作为咨询公司的造价师，应如何进行审核？发现了什么问题？应如何改正？（原项目需要征地 317 亩，共建单位提供 267 亩）

2. 某企业拟建一个市场急需产品的工业项目。建设期 1 年，运营期 6 年。项目建成当年投产。当地政府决定扶持该产品生产的启动经费 100 万元。其他基本数据如下：

（1）建设投资 1 000 万元。预计全部形成固定资产，固定资产使用年限 10 年，期末残值 100 万元。投产当年又投入资本金 200 万元作为运营期的流动资金。

（2）正常年份年营业收入为 800 万元，经营成本 300 万元，产品营业税及附加税率为 6%，所得税率为 33%，行业基准收益率 10%，基准投资回收期 6 年。

（3）投产第 1 年仅达到设计生产能力的 80%，预计这一年的营业收入、经营成本和总成本均按正常年份的 80%计算。以后各年均达到设计生产能力。

（4）运营期的第 3 年预计需更新型自动控制设备购置投资 500 万元才能维持以后的正

常运营需要。

问题：

(1) 简述项目可行性研究的主要内容和目的。

(2) 编制拟建项目投资现金流量表(表1,2)。

(3) 计算项目的静态投资回收期。

(4) 计算项目的财务净现值。

(5) 计算项目的财务内部收益率。

(6) 从财务角度分析拟建项目的可行性。

表1　项目投资现金流量表

序号	项目＼年份	建设期	运　营　期					
		1	2	3	4	5	6	7
1	现金流入							
1.1	营业收入							
1.2	补贴收入							
1.3	回收固定资产余值							
1.4	回收流动资金							
2	现金流出							
2.1	建设投资							
2.2	流动资金投资							
2.3	经营成本							
2.4	营业税及附加							
2.5	维持运营投资							
2.6	调整所得税							
3	净现金流量							
4	累计净现金流量							
5	折现系数10%							
6	折现后净现金流量							
7	累计折现后净现金流量							

表2　项目投资现金流量延长表

序号	项目＼年份	建设期	运　营　期					
		1	2	3	4	5	6	7
1	现金流入							
2	现金流出							
3	净现金流量							

（续表）

序号	年份 / 项目	建设期	运　营　期					
		1	2	3	4	5	6	7
4	折现系数 15%							
5	折现后净现金流量							
6	累计净现金流量							
7	折现系数 18%							
8	折现后净现金流量							
9	累计净现金流量							

（注：扫描封面二维码获取全书习题答案。）

本章习题答案

第4章
设计阶段工程造价控制

【内容提要与学习要求】

章节知识结构	学　习　要　求	权重
设计方案的评价和比较	了解设计阶段的划分及影响工程造价的主要因素；了解设计的内容和程序	15%
价值工程在方案优选和成本控制中的应用	掌握工程设计方案的优选方法；掌握价值工程在设计方案优选和成本控制中的应用	40%
设计概算编制与审查	熟悉设计概算的编制和审查方法	20%
施工图预算编制与审查	熟悉施工图预算的编制和审查方法	25%

【章前导读】

某部委办公楼建安工程为现浇框架结构，地上六层，层高3.6 m，采用独立柱基础，建筑高度23 m，建筑面积25 500 m^2，资金来源为国拨资金。工程2007年立项，2008年1月勘察，2008年3月进行初步设计，2008年7月初步设计获批，2008年8月进行施工图设计。经批准的投资概算为6 662万元，其中建安工程费5 439万元，设备购置费110万元，工程建设其他费(含建设单位管理费、工程报建费、工程监理费、勘察设计费、施工图审查费、招标及编标费等)772万元，预备费341万元。由某设计院编制的施工图预算为5 872万元。经某造价咨询公司审核后的预算造价仍有5 666万元，超过投资概算中建安工程费185万元。造成施工图预算超出设计概算的原因：(1) 提高了设计标准。外墙材料在初步设计为面砖，而在施工图设计中采用花岗岩墙面，造成施工图预算比概算高78万元。(2) 提高了人工工资单位。概算中人工工资仅按概算定额计取，未进行调价；施工图预算中人工工资单价按工程造价信息计取；两者相差80万元。(3) 施工图预算与概算编制期不同，材料价格相差28万元。解决的办法可采用：(1) 修正原概算，重新报相关部门审批；(2) 超出的费用可考虑在预备费中解决，但必须压缩工程建设其他费用。

4.1　设计方案的评价和比较

4.1.1　设计阶段和设计程序

4.1.1.1　工程设计

工程设计是指在工程开始施工之前，设计者根据已批准的设计任务书，为具体实现拟建项目的技术、经济要求，拟定建筑、安装及设备制造等所需的规划、图纸、数据等技术文件的工作。工程设计是建设项目由计划变为现实具有决定意义的工作阶段。设计文件是建筑安装施工的依据。拟建工程在建设过程中能否保证进度、保证质量和节约投资，在很大程度上取决于设计质量的优劣。工程建成后，能否获得满意的经济效果，除了项目决策之外，设计工作起着决定性的作用。设计工作的重要原则之一是保证设计的整体性，为此设计工作必须按一定的程序分阶段进行。

4.1.1.2　工程设计阶段划分及深度要求

工程设计程序与深度要求见表 4－1。

表 4－1　设计程序与深度要求

设计类别	设计程序	主要工作内容和深度要求
工业项目设计	设计准备	了解并掌握各种有关的外部条件和客观情况：地形、气候、地质等自然条件；城市规划对建筑物的要求；交通、水、电、气、通信等基础设施状况等
	总体设计	设计者对工程主要内容(包括功能与形式)的安排有个大概的布局设想，然后考虑工程与周围环境之间的关系。这一阶段中，设计者与使用者、规划部门充分交换意见。对于不太复杂的工程，该阶段可以省略
	初步设计	这是设计过程中的一个关键性阶段，也是整个设计构思基本形成的阶段，包括总平面设计、工艺设计和建筑设计三部分，应编制设计总概算
	技术设计	各种技术问题的定案阶段，其详细程度应满足确定设计方案中重大技术问题和有关实验、设备选制等方面的要求。应能保证进行施工图设计和提出设备订货明细表。其着眼点，除体现初步设计的整体意图外，还要考虑施工的方便易行，其所研究和决定的问题与初步设计大致相同，但需要根据更详细的勘察资料和技术经济计算加以补充修正，应对更改部分编制修正概算书。对于不太复杂的工程，该阶段可以省略
	施工图设计	通过图纸，把设计者的意图和全部设计结果表达出来，作为施工制作的依据。其深度应能满足设备、材料的选择与确定、非标准设备的设计与加工制作、施工图预算的编制、建筑工程施工和安装的要求
	设计交底和配合施工	设计单位应派人与建设、施工或其他有关单位共同会审施工图，进行技术交底，介绍设计意图和技术要求，修改不符合实际和有错误的图纸，参加试运转和竣工验收，解决试运转过程中的各种技术问题，并检验设计的正确和完善程度

（续表）

设计类别	设计程序	主要工作内容和深度要求
民用项目设计	方案设计	(1) 设计说明书：包括各专业设计说明以及投资估算等内容 (2) 总平面图以及建筑设计图纸 (3) 设计委托或设计合同中规定的透视图、鸟瞰图、模型等 方案设计文件应满足编制初步设计文件的需要
	初步设计	与工业项目设计大致相同。包括各专业设计文件、专业设计图纸和工程概算，同时包括主要设备或材料表。对于技术要求简单的民用建筑工程，该阶段可以省略
	施工图设计	应形成所有专业的设计图纸（含图纸目录、说明和必要的设备、材料表），并按照要求编制工程预算书，应满足设备材料采购、非标准设备制作的施工的需要

4.1.2 项目设计与工程造价

4.1.2.1 设计阶段工程造价计价与控制的重要意义

(1) 在设计阶段进行工程造价的计价与控制可以使造价构成更合理，提高资金利用效率。设计阶段工程造价的计价形式是编制设计概预算，通过设计概预算可以了解工程造价的构成，分析资金分配的合理性，并可以利用价值工程理论分析项目各个组成部分功能与成本的匹配程度，调整项目功能与成本，使其更趋于合理。

(2) 在设计阶段进行工程造价的计价与控制可以提高投资控制效率。编制设计概算并进行分析，可以了解工程各组成部分的投资比例。对于投资比例比较大的部分应作为投资控制的重点，这样可以提高投资控制效率。

(3) 在设计阶段控制工程造价会使控制工作更主动。长期以来，人们把控制理解为目标值与实际值的比较以及当实际值偏离目标值时分析产生差异的原因，确定下一步对策。这对于批量性生产的制造业而言，是一种有效的管理方法。但是对于建筑业而言，由于建筑产品具有单件性的特点，这种管理方法只能发现差异，不能消除差异，也不能预防差异的发生，而且差异一旦发生，损失往往很大，因此是一种被动的控制方法。而如果在设计阶段控制工程造价，可以先按一定的标准，开列新建建筑物每一部分或分项的计划支出费用的报表，即造价计划。然后当详细设计制定出来以后，对工程的每一部分或分项的估算造价，对照造价计划中所列的指标进行审核，预先发现差异，主动采取一些控制方法消除差异，使设计更经济。

(4) 在设计阶段控制工程造价便于技术与经济相结合。由于体制和传统习惯的原因，我国的工程设计工作往往是由建筑师等专业技术人员来完成的。他们在设计过程中往往更关注工程的使用功能，力求采用比较先进的技术方法实现项目所需功能，而对经济因素考虑较少。如果在设计阶段吸收造价工程师参与全过程设计，使设计从一开始就建立在健全的经济基础之上，在作出重要决定时就能充分认识其经济后果。另外投资限额一旦确定以后，设计只能在确定的限额内进行，有利于建筑师发挥个人创造力，选择一种最经济的方式实现技术目标，从而确保设计方案能较好地体现技术与经济的结合。

(5) 在设计阶段控制工程造价效果最显著。工程造价控制贯穿于项目建设全过程，而设计阶段的工程造价控制是整个工程造价控制的龙头。据统计，初步设计阶段对投资的影响约为 20%，技术设计阶段对投资的影响约为 40%，施工图设计准备阶段对投资的影响约为 25%。显然，控制工程造价的关键是在设计阶段。

4.1.2.2　建设项目设计对造价的影响因素

工业建设项目设计对造价的影响见表 4-2。

表 4-2　工业建设项目设计对造价的影响因素

<table>
<tr><th>设计内容</th><th>影响因素</th><th>应注意的问题</th><th>设计要求及选用原则</th></tr>
<tr><td rowspan="3">总平面设计</td><td>占地面积</td><td>一方面影响征地费用的高低，另一方面影响管线布置成本及项目建成后的运营成本</td><td rowspan="3">要注意节约用地，不占或少占农田；满足生产工艺过程的要求；选择方便的、经济的运输设施和合理的运输线路；适应建设地点的气候、地形、工程水文地质等自然条件；必须符合城市规划的要求</td></tr>
<tr><td>功能分区</td><td>合理的功能分区既可以使建筑物的各项功能充分发挥，又可以使总平面布置紧凑、安全，避免深挖深填，减少土石方量和节约用地，降低工程造价；同时使生产工艺流程顺畅、运输方便，降低项目建成后的运营成本</td></tr>
<tr><td>运输方式</td><td>尽可能选择无轨运输，但应考虑项目运营的需要，如果运输量较大，则有轨运输往往比无轨运输成本低</td></tr>
<tr><td rowspan="3">工艺设计</td><td>生产方法</td><td>应注意生产方法的先进适用，符合所采用的原料路线和清洁生产的要求</td><td rowspan="2">先进性、适用性、可靠性、安全性、经济合理性</td></tr>
<tr><td>工艺流程</td><td>工艺流程是工艺设计的核心。保证主要生产工艺流程无交叉和逆行现象，并使生产线路尽可能短，节省占地，减少技术管线工程量，节约造价</td></tr>
<tr><td>设备选型</td><td>对造价及产品质量和生产方法起着决定作用。选用原则：生产上适用、技术上先进、经济上合理</td><td>使用性能(配套性、灵活性及环保性)、经济性、可靠性、可维修性</td></tr>
<tr><td rowspan="7">建筑设计</td><td>平面形状</td><td>适用(采光及通风)、经济、美观</td><td rowspan="7">在建筑平面布置和立面形式选择上，满足生产工艺要求；根据设备种类、规格、数量、重量、振动情况以及设备的外形及基础尺寸，决定建筑物的大小、布置和基础类型以及建筑结构的选择；根据生产组织管理，生产工艺技术，生产状况提出劳动卫生和建筑结构的要求</td></tr>
<tr><td>流通空间</td><td>满足适用和美观要求的前提下，减少流动空间</td></tr>
<tr><td>层高</td><td>综合考虑生产工艺、采光、通风及建筑经济等因素。单层厂房高度取决于车间内的运输方式；多层厂房层高还取决于能否容纳车间内的最大生产设备和满足运输的要求</td></tr>
<tr><td>建筑物层数</td><td>工业厂房层数的选择应考虑生产性质和生产工艺的要求，对于需要跨度大和层度高、拥有重型生产设备和超重设备，生产时有较大振动及大量热和气散发的重型工业设备，采用单层厂房经济合理；多层厂房的经济层数由两个因素确定：即厂房展开面积、厂房宽度和长度</td></tr>
<tr><td>柱网布置</td><td>即确定柱子的行距(跨度)和间距(每行柱中相邻两个柱子间的距离)。单跨厂房柱距不变时宜增加跨度；多跨厂房跨度不变时中跨数量越多越经济</td></tr>
<tr><td>建筑物体积和面积</td><td>采用大跨度、大柱距平面形状，以提高平面利用系数</td></tr>
<tr><td>建筑结构</td><td>采用先进结构形式和轻质高强度建筑材料</td></tr>
</table>

4.1.3 设计方案评价

4.1.3.1 设计方案优选应遵循的原则

建设项目设计方案评价是对设计方案进行技术与经济的分析、计算、比较和评价，从而选出功能上适用、结构上坚固耐用、技术上先进、造型上美观、环境上自然协调、经济上合理的最优设计方案，为决策提供科学依据。

总原则：处理好技术先进性与经济合理性之间的关系；兼顾建设与使用，考虑项目全寿命费用；兼顾近期与远期的要求。具体如下：

(1) 设计方案必须要处理好经济合理性与技术先进性之间的关系。

技术先进性与经济合理性有时是一对矛盾，设计者应妥善处理好两者的关系。一般情况下，要在满足使用者要求的前提下，尽可能降低工程造价，或在资金限制范围内，尽可能提高项目功能水平。

(2) 设计方案必须兼顾建设与使用，考虑项目全寿命费用。

造价水平的变化，会影响项目将来的使用成本。如果单纯降低造价，建造质量得不到保障，就会导致使用过程中的维修费用很高，甚至有可能发生重大事故，给社会财产和人民安全带来严重损害。在设计过程中应兼顾建设过程和使用过程，力求项目寿命周期费用最低。

(3) 设计必须兼顾近期与远期的要求。

设计者要兼顾近期和远期的要求，选择项目合理的功能水平。同时也要根据远景发展需要，适当留有发展余地。

由于工程项目的使用领域不同，功能水平的要求也不同，因此对其设计方案进行评价所考虑的因素也不一样。具体见表 4-3 工业建设项目设计评价和表 4-4 民用建筑设计评价。

4.1.3.2 工业建设项目设计评价指标和方法

表 4-3 为工业建设项目设计评价指标和方法。

表 4-3 工业建设项目设计评价指标和方法

<table>
<tr><th>评价内容</th><th colspan="2">评价指标</th><th>指标含义</th><th>指标评价结果</th><th>评价方法</th></tr>
<tr><td rowspan="2">总平面设计</td><td colspan="2">有关面积的指标</td><td>厂区占地面积、建筑物和构筑物占地面积、永久性地场占地面积、建筑占地面积（建筑物和构筑物占地面积＋永久性地场占地面积）、厂区道路占地面积、工程管网占地面积、绿化面积</td><td></td><td rowspan="2">价值工程理论、模糊数学理论、层次分析理论等不同的方法，操作比较复杂。常用的方法是多指标对比法</td></tr>
<tr><td>比率指标</td><td>建筑系数（建筑密度）</td><td>建筑物、构筑物和各种露天仓库及堆场、操作场地等的占地面积与整个厂区建设用地面积之比：
$建筑系数=\frac{建筑占地面积}{厂区占地面积}$</td><td>反映总平面图设计用地是否经济合理；建筑系数大，表明布置紧凑，节约用地，可缩短管线距离，降低造价</td></tr>
</table>

（续表）

<table>
<tr><th>评价内容</th><th colspan="2">评价指标</th><th>指标含义</th><th>指标评价结果</th><th>评价方法</th></tr>
<tr><td rowspan="5">总平面设计</td><td rowspan="2">比率指标</td><td>土地利用系数</td><td>建筑物、构筑物、露天仓库及堆场、操作场地、铁路、道路、广场、排水设施及地上地下管线等所占面积与整个厂区建设用地面积之比：
土地利用系数＝(建筑占地面积＋厂区道路占地面积＋工程管网占地面积)/厂区占地面积</td><td>综合反映总平面布置的经济合理性和土地利用效率</td><td rowspan="5"></td></tr>
<tr><td>绿化系数</td><td>厂区内绿化面积与厂区占地面积之比</td><td>综合反映了厂区的环境质量水平</td></tr>
<tr><td colspan="2">工程量指标</td><td>场地平整土石方量、地上及地下管线工程量、防洪设施工程量</td><td>综合反映了总平面设计中功能分区的合理性及设计方案对地势地形的适应性</td></tr>
<tr><td colspan="2">功能指标</td><td colspan="2">生产流程短捷、流畅、连续程度；场内运输便捷程度；安全生产满足程度等</td></tr>
<tr><td colspan="2">经济指标</td><td colspan="2">每吨货物运输费用、经营费用等</td></tr>
<tr><td>工艺设计</td><td colspan="4">是工程设计的核心，它是根据工业企业生产的特点、生产性质和功能来确定，主要包括建设规模、标准和产品方案；工艺流程和主要设备的选型；主要原材料、能源供应；“三废”治理及环境保护措施；生产组织及生产过程中的劳动定员情况等</td><td>多指标评价法和投资效益评价法</td></tr>
<tr><td rowspan="5">建筑设计</td><td colspan="2">单位面积造价</td><td colspan="2">建筑物平面形状、层数、层高、柱网布置、建筑结构及建筑材料等因素都会影响单位面积造价，故单位面积造价是综合性很强的指标</td><td rowspan="5">多指标评价法、投资效益评价法和价值系数法</td></tr>
<tr><td colspan="2">建筑物周长与建筑面积比</td><td colspan="2">单位建筑面积所占的外墙长度指标 $K_{周}$，该指标越低，平面形状越经济；$K_{周}$ 按圆形、正方形、矩形、T 形、L 形的次序依次增大</td></tr>
<tr><td colspan="2">厂房展开面积</td><td colspan="2">用于确定多层厂房的经济层数，展开面积越大，经济层数越可增加</td></tr>
<tr><td colspan="2">厂房有效面积与建筑面积比</td><td colspan="2">用于评价柱网布置是否合理</td></tr>
<tr><td colspan="2">工程全寿命成本</td><td colspan="2">包括建设项目工程造价和运营成本，是评价建筑物功能水平是否合理的综合性指标</td></tr>
</table>

4.1.3.3 民用建设项目设计评价指标和方法

表 4-4 为民用建设项目设计评价。

表 4-4 民用建设项目设计评价

评价内容	影响造价因素	设计要求	评价指标
小区规划	占地面积、土地费、小区内道路、工程管线长度和公共设备费等。 建筑群体布置形式：高低搭配、点条结合、前后错列以及局部东西向布置、斜向布置或拐角单元等手法，以节省用地	压缩建筑的间距：日照间距、防火间距、使用间距，取其最大间距作为设计依据。 提高住宅层数或高低层搭配：建筑层数由五层增加到九层，可使小区总居住面积密度提高 35%；但高层住宅造价较高，居住不方便。 适当增加房屋长度。 提高公共建筑的层数。 合理布置道路	$建筑毛密度=\frac{居住+公共建筑基底面积}{居住小区占地总面积}$ $居住建筑净密度=\frac{居住建筑基底面积}{居住小区占地总面积}$ $居住面积密度=\frac{居住面积}{居住建筑占地面积}$ $居住建筑面积密度=\frac{居住建筑面积}{居住建筑占地面积}$ $人口毛密度=\frac{居住人数}{居住小区占地总面积}$ $人口净密度=\frac{居住人数}{居住建筑占地面积}$ $绿化比率=\frac{居住小区绿化面积}{居住小区占地总面积}$
建筑设计	建筑物平面形状和周长系数； 住宅的层高和净高； 住宅层数； 住宅单元组成、户型和住户面积； 住宅建筑结构的选择	平面布置合理，长度和宽度比例适当； 合理确定户型和住户面积； 合理确定层数与层高； 合理选择结构方案	平面指标：平面系数 K、K_1、K_2、K_3；建筑周长指标；建筑体积指标；面积定额指标；户型比 （见附后说明）

注：1. 居住建筑净密度是衡量用地经济性和保证居住区必要卫生条件的主要经济指标；其数值大小与建筑层数、房屋间距、层高、房屋排列方式等因素有关。应保证日照、通风、防火及交通安全等基本要求，适当提高建筑密度，以节省用地。

2. 居住面积密度是反映建筑布置、平面设计与用地之间关系的重要指标，主要受房屋层数影响，增加房屋层数，其值就增大，有利于节约土地和管线费用。

3. 建筑物平面形状和周长系数：圆形建筑最小，可减少墙体工程量，但其施工复杂，施工费较矩形建筑增加 20%～30%，且使用面积利用率不高，用户使用不便，故一般采用矩形和正方形建筑；在矩形住宅中以长∶宽＝2∶1 为佳，一般住宅以 3～4 单元、房屋长度 60～80 m 较为经济。

4. 住宅的层高和净高：住宅层高每降 10 cm，可降低造价 1.2%～1.5%。

5. 住宅层数：低层，1～3 层；多层，4～6 层；中层，7～9 层；高层，大于 10 层；超高层≥33 层(100 m)。

6. 住宅单元组成、户型和住户面积：三居室住宅较两居室住宅降低造价 1.5%，四居室住宅较三居室降低造价 3.5%。衡量单元组成、户型设计指标是结构面积系数(住宅结构面积与建筑面积之比)，系数越小设计方案越经济，因为结构面积越小有效面积就增加。结构面积系数除与房屋结构有关外，还与房屋外形及其长度和宽度有关，同时也与房间平均面积大小和户型组成有关。房屋平均面积越大，内墙、隔墙在建筑面积所占比重就越小。

7. 民用建筑设计要坚持“适用、经济、美观”的原则：(1) 平面布置合理，长度和宽度比例适当；(2) 合理确定户型和住户面积；(3) 合理确定层数与层高；(4) 合理选择结构方案。

8. 民用建筑设计评价指标。

(1) 平面指标：用于衡量平面布置的紧凑性、合理性。

$$平面系数 K=\frac{居住面积}{建筑面积}$$

$$平面系数 K_1=\frac{居住面积}{有效面积}$$

$$平面系数 K_2=\frac{辅助面积}{有效面积}$$

$$平面系数 K_3=\frac{结构面积}{建筑面积}$$

其中：有效面积指建筑平面中可供使用的面积，居住面积＝有效面积－辅助面积；结构面积指建筑平面中结构所占的面积，建筑面积＝有效面积＋结构面积。

(2) 建筑周长指标：是墙长与建筑面积之比。居住建筑进深加大，则单元周长缩小，或节约用地，减少墙体，降低造价。

$$单元周长指标=\frac{单元周长}{单元建筑面积}(m/m^2);$$

$$建筑周长指标=\frac{建筑周长}{建筑占地面积}(m/m^2)$$

(3) 建筑体积指标：建筑体积与建筑面积之比，是衡量层高的指标。

$$建筑体积指标=\frac{建筑体积}{建筑面积}(m^3/m^2)$$

其中：建筑体积是指建筑物外表面和底层地面所围成的体积。

(4) 面积定额指标：用于控制设计面积。

$$户均建筑面积=\frac{建筑总面积}{总户数}$$

$$户均使用面积=\frac{使用总面积}{总户数}$$

$$户均面宽指标=\frac{建筑物总长度}{总户数}$$

(5) 户型比：指不同居室的户数占总户数的比例，是评价户型结构是否合理的指标。

4.1.3.4 设计方案技术经济评价方法

1. 多指标评价法

通过对反映建筑产品功能和耗费特点的若干技术经济指标的计算、分析、比较、评价设计方案的经济效果。又可分为多指标对比法和多指标综合评分法。

(1) 多指标对比法

这是目前采用比较多的一种方法。其基本特点是使用一组适用的指标体系，将对比方案的指标值列出，然后一一进行对比分析，根据指标值的高低分析判断方案优劣。

利用这种方法首先需要将指标体系中的各个指标，按其在评价中的重要性，分为主要指标和辅助指标。主要指标是能够比较充分地反映工程的技术经济特点的指标，是确定工程项目经济效果的主要依据。辅助指标在技术经济分析中处于次要地位，是主要指标的补充，当主要指标不足以说明方案的技术经济效果优劣时，辅助指标就成为进一步进行技术经济分析的依据。

这种方法的优点是指标全面、分析确切，可通过各种技术经济指标定性或定量直接反映方案技术经济性能的主要方面。其缺点是容易出现不同指标的评价结果相悖的情况，这样就使分析工作复杂化。有时也会因方案的可比性而产生客观标准不统一的现象。因此在进行综合分析时,要特别注意检查对比方案在使用功能和工程质量方面的差异,并分析这些差异对各指标的影响,避免导致错误的结论。

通过综合分析,最后应给出如下结论:

① 分析对象的主要技术经济特点及适用条件;

② 现阶段实际达到的经济效果水平;

③ 找出提高经济效果的潜力和途径以及相应采取的主要技术措施;

④ 预期经济效果。

(2) 多指标综合评分法

这种方法首先对需进行分析评价的设计方案设定若干个评价指标,并按其重要程度确定各指标的权重,然后确定评分标准,并就各设计方案对各指标的满足程度打分,最后计算各方案的加权得分,以加权得分高者为最优设计方案。其计算公式为

$$S=\sum_{i=1}^{n}\omega_i \cdot S_i \tag{4.1-1}$$

式中:S 为设计方案总得分;S_i 为某方案在评价指标 i 上的得分;ω_i 为评价指标 i 的权重;n 为评价指标数。

这种方法非常类似于价值工程中的加权评分法,区别在于:价值工程的加权评分法中不将成本作为一个评价指标,而将其单独拿出来计算成本系数;多指标综合评分法则不将成本单独剔除,如果需要,成本也是一个评价指标。

【例 4.1-1】 某建筑工程有三个设计方案,选定评价指标为实用性、平面布置、经济性、美观性四项,各指标的权重及各方案的得分为 10 分制,选择最优设计方案。计算结果见表 4-5。

表 4-5 多指标综合评分法计算表

评价指标	权重	方案 A		方案 B		方案 C	
		得分	加权得分	得分	加权得分	得分	加权得分
实用性	0.35	9	3.15	8	2.8	7	2.45
平面布置	0.25	8	2	8	2	9	2.25
经济性	0.3	8	2.4	8	2.4	8	2.4
美观性	0.1	7	0.7	9	0.9	9	0.9
合计			8.25		8.1		8

由上表可知:方案 A 的加权得分最高,因此方案 A 最优。

这种方法的优点在于避免了多指标对比法指标间可能发生相互矛盾的现象,评价结果是唯一的。但是在确定权重及评分过程中存在主观臆断成分。同时,由于分值是相对的,因而不能直接判断各方案的各项功能实际水平。

2. 静态投资效益评价法

(1) 投资回收期法

设计方案的比选往往是比选各方案的功能水平及成本。功能水平先进的设计方案一般所需的投资较多，方案实施过程中的效益一般也比较好。用方案实施过程中的效益回收投资，即投资回收期反映初始投资补偿速度，衡量设计方案优劣也是非常必要的。投资回收期越短的设计方案越好。

不同设计方案的比选实际上是互斥方案的比选，首先要考虑方案可比性问题。当相互比较的各设计方案能满足相同的需要时，就只需比较它们的投资和经营成本的大小，用差额投资回收期比较。差额投资回收期是指在不考虑时间价值的情况下，用投资大的方案比用投资小的方案所节约的经营成本，回收差额投资所需要的时间。其计算公式为

$$\Delta P_t = \frac{K_2 - K_1}{C_1 - C_2} \tag{4.1-2}$$

式中：K_2为方案 2 的投资额；K_1为方案 1 的投资额，且 $K_2 > K_1$；C_2为方案 2 的年经营成本；C_1为方案 1 的年经营成本，且 $C_1 > C_2$；ΔP_t为差额投资回收期。

$\Delta P_t \leqslant P_c$(基准投资回收期)时，投资大的方案优；反之，投资小的方案优。

如果两个比较方案的年业务量不同，则需将投资和经营成本转化为单位业务量的投资和成本，然后才计算差额投资回收期，进行方案比选。此时差额投资回收期的计算公式为

$$\Delta P_t = \frac{\dfrac{K_2}{Q_2} - \dfrac{K_1}{Q_1}}{\dfrac{C_1}{Q_1} - \dfrac{C_2}{Q_2}} \tag{4.1-3}$$

式中：Q_1、Q_2分别为各设计方案的年业务量；其他符号含义同前。

【例 4.1-2】 某个项目有两个方案，方案一的投资额为 1 500 万元，年经营成本为 500 万元；方案二的投资额和年经营成本分别为 1 200 万元和 600 万元。若基准投资回收期为2.8 年，则采用投资回收期法选出最优方案。

解：首先计算差额投资回收期：

$$\Delta P_t = (1\,500 - 1\,200)/(600 - 500) = 3(\text{年})$$

$\Delta P_t > P_c$，因此投资小的方案优，即方案二为最优方案。

(2) 计算费用法

房屋建筑物和构筑物的全寿命是指从勘察、设计、施工、建成后使用直至报废拆除所经历的时间。全寿命费用应包括初始建设费、使用维护费和拆除费。评价设计方案的优劣应考虑工程的全寿命费用。但是初始投资和使用维护费是两类不同性质的费用，两者不能直接相加。计算费用法用一种合乎逻辑的方法将一次性投资与经常性的经营成本统一为一种性质的费用，可直接用来评价设计方案的优劣。

① 总计算费用法。总计算费用 $TC=K+P_cC$，其中 K 表示项目总投资，C 表示年经营成本，P_c 表示基准投资回收期。总计算费用最小的方案最优。

② 年计算费用法。年计算费用 $AC=C+R_cK$，R_c 表示基准投资效果系数，年计算费用越小的方案越优。

实际上计算费用法是由投资回收期法变形后得到的。

【例 4.1－3】 某项目有三个设计方案：方案一，一次性投资 1 600 万元，年经营成本 550 万元；方案二，一次性投资 3 500 万元，年经营成本 350 万元；方案三，一次性投资 4 200 万元，年经营成本 240 万元。三个方案的寿命期相同，标准投资效果系数都是 10%，则用计算费用法确定最优方案。

解：由公式 $AC=C+R_cK$ 计算，可知

$$AC_1=550+1\,600\times0.1=710(万元)$$

$$AC_2=350+3\,500\times0.1=700(万元)$$

$$AC_3=240+4\,200\times0.1=660(万元)$$

因为 AC_3 最小，故方案三最优。

静态经济评价指标简单直观，易于接受。但是它没有考虑时间价值以及各方案寿命差异。

3. 动态投资效益评价

动态经济评价指标是考虑时间价值的指标。对于寿命期相同的设计方案，可以采用净现值法、净年值法、差额内部收益率法等。寿命期不同的设计方案比选，可以采用净年值法。这些内容在相关课程中已经涉及，本书在此不作详细论述。

4.2 价值工程在方案优选和成本控制中的应用

4.2.1 限额设计

4.2.1.1 限额设计概念

限额设计是按批准的可行性研究报告及投资估算控制初步设计，按照批准的初步设计总概算控制技术设计和施工图设计，同时在保证各专业达到使用功能的前提下，按分配的投资限额控制设计严格控制不合理变更，保证总投资额不被突破；即按照设计任务书批准的投资估算额进行初步设计、按照初步设计概算造价限额进行施工图设计、按施工图预算造价对施工图设计的各个专业设计文件做出决策。

4.2.1.2 限额设计内容

表 4－6 为限额设计的主要内容。

表 4－6　限额设计的主要内容

目标	限额设计目标是在初步设计开始前，根据批准的可行性研究报告及其投资估算确定的		
全过程控制	纵向控制	投资分配	是实行限额设计的有效途径和主要方法，将投资先分解到各专业，然后再分配到各单项工程和单位工程，作为初步设计的造价控制目标
		初步设计	严格按分配的造价控制目标进行设计，切实进行多方案比选。若发现投资超限额，应及时反映，并提出解决问题的办法
		施工图设计	按批准的初步设计及初步设计概算进行，注意把握两个标准，一个是质量标准，一个是造价标准
		设计变更管理	为实现限额设计的目标，应严格控制设计变更，对于非发生不可的设计变更，应尽量提前，以减少变更对工程造成的损失
	横向控制	责任分配	明确设计单位内部各专业科室对限额设计所负的责任，责任落实越接近个人，效果就越明显
		建立健全奖惩制度	根据节约投资额的大小，对设计单位给予奖励；因设计单位设计错误导致工程静态投资超支，要视其超比例扣减相应比例的设计费

4.2.1.3　限额设计的目标

(1) 根据经批准的可行性研究报告及其投资估算，在初步设计开始前确定。

(2) 限额设计指标由项目经理或总设计师提出，经主管院长审批下达，按总额度直接工程费的 90%下达；某专业限额指标用完后，必须经批准后才能调整；专业之间或专业内部节约的单项费用未经批准不能相互调用。

(3) 施工图预算应严格控制在批准的概算以内。

(4) 加强设计变更管理。

4.2.2　价值工程在设计方案优化中的应用

4.2.2.1　价值工程的基本概念

价值工程(VE)，着重于功能分析，力求用寿命周期最低总成本生产出充分满足用户功能需要，从而获得最大经济效益的有组织的活动。价值是评价产品或项目的功能与实现这一功能所消耗费用之比合理的尺度。功能是指产品或项目满足用户需求的一种属性。成本是指包括造价费用、使用费用的寿命周期成本。价值工程的目的是以研究对象的寿命周期最低成本可靠地实现使用者所需的功能，以取得最佳的综合效益(含经济效益、社会效益等)。其基本表达式如下：

$$V=\frac{F}{C}\qquad 即价值=\frac{功能}{成本}$$

式中：F 为功能系数(指数)，为某方案功能得分/各方案功能得分之和；C 为成本系数(指数)，为某方案成本(造价)/各方案成本(造价)之和。

由表达式可知，提高价值有 5 个途径：

(1) 功能提高，成本降低；

(2) 成本不变，功能提高；

(3) 功能不变，成本降低；

(4) 成本略有提高，功能大幅度提高；

(5) 功能略有下降，成本大幅度下降。

4.2.2.2 价值工程在设计方案优选中实施的步骤

1. 实施程序

在新建项目设计中应用价值工程与一般工业产品中应用价值工程略有不同，因为建设项目具有单件性和一次性的特点。利用其他项目的资料选择价值工程研究对象，效果较差。而设计主要是对项目的功能及其实现手段进行设计，因此，整个设计方案就可以作为价值工程的研究对象。在设计阶段实施价值工程的程序如图 4－1 所示。

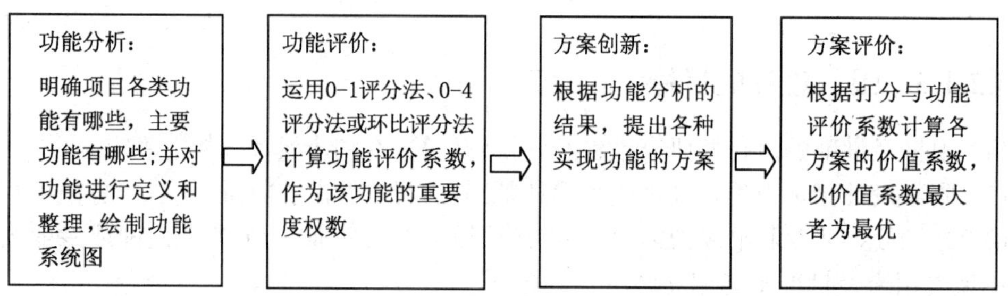

图 4－1 价值工程在设计方案优选中实施的程序

2. 计算步骤

(1) 权重未知时，首先确定权重

① 采用 0－1 强制评分法确定权重。

首先按照指标的重要程度一一对比打分，重要的打 1 分，相对不重要的打 0 分，自己与自己相比不打分。为了使不重要的指标的权重不得零分，将各功能累计得分加 1 分进行修正，用修正后的总分分别去除各指标累计得分即得各指标的权重(表 4－7)。

表 4－7 0－1 强制评分法求权重

指标	A	B	C	D	指标得分 w_i	修正得分 $W_i = w_i + 1$	权重 $P_i = W_i / \sum W_i$
A	×	1	1	0	2	3	0.3
B	0	×	1	0	1	2	0.2
C	0	0	×	0	0	1	0.1

（续表）

指标	A	B	C	D	指标得分 w_i	修正得分 $W_i=w_i+1$	权重 $P_i=W_i/\sum W_i$
D	1	1	1	×	3	4	0.4
$\sum$					6	10	1.00

② 采用 0－4 强制评分法确定权重。

由于 0－1 法中的重要程度差别仅为 1 分，不能拉开档次，为了弥补这一不足，将分档扩大为 4 级，其打分矩阵仍按 0－1 法。档次划分为：F_1 比 F_2 重要得多，F_1 得 4 分，F_2 得 0 分；F_1 比 F_2 重要，F_1 得 3 分，F_2 得 1 分；F_1 与 F_2 同样重要，F_1、F_2 均得 2 分；反之亦然。该方法适用于被评价对象在重要程度上的差异不太大，并且评价指标数目不太多的情况。

表 4－7 中若 A 比 B 重要得多，B 比 C 重要，B 与 D 一样重要，则表 4－7 变为表 4－8 的样式。

表 4－8　0－4 强制评分法求权重

指标	A	B	C	D	指标得分 w_i	权重 $P_i=W_i/\sum W_i$
A	×	4	4	4	12	0.5
B	0	×	3	2	5	0.21
C	0	1	×	1	2	0.08
D	0	2	3	×	5	0.21
$\sum$					24	1.00

③ 环比评分法确定权重。

环比评分法是通过确定各指标的重要性系数来评价和创新方案的方法，该方法适用于各个评价对象之间有明显的可比关系，能直接对比，并能准确地评定指标重要度比值的情况，如表 4－9 所示。

表 4－9　环比评分法确定权重

评价指标	暂定重要性系数	修正重要性系数	权重
F_1	1.5	9	9/19≈0.47
F_2	2	6	6/19≈0.32
F_3	3	3	3/19≈0.16
F_4		1	1/19≈0.05
		19	1.00

$F_1:F_2:F_3:F_4=1.5:2:3:1$。

(2) 计算功能评价值 F（或功能指数 F_i）

① 已知权重及相应的功能得分，则第 i 个研究对象的功能指数 F_i：

$$F_i=\frac{第\ i\ 个对象的各项功能得分\times权重}{\sum 全部对象功能加权得分}$$

② 已知各评价指标间重要程度及各功能得分情况，则

(a) 先求出各评价指标的功能权重：

$$P_i=\frac{该功能重要性得分}{\sum 全部功能重要性得分}$$

(b) 再求各方案的功能加权得分：

第 i 个对象的功能加权得分＝第 i 个对象的各功能得分×第 i 个对象功能权重 P_i

(c) 最后求功能指数 F_i：

$$功能指数\ F_i=\frac{第\ i\ 个对象各功能加权得分之和}{\sum 全部对象各项功能加权得分}$$

(3) 计算成本指数 C_i

第 i 个研究对象的成本指数 C_i＝第 i 个方案成本 $/\sum$ 全部方案成本

(4) 再求各研究对象的价值指数 V_i

$$第\ i\ 个对象价值指数\ V_i=\frac{第\ i\ 个对象功能指数\ F_i}{第\ i\ 个方案成本指数\ C_i}$$

若采用价值指数进行方案评价，则：

① 当 $V_i<1$ 时，成本过高，与功能不协调，应降低成本。

② 当 $V_i=1$ 时，功能与成本基本相当。

③ 当 $V_i>1$ 时，成本偏低，应适当提高成本，以保证功能实现。出现这种状况可能有三种情况：

第一，由于现实成本偏低，不能满足评价对象实现其应有的功能要求，致使对象功能偏低，应列为改进对象；

第二，对象目前具有的功能已经超出应有水平，存在过剩功能，应列为改进对象；

第三，对象在技术、经济等方面具有某些特征，在客观上存在着功能很重要而需消耗的成本却很少的情况，不列为改进对象。

采用功能的价值系数进行评价的情况：

① 当 $V=1$ 时，实现功能的最低成本与评价对象的现实成本基本相当；此时评价对象最佳，无需改进。

② 当 $V<1$ 时，成本过高，与功能不协调，存在两种情况：

第一，可能由于存在过剩功能，应改进；

第二，可能功能虽无过剩，但实现功能的条件或方法不佳，导致实现功能的成本大于功能的实际需要，应改进。

③ 当 $V>1$ 时,功能现实成本低于功能评价值,应适当提高成本,以保证功能实现。

4.2.2.3　价值工程在工程成本控制中的应用

价值工程在工程成本控制中的应用程序如图 4－2 所示。

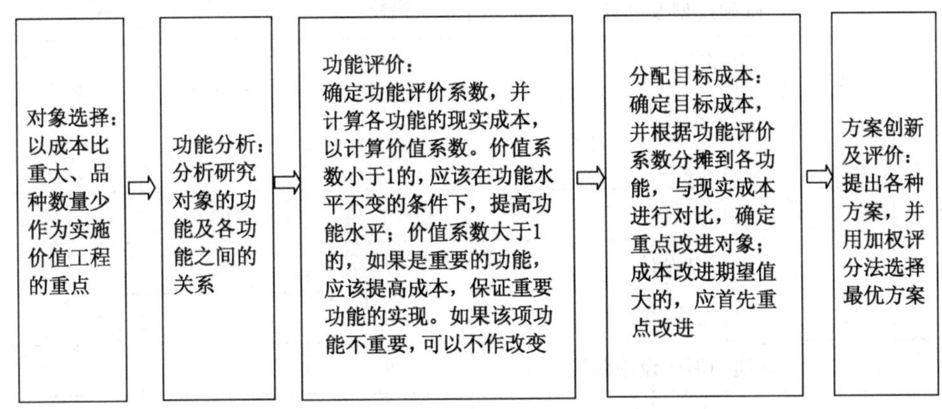

图 4－2　价值工程在工程成本控制中的应用流程

根据图 4－2 所示成本控制流程：若采用价值工程方法对某个方案对象进行成本控制时,则在上述的计算基础上还需进行以下的计算：

(1) 目标成本分配

第 i 个研究对象的目标成本＝目标成本总额(或设计限额)×第 i 个对象功能指数 F_i

(2) 成本降低额度

第 i 个研究对象成本降低额度＝目前成本－目标成本

(3) 通过比较成本降低额度值,最大者为最先选择研究对象。

【例 4.2－1】　某集团公司,对某房地产开发项目进行可行性研究,经研究后,提出 A、B、C 三个建设方案,A、B、C 三个方案的寿命周期成本分别为 1.80 亿元、1.65 亿元、1.75 亿元,并请有关专家对三个方案进行评价,其评价打分表如表 4－10 所示。

请分别用列式计算 A、B、C 三个方案的成本系数、功能系数、价值系数,并确定最佳方案(将有关数据分别填入表 4－11 和 4－12 中,且计算结果均保留四位小数)。

表 4－10　备选方案对功能因素评价表

序号	方案 评价因素	A	B	C
1	满足城市总体规划程度	10	10	10
2	满足片区规划程度	10	9	8
3	总平面布局合理程度	9	8	9
4	小区交通组织情况	10	10	8
5	建筑方案总体构思	8	7	10
6	平面设计	10	8	8

（续表）

序号	方案 评价因素	A	B	C
7	立面设计	6	6	7
8	基础选型及处理	10	6	7
9	上部结构设计	9	8	7
10	供水排水	8	10	8
11	供电	8	8	9
12	供气	6	10	9
13	弱电设计	7	8	6
14	火灾危险性	8	6	6
15	小区周围消防设施状况	9	9	9
16	消防措施和设施	10	8	8
17	公共及生活污水	7	9	7
18	固体垃圾	9	8	8
19	噪声	8	8	8
	方案总分	162	156	152
	功能系数			

表 4-11　各方案的寿命周期成本成本系数

方案 项目	A	B	C
寿命周期成本	1.8 亿元	1.65 亿元	1.75 亿元
成本系数			

表 4-12　各方案价值系数表

方案 指标	A	B	C
功能系数(F)			
成本系数(C)			
价值系数(V)			

解：

(1) 功能系数

$F_A=162/(162+156+152)=162/470\approx0.344\ 7$；

$F_{B}=156/470\approx0.331\ 9$；

$F_C=152/470\approx0.323\ 4$。

(2) 成本系数

1.80+1.65+1.75=5.2(亿元),则

$C_A=1.80/5.2\approx0.346\ 2$;

$C_B=1.65/5.2\approx0.317\ 3$;

$C_C=1.75/5.2\approx0.336\ 5$。

(3) 价值系数

$V_A=0.344\ 7/0.346\ 2\approx0.995\ 7$;

$V_B=0.331\ 9/0.317\ 3\approx1.046\ 0$;

$V_C=0.323\ 4/0.336\ 5\approx0.961\ 1$。

以上计算结果填入表格 4-13～4-15 中。

表格 4-13　备选方案对功能因素评价表

方案 / 评价因素	A	B	C
功能系数 F_i	0.344 7	0.331 9	0.323 4

表格 4-14　各方案的寿命周期成本成本系数

方案 / 项目	A	B	C
寿命周期成本 C	1.80 亿元	1.65 亿元	1.75 亿元
成本系数 C_i	0.346 2	0.317 3	0.336 5

表格 4-15　各方案价值系数表

方案 / 指标	A	B	C
功能系数(F_i)	0.344 7	0.331 9	0.323 4
成本系数(C_i)	0.346 2	0.317 3	0.336 5
价值系数(V_i)	0.995 7	1.046 0	0.961 1

由表 4-15 可知,B 方案价值系数最大,故 B 方案为最优方案。

【例 4.2-2】 某市高新技术开发区一幢综合楼项目征集了 A、B、C 三个设计方案,某设计方案对比项目如下:

A 方案:结构方案为大柱网框架轻墙体系,采用预应力大跨度叠合楼板,墙板材料采用多孔砖及移动式可拆装式分室隔墙,窗户采用中空玻璃塑钢窗,面积利用系数为 93%,单方造价为 1 438 元/m^2;

B 方案:结构方案同 A 方案,墙体采用内浇外砌,窗户采用单层玻璃塑钢窗,面积利用系数 87%,单方造价为 1 108 元/m^2;

C 方案:结构方案采用砖混结构体系,采用多孔预应力板,墙体材料采用标准黏土砖,窗户采用双层玻璃塑钢窗,面积利用系数为 79%,单方造价为 1 082 元/m^2。

方案各功能的权重及各方案的得分见表 4-16。

表 4-16 方案功能的权重及得分表

序号	方案功能	功能权重	方案功能得分		
			A	B	C
1	结构体系	0.25	10	10	8
2	模板类型	0.05	10	10	9
3	墙体材料	0.25	8	9	7
4	面积系数	0.35	9	8	7
5	窗户类型	0.1	9	7	8

问题：

(1) 试应用价值工程方法选择最优设计方案。

(2) 为控制工程造价和进一步降低费用，拟针对所选的最优设计方案的土建工程部分，以工程材料费为对象开展价值工程分析。将土建工程划分为四个功能项目，各功能项目评分值及其目前成本见表 4-17。按限额设计要求，目标成本额应控制为 12 180 万元。

表 4-17 功能项目评分及目前成本表

功能项目	功能评分	目前成本(万元)
A. 桩基围护工程	10	1 600
B. 地下室工程	10	1 482
C. 主体结构工程	34	4 802
D. 装饰工程	37	5 105
合计	91	12 989

试分析各功能项目的目标成本及其可能降低的额度，并确定功能改进顺序。

分析要点：

问题(1)：运用价值工程理论进行设计方案评价优选。

问题(2)：运用价值工程理论进行方案成本控制。

价值工程要求方案满足必要功能，清除不必要功能。在运用价值工程对方案的功能进行分析时，各功能的价值指数有以下三种情况：

(1) $V_I=1$，说明该功能的重要性与其成本的比重大体相当，是合理的，无需再进行价值工程分析；

(2) $V_I<1$，说明该功能不太重要，而目前成本比重偏高，可能存在过剩功能，应作为重点分析对象，寻找降低成本的途径；

(3) $V_I>1$，出现这种结果的原因较多，其中较常见的是该功能较重要，而目前成本偏低，可能未能充分实现该重要功能，应适当增加成本，以提高该功能的实现程度。

解：

问题(1)：分别计算各方案的功能指数、成本指数和价值指数，并根据价值指数选择最优方案。

① 计算各方案的功能指数，如表 4-18 所示。

表 4－18　功能指数计算表

方案功能	功能权重	方案功能得分		
		A	B	C
结构体系	0.25	10×0.25＝2.50	10×0.25＝2.50	8×0.25＝2.00
模板类型	0.05	10×0.05＝0.50	10×0.05＝0.50	9×0.05＝0.45
墙体材料	0.25	8×0.25＝2.00	9×0.25＝2.25	7×0.25＝1.75
面积系数	0.35	9×0.35＝3.15	8×0.35＝2.80	7×0.35＝2.45
窗户类型	0.1	9×0.10＝0.90	7×0.10＝0.70	8×0.10＝0.80
合计		9.05	8.75	7.45
功能指数		9.05/25.25≈0.358	8.75/25.25≈0.347	7.45/25.25≈0.295

注：表 4－18 中各方案功能加权得分之和为 9.05＋8.75＋7.45＝25.25。

② 计算各方案的成本指数，如表 4－19 所示。

表 4－19　成本指数计算表

方　案	A	B	C	合计
单方造价(元/m^2)	1 438	1 108	1 082	3 628
成本指数	0.396 4	0.305 4	0.298 2	1.000 0

③ 计算各方案的价值指数，如表 4－20 所示。

表 4－20　价值指数计算表

方　案	A	B	C
功能指数	0.358	0.347	0.295
成本指数	0.396 4	0.305 4	0.298 2
价值指数	0.903	1.136	0.989

由表 4－20 的计算结果可知，B 方案的价值指数最高，故为最优方案。

问题(2)：根据表 4－17 所列数据，对所选定的设计方案进一步分别计算桩基围护工程、地下室工程、主体结构工程和装饰工程的功能指数、成本指数和价值指数；再根据给定的总目标成本额，计算各工程内容的目标成本额，从而确定其成本降低额度。具体计算结果见表 4－21。

表 4－21　功能指数、成本指数、价值指数和目标成本降低额计算表

功能项目	功能评分	功能指数	目前成本(万元)	成本指数	价值指数	目标成本(万元)	成本降低额(万元)
桩基围护工程	10	0.109 9	1 600	0.123 2	0.892 0	1 338	262
地下室工程	10	0.109 9	1 482	0.114 1	1.963 2	1 339	143
主体结构工程	34	0.373 6	4 802	0.369 7	1.010 5	4 551	251

（续表）

功能项目	功能评分	功能指数	目前成本（万元）	成本指数	价值指数	目标成本（万元）	成本降低额（万元）
装饰工程	37	0.406 6	5 105	0.393 0	1.034 6	4 952	153
合计	91	1.000 0	12 989	1.000 0		12 180	809

由表 4－21 的计算结果可知，桩基围护工程、地下室工程、主体结构工程和装饰工程均应通过适当方式降低成本。根据成本降低额的大小，功能改进顺序依次为桩基围护工程、主体结构工程、装饰工程、地下室工程。

4.3 设计概算编制与审查

4.3.1 设计概算的基本概念

4.3.1.1 设计概算的含义

建设项目设计概算是初步设计文件的重要组成部分，是在投资估算的控制下由设计单位根据初步设计或扩大初步设计的图纸及说明，利用国家或地区颁发的概算指标、概算定额或综合指标预算定额、设备材料预算价格等资料，按照设计要求，概略地计算建筑物或构筑物造价的文件。其特点是编制工作较为简单，在精度上没有施工图预算准确。采用两阶段设计的建设项目，初步设计阶段必须编制设计概算；采用三阶段设计的，扩大初步设计阶段必须编制修正概算。

4.3.1.2 设计概算的作用

（1）设计概算是编制建设项目投资计划、确定和控制建设项目投资的依据。国家规定，编制年度固定资产投资计划，确定计划投资总额及其构成数额，要以批准的初步设计概算为依据，没有批准的初步设计文件及其概算的建设工程不能列入年度固定资产投资计划。

设计概算一经批准，将作为控制建设项目投资的最高限额。竣工结算不能突破施工图预算，施工图预算不能突破设计概算。如果由于设计变更等原因建设费用超过概算，必须重新审查批准。

（2）设计概算是签订建设工程合同和贷款合同的依据。在国家颁布的合同法中明确规定，建设工程合同价款是以设计概预算为依据，且总承包合同不得超过设计总概算的投资额。银行贷款或各单项工程的拨款累计总额不能超过设计概算，如果项目投资计划所列支投资额与贷款突破设计概算，必须查明原因，之后由建设单位报请上级主管部门调整或追加设计概算总投资，凡未批准之前，银行对其超支部分拒不拨付。

（3）设计概算是控制施工图设计和施工图预算的依据。设计单位必须按照批准的初步设计和总概算进行施工图设计，施工图预算不得突破设计概算，如确需突破总概算时，应按规定程序报批。

(4) 设计概算是衡量设计方案技术经济合理性和选择最佳设计方案的依据。设计部门在初步设计阶段要选择最佳设计方案，设计概算是从经济角度衡量设计方案经济合理性的重要依据。因此，设计概算是衡量设计方案技术经济合理性和选择最佳设计方案的依据。

(5) 设计概算是考核建设项目投资效果的依据。通过设计概算与竣工决算对比，可以分析和考核投资效果的好坏，同时还可以验证设计概算的准确性，有利于加强设计概算管理和建设项目的造价管理工作。

4.3.1.3　设计概算的内容

设计概算可分单位工程概算、单项工程综合概算和建设项目总概算三级。各级概算之间的相互关系如图 4－3 所示。

1. 单位工程概算

单位工程是指具有单独设计文件、能够独立组织施工的工程，是单项工程的组成部分，一个单位工程按其构成可以分为建筑工程和设备及安装工程。单位工程概算是确定各单位工程建设费用的文件，是编制单项工程综合概算的依据，是单项工程综合概算的组成部分。单位工程概算按其工程性质分为建筑工程概算和设备及安装工程概算两大类。建筑工程概算包括土建工程概算，给排水、采暖工程概算，通风、空调工程概算，电气、照明工程概算，弱电工程概算，特殊构筑物工程概算等；设备及安装工程概算包括机械设备及安装工程概算，电气设备及安装工程概算，热力设备及安装工程概算，工、器具及生产家具购置费概算等。

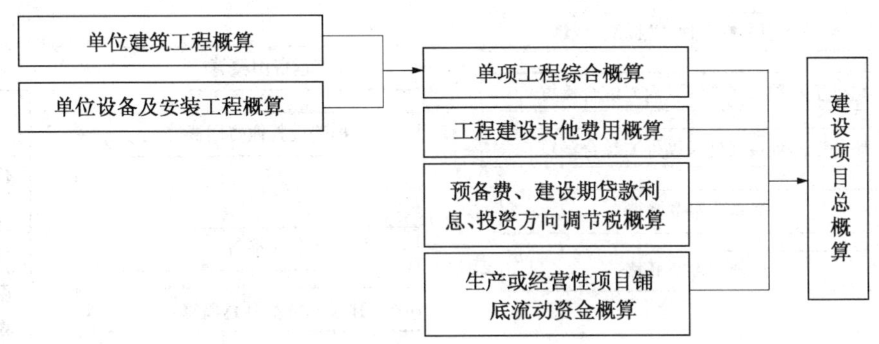

图 4－3　设计概算的三级概算关系图

2. 单项工程概算

单项工程又称工程项目，是指在一个建设项目中，具有独立的设计文件，建成后可以独立发挥生产能力或工程效益的项目，是建设项目的组成部分，如生产车间、办公楼、食堂、图书馆、学生宿舍、住宅楼、一个配水厂等。单项工程是一个复杂的综合体，是具有独立存在意义的一个完整工程，如输水工程、净水厂工程、配水工程等。单项工程概算是确定一个单项工程所需建设费用的文件，它是由单项工程中的各单位工程概算汇总编制而成的，是建设项目总概算的组成部分。单项工程综合概算的组成内容如图 4－4 所示。

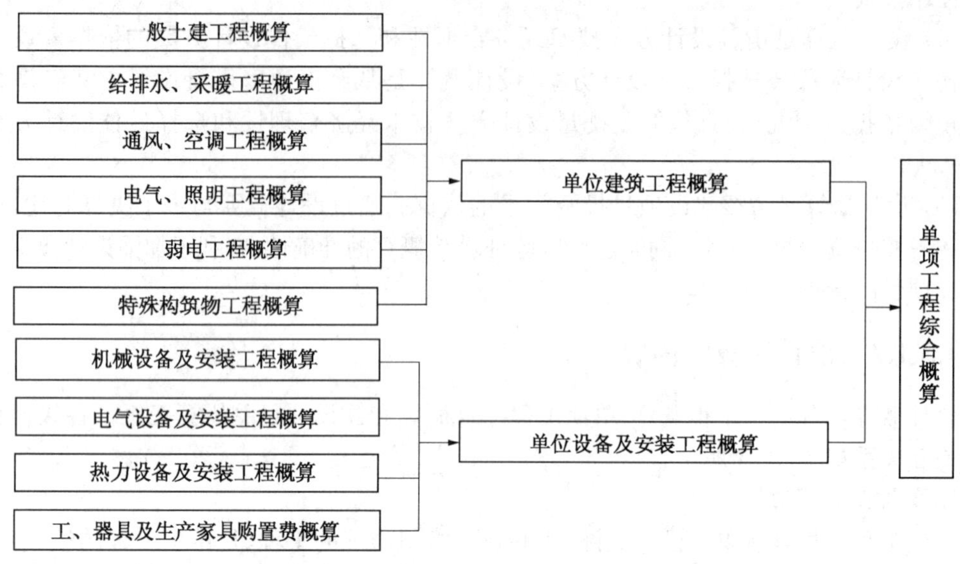

图 4-4　单项工程综合概算组成内容

3. 建设项目总概算

建设项目总概算是确定整个建设项目从筹建到竣工验收所需全部费用的文件，是由各单项工程综合概算、工程建设其他费用概算、预备费、建设期贷款利息和投资方向调节税概算汇总编制而成的，如图 4-5 所示。

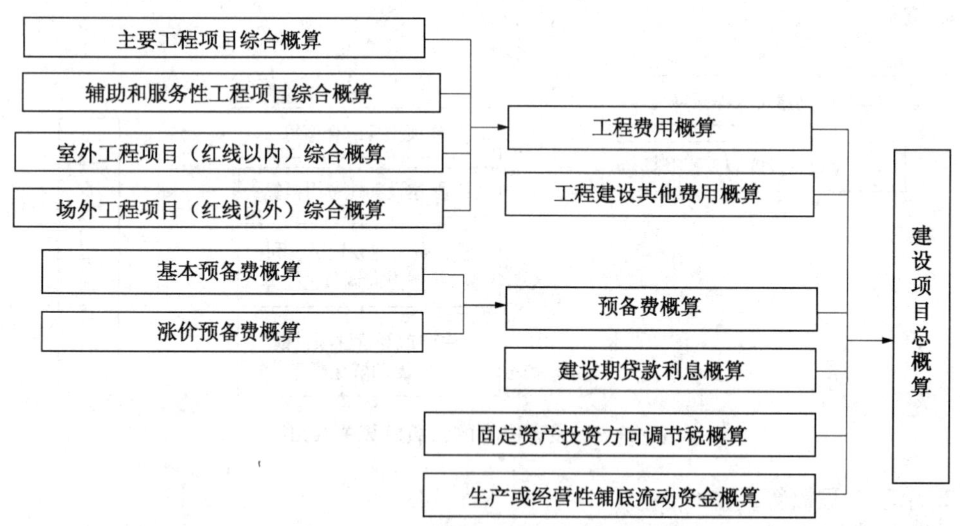

图 4-5　建设项目总概算组成内容

若干个单位工程概算汇总后成为单项工程概算，若干个单项工程概算和其他工程费用、预备费、建设期利息等概算文件汇总成为建设项目总概算。单项工程概算和建设项目总概算仅是一种归纳、汇总性文件，因此，最基本的计算文件是单位工程概算书。建设项目若为一个独立单项工程，则建设项目总概算书与单项工程综合概算书可合并编制。

4.3.2　设计概算的编制原则和依据

4.3.2.1　设计概算的编制原则

(1) 严格执行国家的建设方针和经济政策。设计概算是一项重要的技术经济工作，要严格按照党和国家的方针、政策办事，坚决执行勤俭节约的方针，严格执行规定的设计标准。

(2) 要完整、准确地反映设计内容。编制设计概算时，要认真了解设计意图，根据设计文件、图纸准确计算工程量，避免重算和漏算。设计修改后，要及时修正概算。

(3) 要坚持结合拟建工程的实际，反映工程所在地当时价格水平。为提高设计概算的准确性，要求实事求是地对工程所在地的建设条件，可对影响造价的各种因素进行认真的调查研究。在此基础上正确使用定额、指标、费率和价格等各项编制依据，按照现行工程造价的构成，根据有关部门发布的价格信息及价格调整指数，考虑建设期的价格变化因素，使概算尽可能地反映设计内容、施工条件和实际价格。

4.3.2.2　设计概算的编制依据

(1) 国家有关建设和造价管理的法律、法规和方针政策。

(2) 批准的建设项目的设计任务书(或批准的可行性研究文件)和主管部门的有关规定。

(3) 初步设计项目一览表。

(4) 能满足编制设计概算的各专业的设计图纸、文字说明和主要设备表。

(5) 当地和主管部门的现行建筑工程和专业安装工程的概算定额(或预算定额、综合预算定额，本节下同)、单位估价表、材料及构配件预算价格、工程费用定额和有关费用规定的文件等资料。

(6) 现行的有关设备原价及运杂费率。

(7) 现行的有关其他费用定额、指标和价格。

(8) 建设场地的自然条件和施工条件。

(9) 类似工程的概、预算及技术经济指标。

(10) 建设单位提供的有关工程造价的其他资料。

4.3.3　设计概算的编制方法

4.3.3.1　单位工程概算的编制方法

1. 单位工程概算的内容

单位工程概算书是计算一个独立建筑物或构筑物(即单项工程)中每个专业工程所需工程费用的文件，分为以下两类：建筑工程概算书和设备及安装工程概算书。单位工程概算文件应包括建筑(安装)工程直接工程费计算表，建筑(安装)工程人工、材料、机械台班价差表,建筑(安装)工程费用构成表。

建筑工程概算的编制方法有概算定额法、概算指标法、类似工程预算法等;设备及安装工程概算的编制方法有预算单价法、扩大单价法、设备价值百分比法和综合吨位指标法等。单位工程概算投资由直接费、间接费、利润和税金组成。

2. 单位建筑工程概算的编制方法

(1) 概算定额法

概算定额法又叫扩大单价法或扩大结构定额法,是采用概算定额编制建筑工程概算的方法。根据初步设计图纸资料和概算定额的项目划分计算出工程量,然后套用概算定额单价(基价),计算汇总后,再计取有关费用,便可得出单位工程概算造价。

概算定额法要求初步设计达到一定深度,建筑结构比较明确,能按照初步设计的平面、立面、剖面图纸计算出楼地面、墙身、门窗和屋面等分部工程(或扩大结构件)项目的工程量时,才可采用。

概算定额法编制设计概算的步骤:

① 列出单位工程中分项工程或扩大分项工程的项目名称,并计算其工程量。

② 确定各分部分项工程项目的概算定额单价。

③ 计算分部分项工程的直接工程费,合计得到单位工程直接工程费总和。

④ 按照有关固定标准计算措施费,合计得到单位工程直接费。

⑤ 按照一定的取费标准计算间接费和利税。

⑥ 计算单位工程概算造价。

(2) 概算指标法

概算指标法是采用直接工程费指标,用拟建的厂房、住宅的建筑面积(或体积)乘以技术条件相同或基本相同工程的概算指标,得出直接工程费,然后按规定计算出措施费、间接费、利润和税金等,编制出单位工程概算的方法。

当初步设计深度不够、不能准确地计算出工程量但工程设计技术比较成熟而又有类似工程概算指标可以利用时,可采用此法。

由于拟建工程(设计对象)往往与类似工程的概算指标的技术条件不尽相同,而且概算指标编制年份的设备、材料、人工等价格与拟建工程当时当地的价格也不会一样。因此,必须对其进行调整。其调整方法是:

① 设计对象的结构特征与概算指标有局部差异时的调整。

$$\text{结构变化修正概算指标(元/m}^2\text{)}=J+Q_1P_1-Q_2P_2 \tag{4.3-1}$$

式中:J 为原概算指标;Q_1为换入新结构的数量;Q_2为换出旧结构的数量;P_1为换入新结构的单价;P_2为换出旧结构的单价。

或:结构变化修正概算指标的工、料、机数量=原概算指标的工、料、机数量×换入结构件工程量×相应定额工、料、机消耗量－换出结构件工程量×相应定额工、料、机消耗量 (4.3-2)

以上两种方法,前者是直接修正结构件指标单价,后者是修正结构件指标工、料、机数量。

② 设备、人工、材料机械台班费用的调整。

设备、人工、材料机械修正概算费用=

原概算指标的人、材、机费用 $\times \sum$ 换入设备、人工、拟建地区材料、机械数量 $\times$

拟建地区相应单价 $-\sum$ 换出结构件工程量 $\times$ 相应定额工、料、机消耗量　(4.3－3)

(3) 类似工程预算法

类似工程预算法是利用技术条件与设计对象相类似的已完工程或在建工程的工程造价资料来编制拟建工程设计概算的方法。

类似工程预算法适用于拟建工程初步设计与已完工程或在建工程的设计相类似而又没有可用的概算指标时，但必须对建筑结构差异和价差进行调整。建筑结构差异的调整方法与概算指标法的调整方法相同；类似工程造价的价差调整有两种方法：

① 类似工程造价资料有具体的人工、材料、机械台班的用量时，可按类似工程预算造价资料中的主要材料用量、工日数量、机械台班用量乘以拟建工程所在地的主要材料预算价格、人工单价、机械台班单价，计算出直接工程费，再乘以当地的综合费率，即可得出所需的造价指标。

② 类似工程造价资料只有人工、材料、机械台班费用和措施费、间接费时，可按下面公式调整：

$$D = A \cdot K \tag{4.3-4}$$

$$K = aK_1 + bK_2 + cK_3 + dK_4 + eK_5 \tag{4.3-5}$$

式中：D 为拟建工程单方概算造价；A 为类似工程单方预算造价；K 为综合调整系数；a、b、c、d、e 分别为类似工程预算的人工费、材料费、机械台班费、措施费、间接费占预算造价的比重，如 a＝类似工程人工费(或工资标准)/类似工程预算造价×100%，b、c、d、e 类同；K_1、K_2、K_3、K_4、K_5分别为似建工程地区与类似工程预算造价在人工费、材料费、机械台班费、措施费和间接费之间的差异系数，如 K_1＝拟建工程概算的人工费(或工资标准)/类似工程预算人工费(或地区工资标准)，K_2、K_3、K_4、K_5类同。

3. 设备及安装单位工程概算的编制方法

设备及安装工程概算包括设备购置费概算和设备安装工程费概算两大部分。

(1) 设备购置费概算

设备购置费是根据初步设计的设备清单计算出设备原价，并汇总求出设备总原价，然后按有关规定的设备运杂费率乘以设备总原价，两项相加即为设备购置费概算。

(2) 设备安装工程费概算的编制方法

设备安装工程费概算的编制方法是根据初步设计深度和要求明确的程度来确定的。其主要编制方法有：

① 预算单价法。当初步设计较深、有详细的设备清单时，可直接按安装工程预算定额单价编制安装工程概算，概算编制程序基本与安装工程施工图预算一致。该法具有计算比较具体、精确性较高之优点。

② 扩大单价法。当初步设计深度不够、设备清单不完备、只有主体设备或仅有成套设备重量时，可采用主体设备、成套设备的综合扩大安装单价来编制概算。

上述两种方法的具体操作与建筑工程概算相类似。

③ 设备价值百分比法，又叫安装设备百分比法。当初步设计深度不够，只有设备出厂

价而无详细规格、重量时，安装费可按占设备费的百分比计算。其百分比值(即安装费率)由主管部门制定或由设计单位根据已完类似工程确定。该法常用于价格波动不大的定型产品和通用设备产品，数学表达式为

$$设备安装费=设备原价\times 安装费率(\%) \tag{4.3-6}$$

④ 综合吨位指标法。当初步设计提供的设备清单有规格和设备重量时，可采用综合吨位指标编制概算，综合吨位指标由主管部门或由设计院根据已完类似工程资料确定。该法常用于设备价格波动较大的非标准设备和引进设备的安装工程概算，数学表达式为

$$设备安装费=设备吨重\times 每吨设备安装费指标(元) \tag{4.3-7}$$

4.3.3.2 单项工程综合概算的编制方法

1. 单项工程综合概算的含义

单项工程综合概算是确定单项工程建设费用的综合性文件，是由该单项工程的各专业的单位工程概算汇总而成的，是建设项目总概算的组成部分。

2. 单项工程综合概算的内容

单项工程综合概算文件一般包括编制说明(编制总概算时列入)、综合概算表(含其所附的单位工程概算表和建筑材料表)和有关专业的单位工程预算数三大部分。当建设项目只有一个单项工程时，此时综合概算文件(实为总概算)除包括上述两大部分外，还应包括工程建设其他费用、建设期贷款利息、预备费和固定资产投资方向调节税的概算。

(1) 编制说明

编制说明应列在综合概算表的前面，其内容如下：

① 工程概况。简述建设项目性质、特点、生产规模、建设周期、建设地点等主要情况。引进项目要说明引进内容以及与国内配套工程等主要情况。

② 编制依据。包括国家和有关部门的规定、设计文件。现行概算定额或概算指标、设备材料的预算价格和费用指标等。

③ 编制方法。说明设计概算是采用概算定额法，还是采用概算指标法，或其他方法。

④ 其他必要的说明。

(2) 综合概算表

综合概算表是根据单项工程所辖范围内的各单位工程概算等基础资料，按照国家或部委所规定统一表格进行编制。

① 综合概算表的项目组成。工业建设项目综合概算表由建筑工程和设备及安装工程两大部分组成；民用工程项目综合概算表就是建筑工程一项。

② 综合概算的费用组成。一般应包括建筑工程费用、安装工程费用、设备购置及工器具生产、家具购置费所组成。当不编制总概算时，还应包括工程建设其他费用、建设期贷款利息、预备费和固定资产方向调节税等费用项目。

单项工程综合概算表的结构形式与总概算表是相同的。

4.3.3.3　建设项目总概算的编制方法

1. 总概算的含义

建设项目总概算是设计文件的重要组成部分，是确定整个建设项目从筹建到竣工交付使用所预计花费的全部费用的文件。它是由各单项工程综合概算、工程建设其他费用、建设期贷款利息、预备费、固定资产投资方向调节税和经营性项目的铺底资金概算所组成，按照主管部门规定的统一表格进行编制而成的。

2. 总概算的内容

设计总概算文件一般应包括编制说明、总概算表、各单项工程综合概算书、工程建设其他费用概算表、主要建筑安装材料汇总表。独立装订成册的总概算文件宜加封面、签署页（扉页）和目录。现将有关主要问题说明如下：

（1）编制说明

编制说明的内容与单项工程综合概算文件相同。

（2）总概算表

总概算表格如表 4－22 所示。

表 4－22　总（综合）概（预）算表

建设项目：　　　　（单项工程名称：　　　）　　　　共　页　第　页

序号	概（预）算表编号	工程和费用名称	概（预）算价值（元）						技术经济指标				占投资额（%）
			建筑工程费	设备购置费	安装工程费	其他费用	合计	其中外汇（美元）	计量指标	单位	数量	单位造价（元）	

审定：　　审核：　　校对：　　编制：　　编制日期：　　年　　月　　日

注：表中“计量指标”视工程和费用种类而定，如建筑面积、外形体积、有效容积、管线长度、日供水量、供电容量、总耗热量、总制冷量、总机容量、设备重量、设备容量、扶梯数量等。

（3）工程建设其他费用概算表

工程建设其他费用概算表按国家或地区或部委所规定的项目和标准确定，并按同一格式编制。

（4）主要建筑安装材料汇总表

针对每一个单项工程列出钢筋、型钢、水泥、木材等主要建筑安装材料的消耗量。

4.3.4 设计概算的审查

4.3.4.1 审查设计概算的意义

(1) 审查设计概算,有利于合理分配投资资金,加强投资计划管理,有助于合理确定和有效控制工程造价。设计概算编制偏高或偏低,不仅影响工程造价的控制,也会影响投资计划的真实性,影响投资资金的合理分配。

(2) 审查设计概算,有利于促进概算编制单位严格执行国家有关概算的编制规定和费用标准,从而提高概算的编制质量。

(3) 审查设计概算,有利于促进设计的技术先进性与经济合理性。概算中的技术经济指标,是概算的综合反映,与同类工程对比,便可看出它的先进与合理程度。

(4) 审查设计概算,有利于核定建设项目的投资规模,可以使建设项目总投资力求做到准确、完整,防止任意扩大投资规模或出现漏项,从而减少投资缺口、缩小概算与预算之间的差距,避免故意压低概算投资,搞钓鱼项目,最后导致实际造价大幅度地突破概算。

(5) 经审查的概算,为建设项目投资的落实提供可靠的依据。打足投资,不留缺口,有助于提高建设项目的投资效益。

4.3.4.2 设计概算的审查内容

(1) 审查设计概算的编制依据

① 审查编制依据的合法性。采用的各种编制依据必须经过国家和授权机关的批准,符合国家的编制规定,未经批准的不能采用,也不能强调情况特殊,擅自提高概算定额、指标或费用标准。

② 审查编制依据的时效性。各种依据,如定额、指标、价格、取费标准等,都应根据国家有关部门的现行规定进行,注意有无调整和新的规定,如有,应按新的调整办法和规定执行。

③ 审查编制依据的适用范围。各种编制依据都有规定的适用范围,如各主管部门规定的各种专业定额及其取费标准,只适用于该部门的专业工程;各地区规定的各种定额及其取费标准,只适用于该地区范围内,特别是地区的材料预算价格区域性更强。

(2) 审查概算编制深度

① 审查编制说明。审查编制说明可以用来检查概算的编制方法、深度和编制依据等重大原则问题,若编制说明有差错,具体概算必有差错。

② 审查概算编制的完整性。一般大中型项目的设计概算,应有完整的编制说明和"三级概算"(即总概算表、单项工程综合概算表、单位工程概算表),并按有关规定的深度进行编制。审查是否有符合规定的"三级概算",各级概算的编制、核对、审核是否按规定签署,有无随意简化,有无把"三级概算"简化为"二级概算",甚至"一级概算"。

③ 审查概算的编制范围。审查概算编制范围及具体内容是否与主管部门批准的建设项目范围及具体工程内容一致;审查分期建设项目的建筑范围及具体工程内容有无重复交叉,是否重复计算或漏算;审查其他费用应列的项目是否符合规定,静态投资、动态投资和经营性项目铺底流动资金是否分别列出等。

(3) 审查工程概算的内容

① 审查概算的编制是否符合党的方针、政策,是否根据工程所在地的自然条件进行编制。

② 审查建设规模(投资规模、生产能力等)、建设标准(用地指标、建筑标准等)、配套工程、设计定员等是否符合原批准的可行性研究报告或立项批文的标准。对总概算投资超过批准投资估算 10%以上的,应查明原因,重新上报审批。

③ 审查编制方法、计价依据和程序是否符合现行规定,包括定额或指标的适用范围和调整方法是否正确。进行定额或指标的补充时,要求补充定额的项目划分、内容组成、编制原则等要与现行的定额精神相一致。

④ 审查工程量是否正确。工程量的计算是否是根据初步设计图纸、概算定额、工程量计算规则和施工组织设计的要求进行的,有无多算、重算和漏算,尤其对工程量大、造价高的项目要重点审查。

⑤ 审查材料用量和价格。审查主要材料(钢材、木材、水泥、砖)的用量数据是否正确,材料预算价格是否符合工程所在地的价格水平,材料价差调整是否符合现行规定及其计算是否正确等。

⑥ 审查设备规格、数量和配置是否符合设计要求,是否与设备清单相一致,设备预算价格是否真实,设备原价和运杂费的计算是否正确,非标准设备原价的计价方法是否符合规定,进口设备的各项费用的组成及其计算程序、方法是否符合国家主管部门的规定。

⑦ 审查建筑安装工程的各项费用的计取是否符合国家或地方有关部门的现行规定,计算程序和取费标准是否正确。

⑧ 审查综合概算、总概算的编制内容、方法是否符合现行规定和设计文件的要求,有无设计文件外项目,有无将非生产性项目以生产性项目列入。

⑨ 审查总概算文件的组成内容,是否完整地包括了建设项目从筹建到竣工投产为止的全部费用组成。

⑩ 审查工程建设其他各项费用。这部分费用内容多、弹性大,而它的投资约占项目总投资 25%以上,要按国家和地区规定逐项审查,不属于总概算范围的费用项目不能列入概算,具体费率或计取标准是否按国家、行业有关部门规定计算,有无随意列项、有无多列、交叉计列和漏项等。

⑪ 审查项目的"三废"治理。拟建项目必须同时安排"三废"(废水、废气、废渣)的治理方案和投资,对于未作安排或漏项或多算、重算的项目,要按国家有关规定核实投资,以满足"三废"排放达到国家标准。

⑫ 审查技术经济指标。技术经济指标计算方法和程序是否正确;综合指标和单项指标与同类型工程指标相比,是偏高还是偏低,其原因是什么并予以纠正。

⑬ 审查投资经济效果。设计概算是初步设计经济效果的反映,要按照生产规模、工艺流程、产品品种和质量,从企业的投资效益和投产后的运营效益的角度,全面分析是否达到了先进可靠、经济合理的要求。

4.3.4.3　审查设计概算的方法

采用适当方法审查设计概算,是确保审查质量、提高审查效率的关键。较常用的方法有:对比分析法;查询核实法;联合会审法。

4.4 施工图预算编制与审查

4.4.1 施工图预算的基本概念

4.4.1.1 施工图预算的含义

施工图预算是施工图设计预算的简称，又叫设计预算。它是由设计单位在施工图设计完成后，根据施工图设计图纸，现行预算定额，费用定额以及地区设备、材料、人工、施工机械台班等预算价格编制和确定的建筑安装工程造价的文件。

4.4.1.2 施工图预算的作用

(1) 建设工程施工图预算是招投标的重要基础，既是工程量清单的编制依据，也是标底编制的依据。招投标法实施以来，市场竞争日趋激烈，施工企业一般根据自身特点确定报价，传统的施工图预算在投标报价中的作用将逐渐弱化，但是，施工图预算的原理、依据、方法和编制程序仍是投标报价的重要参考资料。

(2) 施工图预算是施工单位在施工前组织材料、机具、设备及劳动力供应的重要参考，是施工企业编制进度计划、统计完成工作量、进行经济核算的参考依据，是甲乙双方办理工程结算和拨付工程款的参考依据，也是施工单位拟定降低成本措施和按照工程量清单计算结果编制施工预算的依据。

(3) 对于工程造价管理部门来说，施工图预算是监督、检查执行定额标准，合理确定工程造价，测算造价指数的依据。

4.4.1.3 施工图预算的内容

施工图预算有单位工程预算、单项工程预算和建设项目总预算。单位工程预算是根据施工图设计文件，现行预算定额，费用定额以及人工、材料、设备、机械台班等预算价格资料，编制单位工程的施工图预算；然后汇总所有各单位工程施工图预算，成为单项工程施工图预算；再汇总各所有单项工程施工图预算，便是一个建设项目建筑安装工程的总预算。

单位工程预算包括建筑工程预算和设备安装工程预算。建筑工程预算按其工程性质分为一般土建工程预算、卫生工程预算(包括室内外给排水工程、采暖通风工程、煤气工程等)、电气照明工程预算、弱电工程预算、特殊构筑物(如炉窑等工程预算)和工业管道工程预算等。设备安装工程预算可分为机械设备安装工程预算、电气设备安装工程预算和热力设备安装工程预算等。

4.4.2　施工图预算的编制依据

(1) 国家有关工程建设和造价管理的法律、法规和方针政策。

(2) 施工图设计项目一览表、各专业施工图设计的图纸和文字说明、工程地质勘察。

(3) 主管部门颁布的现行建筑工程和安装工程预算定额、材料与构配件预算价格、工程费用定额和有关费用规定等文件。

(4) 现行的有关设备原价及运杂费率。

(5) 现行的其他费用定额、指标和价格。

(6) 建设场地中的自然条件和施工条件。

4.4.3　施工图预算的编制程序

(1) 编制前的准备工作。

(2) 熟悉图纸和预算定额。

(3) 划分工程项目和计算工程量。

(4) 套单价(计算定额基价)。

(5) 工料分析。

(6) 计算主材费(未计价材料费)。

(7) 按费用定额取费。

(8) 计算工程造价。

4.4.4　施工图预算的审查

4.4.4.1　审查施工图预算的意义

施工图预算编完之后,需要进行认真审查。加强施工图预算的审查,对于提高预算的准确性、正确贯彻党和国家的有关方针政策、降低工程造价具有重要的现实意义。

(1) 有利于控制工程造价,克服和防止预算超概算。

(2) 有利于加强固定资产投资管理,节约建设资金。

(3) 有利于施工承包合同价的合理确定和控制。因为施工图预算,对于招标工程,它是编制标底的依据;对于不宜招标工程,它是合同价款结算的基础。

(4) 有利于积累和分析各项技术经济指标,不断提高设计水平。通过审查工程预算,核实了预算价值,为积累和分析技术经济指标提供了准确数据,进而通过有关指标的比较,找出设计中的薄弱环节,以便及时改进,不断提高设计水平。

4.4.4.2　审查施工图预算的内容

审查施工图预算的重点应该放在工程量计算、预算单价套用、设备材料预算价格取定是否正确,各项费用标准是否符合现行规定等方面。

（1）审查工程量

① 土方工程。

（a）平整场地、挖地槽、挖地坑、挖土方工程量的计算是否符合现行定额计算规定和施工图纸标注尺寸，土壤类别是否与勘察资料一致，地槽与地坑放坡、带挡土板是否符合设计要求，有无重算和漏算。

（b）回填土工程量应注意地槽、地坑回填土的体积是否扣除了基础所占体积，地面和室内填土的厚度是否符合设计要求。

（c）运土方的审查除了注意运土距离外，还要注意运土数量是否扣除了就地回填的土方。

② 打桩工程。

（a）注意审查各种不同桩料，必须分别计算，施工方法必须符合设计要求。

（b）桩料长度必须符合设计要求，桩料长度如果超过一般桩料长度需要接桩时，注意审查接头数是否正确。

③ 砖石工程。

（a）墙基和墙身的划分是否符合规定。

（b）按规定，不同厚度的内、外墙是否分别计算，应扣除的门窗洞口及埋入墙体各种钢筋混凝土梁、柱等是否已扣除。

（c）不同砂浆强度等级的墙和定额规定按立方米或按平方米计算的墙，有无混淆、错算或漏算。

④ 混凝土及钢筋混凝土工程。

（a）现浇与预制构件是否分别计算，有无混淆。

（b）现浇柱与梁、主梁与次梁及各种构件计算是否符合规定，有无重算或漏算。

（c）有筋与无筋构件是否按设计规定分别计算，有无混淆。

（d）钢筋混凝土的含钢量与预算定额的含钢量发生差异时，是否按规定予以增减调整。

⑤ 木结构工程。

（a）门窗是否分不同种类，按门、窗洞口面积计算。

（b）木装修的工程量是否按规定分别以延长米或平方米计算。

⑥ 楼地面工程。

（a）楼梯抹面是否按踏步和休息平台部分的水平投影面积计算。

（b）细石混凝土地面找平层的设计厚度与定额厚度不同时，是否按其厚度进行换算。

⑦ 屋面工程。

（a）卷材屋面工程是否与屋面找平层工程量相等。

（b）屋面保温层的工程量是否按屋面层的建筑面积乘保温层平均厚度计算，不做保温层的挑檐部分是否按规定不作计算。

⑧ 构筑物工程：当烟囱和水塔定额是以座编制时，地下部分已包括在定额内，按规定不能再另行计算。审查是否符合要求，有无重算。

⑨ 装饰工程：内墙抹灰的工程量是否按墙面的净高和净宽计算，有无重算或漏算。

⑩ 金属构件制作工程：金属构件制作工程量多数以吨为单位。在计算时，型钢按图示尺寸求出长度，再乘每米的质量；钢板要求算出面积，再乘以每平方米的质量。审查是否符

合规定。

⑪ 水暖工程。

(a) 室内外排水管道、暖气管道的划分是否符合规定。

(b) 各种管道的长度、口径是否按设计规定计算。

(c) 室内给水管道不应扣除阀门、接头零件所占的长度，但应扣除卫生设备(浴盆、卫生盆、冲洗水箱、淋浴器等)本身所附带的管道长度。审查是否符合要求，有无重算。

(d) 室内排水工程采用承插铸铁管，不应扣除异形管及检查口所占长度。审查是否符合要求，有无漏算。

(e) 室外排水管道是否已扣除了检查井与连接井所占的长度。

(f) 暖气片的数量是否与设计一致。

⑫ 电气照明工程。

(a) 灯具的种类、型号、数量是否与设计图一致。

(b) 线路的敷设方法、线材品种等是否达到设计标准，工程量计算是否正确。

⑬ 设备及其安装工程。

(a) 设备的种类、规格、数量是否与设计相符，工程量计算是否正确。

(b) 需要安装的设备和不需要安装的设备是否分清，有无把不需安装的设备作为安装的设备计算安装工程费用。

(2) 审查设备、材料的预算价格

设备、材料预算价格是施工图预算造价所占比重最大，变化最大的内容，应当重点审查。

① 审查设备、材料的预算价格是否符合工程所在地的真实价格及价格水平。若是采用市场价，要核实其真实性、可靠性；若采用有权部门公布的信息价，要注意信息价的时间、地点是否符合要求，是否要按规定调整。

② 设备、材料的原价确定方法是否正确。非标准设备的原价的计价依据、方法是否正确、合理。

③ 设备的运杂费率及其运杂费的计算是否正确，材料预算价格的各项费用的计算是否符合规定、正确。

(3) 审查预算单价的套用

审查预算单价套用是否正确，是审查预算工作的主要内容之一。审查时应注意以下几个方面：

① 预算中所列各分项工程预算单价是否与现行预算定额的预算单价相符，其名称、规格、计量单位和所包括的工程内容是否与单位估价表一致。

② 审查换算的单价。首先要审查换算的分项工程是否是定额中允许换算的，其次要审查换算是否正确。

③ 审查补充定额和单位估价表的编制是否符合编制原则，单位估价表计算是否正确。

(4) 审查有关费用项目及其计取

有关费用项目计取的审查，要注意以下几个方面：

① 措施费的计算是否符合有关的规定标准，间接费和利润的计取基础是否符合现行规定，有无不能作为计费基础的费用列入计费基础。

② 预算外调增的材料差价是否计取了间接费。直接工程费或人工费增减后，有关费用

是否相应做了调整。

③ 有无巧立名目、乱计费、乱摊费用现象。

4.4.4.3 审查施工图预算的方法

审查施工图预算方法较多，主要有全面审查法、标准预算审查法、分组计算审查法、对比审查法、筛选审查法、重点抽查法、利用手册审查法和分解对比审查法八种。

(1) 全面审查法

全面审查法又叫逐项审查法，就是按预算定额顺序或施工的先后顺序，全部逐一地进行审查的方法。其具体计算方法和审查过程与编制施工图预算基本相同。此方法的优点是全面、细致，经审查的工程预算差错比较少，质量比较高；缺点是工作量大。对于一些工程量比较小、工艺比较简单的工程，编制工程预算的技术力量又比较薄弱，可采用全面审查法。

(2) 标准预算审查法

对于利用标准图纸或通用图纸施工的工程，先集中力量，编制标准预算，以此为标准审查预算的方法。按标准图纸或通用图纸施工的工程一般上部结构和做法相同，可集中力量细审一份预算或编制一份预算，作为这种标准图纸的标准预算，或用这种标准图纸的工程量为标准，对照审查，而对局部不同部分作单独审查即可。这种方法的优点是时间短、效果好、好定案；缺点是只适应按标准图纸设计的工程，适用范围小。

(3) 分组计算审查法

分组计算审查法是一种加快审查工程量速度的方法，把预算中的项目划分为若干组，并把相邻且有一定内在联系的项目编为一组，审查或计算同一组中某个分项工程量，利用工程量间具有相同或相似计算基础的关系，判断同组中其他几个分项工程量计算的准确程度的方法。一般土建工程可以分为以下几个组：

① 地槽挖土、基础砌体、基础垫层、槽坑回填土、运土。

② 底层建筑面积、地面面层、地面垫层、楼面面层、楼面找平层、楼板体积、天棚抹灰、天棚刷浆、屋面层。

③ 内墙外抹灰、外墙内抹灰、外墙内面刷浆、外墙上的门窗和圈过梁、外墙砌体。

(4) 对比审查法

用已建成工程的预算或虽未建成但已审查修正的工程预算对比审查拟建的类似工程预算的一种方法。对比审查法，一般有以下几种情况，应根据工程的不同条件，区别对待。

① 两个工程采用同一个施工图，但基础部分和现场条件不同。其新建工程基础以上部分可采用对比审查法；不同部分可分别采用相应的审查方法进行审查。

② 两个工程设计相同，但建筑面积不同。根据两个工程建筑面积之比与两个工程分部分项工程量之比基本一致的特点，可审查新建工程各分部分项工程的工程量。或者用两个工程每平方米建筑面积造价以及每平方米建筑面积的各分部分项工程量进行对比审查，如果基本相同时，说明新建工程预算是正确的，反之，说明新建工程预算有问题，找出差错原因，加以更正。

③ 两个工程的面积相同、但设计图纸不完全相同时，可把相同的部分，如厂房中的柱子、房架、屋面、砖墙等，进行工程量的对比审查，不能对比的分部分项工程按图纸计算。

(5) 筛选审查法

筛选法是统筹法的一种,也是一种对比方法。建筑工程虽然有建筑面积和高度的不同,但是它们的各个分部分项工程的工程量、造价、用工量在每个单位面积上的数值变化不大,我们把这些数据加以汇集、优选,归纳为工程量、造价(价值)、用工三个单方基本值表,并注明其适用的建筑标准。这些基本值犹如"筛子孔",用来筛选各分部分项工程,筛下去的就不审查了,没有筛下去的就意味着此分部分项的单位建筑面积数值不在基本值范围之内,应对该分部分项工程详细审查。当所审查的预算的建筑面积标准与"基本值"所适用的标准不同,就要对其进行调整。

筛选法的优点是简单易懂,便于掌握,审查速度和发现问题快,但解决差错分析其原因需继续审查。因此,此法适用于住宅工程或不具备全面审查条件的工程。

(6) 重点抽查法

抓住工程预算中的重点进行审查的方法。审查的重点一般是工程量大或造价较高、工程结构复杂的工程,补充单位估价表,计取的各项费用(计费基础、取费标准等)等。

重点抽查法的优点是重点突出,审查时间短、效果好。

(7) 利用手册审查法

把工程中常用的构件、配件,事先整理成预算手册,按手册对照审查的方法。如工程常用的预制构配件洗脸池、坐便器、检查井、化粪池、碗柜等,几乎每个工程都有,把这些按标准图集计算出工程量,套上单价,编制成预算手册使用,可大大简化预结算的编审工作。

(8) 分解对比审查法

一个单位工程,按直接费与间接费进行分解,然后再把直接费按工种和分部工程进行分解,分别与审定的标准预算进行对比分析的方法,叫做分解对比审查法。

分解对比审查法一般有三个步骤:

第一步,全面审查某种建筑的定型标准施工图或通用施工图的工程预算,经审定后作为审查其他类似工程预算的对比基础。而且将审定预算按直接费与应取费用分解成两部分,再把直接费分解为各工种工程和分部工程预算,分别计算出他们的每平方米预算价格。

第二步,把拟审的工程预算与同类型预算单方造价进行对比,若在 1%~3%以内(根据本地区要求),再按分部分项工程进行分解,边分解边对比,对出入较大者,就进一步审查。

第三步,对比审查。其方法是:① 经分析对比,如发现应取费用相差较大,应考虑建设项目的投资来源和工程类别及其取费项目和取费标准是否符合现行规定;材料调价相差较大,则应进一步审查《材料调价统计表》,将各种调价材料的用量、单位差价及其调增数量等进行对比。② 经过分解对比,如发现土建工程预算价格出入较大,首先审查其土方和基础工程,因为±0.00 以下的工程往往相差较大。再对比其余各个分部工程,发现某一分部工程预算价格相差较大时,再进一步对比各分项工程或工程细目。在对比时,先检查所列工程细目是否正确,预算价格是否一致。发现相差较大者,再进一步审查所套预算单价,最后审查该项工程细目的工程量。

4.4.4.4　审查施工图预算的步骤

(1) 做好审查前的准备工作

① 熟悉施工图纸。施工图是编审预算分项数量的重要依据,必须全面熟悉了解,核对所有图纸,清点无误后,依次识读。

② 了解预算包括的范围。根据预算编制说明，了解预算包括的工程内容。例如配套设施、室外管线、道路以及会审图纸后的设计变更等。

③ 弄清预算采用的单位估价表。任何单位估价表或预算定额都有一定的适用范围，应根据工程性质，搜集并熟悉相应的单价、定额资料。

(2) 选择合适的审查方法，按相应内容审查

由于工程规模、繁简程度不同，施工方法和施工企业情况不一样，所编工程预算和质量也不同，因此需选择适当的审查方法进行审查。

(3) 调整预算

综合整理审查资料，并与编制单位交换意见，定案后编制调整预算。审查后，需要进行增加或核减的，经与编制单位协商，统一意见后，进行相应的修正。

【课堂作业】

【4-1】 下列工业项目设计程序正确的是(　　)。

A. 设计准备—初步设计—设计交底—总体设计—施工图设计和配合施工

B. 设计准备—初步设计—技术设计—施工图设计—总体设计—设计交底和配合施工

C. 设计准备—总体设计—初步设计—技术设计—施工图设计—设计交底和配合施工

D. 方案设计—初步设计—施工图设计

【解题要点】 设计准备指设计者在动手设计之前，首先要了解并掌握各种有关的外部条件和客观情况；总体设计指在第一阶段搜集资料的基础，设计者对工程主要内容(包括功能与形式)的安排有个大概的布局设想，然后要考虑工程与周围环境之间的关系；初步设计是设计过程中的一个关键性阶段，也是整个设计构思基本形成的阶段；技术设计是初步设计的具体化，也是各种技术问题的定案阶段；施工图设计这一阶段主要是通过图纸，把设计者的意图和全部设计结果表达出来，作为施工制作的依据；设计交底和配合施工指施工图发出后，设计单位应派人与建设、施工或其他有关单位共同会审施工图，进行技术交底，介绍设计意图和技术要求，修改不符合实际和有错误的图纸，参加试运转和竣工验收，解决试运转过程中的各种技术问题，并检验设计的正确的完善程度。

答案：C

【4-2】 下列各项中属于工业项目设计核心的是(　　)。

A. 总平面设计　　B. 建筑设计　　C. 工艺设计　　D. 土地规划设计

【解题要点】 工艺设计是工程设计的核心，是根据工业企业生产的特点、生产性质和功能来确定的。工艺设计一般不包括生产设备的选择、工艺流程的设计、工艺定额的制定和生产方法的确定。工艺设计标准高低，不仅直接影响工程建设投资的大小和建设进度，而且还决定着未来企业的产品质量、数量和经营费用。

答案：C

【4-3】 在工业项目的工艺设计过程中，影响工程造价的主要因素包括(　　)。

A. 生产方法、工艺流程、功能分区　　B. 工艺流程、功能分区、运输方式

C. 生产方法、工艺流程、设备选型　　D. 工艺流程、设备选型、运输方式

【解题要点】 影响工程造价的因素主要包括生产方法、工艺流程和设备选型，功能分区和运输方式均是总平面设计中影响工程造价的因素。

答案：C

【4-4】 下列有关居住建筑净密度和居住面积密度的阐述，正确的是(　　)。

A. 居住面积密度是衡量用地经济性和保证居住区必要卫生条件的主要技术经济指标

B. 居住建筑净密度数值的大小与建筑层数、房屋间距、层高、房屋排列方式等因素有关

C. 居住建筑净密度是反映建筑布置、平面设计与用地之间关系的重要指标

D. 影响居住建筑净密度的主要因素是房屋的层数，增加层数其数值就增大

【解题要点】 居住建筑净密度是衡量用地经济性和保证居住区必要卫生条件的主要技术经济指标，其数值的大小与建筑层数、房屋间距、层高、房屋排列方式等因素有关。适当提高建筑密度，可节省用地，但应保证日照、通风、防火、交通安全的基本需要。居住面积密度是反映建筑布置、平面设计与用地之间关系的重要指标。影响居住面积密度的主要因素是房屋的层数，增加层数其数值就增大，有利于节约土地和管线费用。

答案：B

【4-5】 在设计阶段应用价值工程进行方案优化控制工程造价时，研究对象的抽取通常由(　　)确定。

A. 功能分析、评价　　B. 价值系数

C. ABC 分析法　　D. 环比评分法

【解题要点】 在设计阶段应用价值工程控制工程造价，应以对控制造价影响较大的项目作为价值工程的研究对象。经常采用 ABC 分析法确定研究对象，选择成本比重大、品种数量作为实施阶段价值工程的重点。

答案：C

【4-6】 某新建企业有两个设计方案，年产量均为 800 件。方案甲总投资 1 000 万元，年经营成本 400 万元；方案乙总投资 1 500 万元，年经营成本 360 万元，当行业的基准投资回收期(　　)12.5 时，甲方案优。

A. 大于　　B. 等于　　C. 小于　　D. 小于或等于

【解题要点】 甲方案优的基本条件是：

$\frac{1\,500-1\,000}{400-360}>P_c$，即 $P_c<12.5$ 年。

本题为反向思考题型。

答案：C

【4-7】 某市一栋普通办公楼为框架结构 3 000 m^3，建筑直接工程费为 370 元/m^3，其中：毛石基础为 39 元/m^3，而今拟建一栋办公楼 3 500 m^3，是采用钢筋混凝土，带形基础为 51 元/m^3，其他结构相同。该拟建办公楼直接费的造价概算适合采用(　　)。

A. 概算定额法　　B. 概算指标法

C. 扩大单价法　　D. 类似工程预算法

【解题要点】 概算指标法的适用范围：初步设计深度不够，不能准确地计算出工程量，但工程设计是采用技术比较成熟且有类似工程概算指标可以利用的工程。因而本题选 B。

答案：B

【4-8】 在设计方案评价方法中，多指标综合评分法与多指标对比法相比，其优点是(　　)。

A. 指标全面、分析确切

B. 可通过各种技术经济指标定性或定量直接反映方案技术经济性能的主要方面

C. 在评价过程中比较客观,不存在主观臆断成分

D. 避免了多指标对比法指标间可能发生相互矛盾的现象,评价结果是唯一的

【解题要点】 使用多指标评价法容易出现某一些方案有些指标较优,另一些指标较差;而另一方案则可能有些指标较差,另一些指标较优,因而发生了相互矛盾的现象,而多指标综合评分法则没有这样的问题。

答案:D

【4-9】 在设计阶段实施价值工程进行设计方案优选的步骤一般为(　　)。

A. 功能评价→功能分析→方案创新→方案评价

B. 功能分析→功能评价→方案创新→方案评价

C. 功能分析→功能评价→方案评价→方案创新

D. 功能评价→功能分析→方案评价→方案创新

【解题要点】 价值工程的首要步骤是对拟建筑物进行功能的分析,然后进行功能的评价,即计算出各项功能的功能评价系数,作为该功能的重要程度权数。然后进行方案的创新,即根据功能分析的结果,提出各种可能方案。最后是方案的评价,正确答案是B。应注意价值工程用于设计方案优选和用于设计阶段造价控制的差别。

答案:B

【4-10】 在工业项目设计中,下列关于限额设计的表述,不正确的是(　　)。

A. 限额设计就是按照批准的投资估算额进行初步设计,按照初步设计概算造价限额进行施工图设计

B. 设计中投资限额分配,首先将投资分配到各单项工程和单位工程,然后再分解到各专业

C. 限额设计有利于强化设计人员的工程造价意识,改变了"设计过程不算账、设计完成见分晓"的现象

D. 限额设计的横向控制首先需明确各设计单位以及内部各专业科室对限额设计所负责任,其次还要建立健全奖惩制度

【解题要点】 设计任务书获批准后,设计单位在设计之前应在设计任务书的总框架内将投资先分解到各专业,然后再分配到各单项工程和单位工程,作为进行初步设计的造价控制目标。

答案:B

【4-11】 下列关于设计概算的描述,错误的是(　　)。

A. 设计概算一经批准,将作为控制投资的最高限额

B. 设计概算是控制施工图设计和施工图预算的依据

C. 设计概算是控制投资估算的依据

D. 设计概算是衡量设计方案技术经济合理性的依据

【解题要点】 投资估算是在决策阶段完成的,设计概算是在初步设计或技术设计阶段完成的,因此投资估算是设计概算的控制依据。该题的题型属于否定式题干,考生注意审题就可以了。

答案：C

【4 - 12】 某住宅设计方案的功能评价系数和功能的现实成本(目前成本)如下表所示：

功　能	功能评价系数	目前成本(万元)
F_1	0.5	220
F_2	0.3	100
F_3	0.2	80
合计	1.0	400

若拟控制的目标成本为 360 万元，则应首先降低(　　)的成本。

A. F_1　　B. F_2　　C. F_3　　D. F_2 和 F_3

【解题要点】 解题思路如下表所示：

功　能	功能评价系数	目前成本(万元)	目标成本(万元)	成本改进期望值(万元)
F_1	0.5	220	180	40
F_2	0.3	100	108	−8
F_3	0.2	80	72	8
合计	1	400	360	40

F_1 功能的成本改进期望值最大，应首先改进。

答案：A

【4 - 13】 某类别建筑工程的砖墙砌筑工程量为 100 m^3，砖墙砌筑工程的人工费、材料费、机械费分别为 370 元、980 元、50 元，当地公布的该类典型工程材料费占分项直接工程费的比例为 68%，有关费率如下表所示，按照综合单价法确定的该砌墙筑(10 m^3)的综合单价中，利润为(　　)元。

费用名称	计　算　基　数		
	直接费	人工费＋机械费	人工费
间接费	8%	20%	55%
利润	5%	16%	30%

A. 67.2　　B. 70.0　　C. 75.6　　D. 111.0

【解题要点】 当用综合单价法编制预算时，由于各分部工程中人工、材料、机械各项费用所占比例不同，各分项工程造价可根据其材料费占分项直接工程费的比例(以字母 C 代表该项比值)在以下三种计算程序中选择一种计算其综合单价。

(1) 当 $C>C_0$(C_0 为本地区原费用定额测算所选典型工程材料费占分项直接工程费的比例)时，可采用以分项直接工程费为基数计算该分项工程的间接费和利润；

(2) 当 $C<C_0$ 值的下限时，可采用以人工费和机械费合计为基数计算该分项工程的间接费和利润；

(3) 如该分项的直接工程费仅为人工费，无材料费和机械费时，可采用以人工费为基数计算该分项工程的间接费和利润。

对本题而言，分项工程＝370＋980＋50＝1 400(元)，C＝980/1 400＝0.7＝70％＞68％，所以采用以分项直接工程费为基数计算该分项工程的间接费和利润。间接费＝1 400×8％＝112(元)，利润＝(1 400＋112)×5％＝75.6(元)。

答案：C

【4－14】 某集装箱码头需购置一套装卸设备，下表四个方案中，不考虑时间价值因素，应优先选择(　　)。

方　　案	甲	乙	丙	丁
寿命周期(年)	8	10	7	8
寿命周期成本(万元)	2 420	4 520	1 600	1 200
工程量(万吨)	256	408	90	110

A. 方案甲　　B. 方案乙　　C. 方案丙　　D. 方案丁

【解题要点】 费用效率＝工程量/寿命周期成本，根据表中数据，甲为 0.106，乙为 0.090，丙为 0.056，丁为 0.092，甲方案的费用效率值最高。寿命周期成本理论优化设备造型是 2006 年教材上的新增内容，应注意掌握其应用的步骤以及最终的评判标准。

答案：A

【4－15】 下列有关工业项目总平面设计的评价指标，说法正确的有(　　)。

A. 建筑系数又称为建筑密度，建筑系数大，工程造价低

B. 土地利用系数和建筑系数概念不同，但所计算的结果相同

C. 土地利用系数反映出总平面布置的经济合理性和土地利用效率

D. 绿化系数应该属于工程量指标的范畴

E. 经济指标是指工业项目的总运输费用、经营费用等

【解题要点】 土地利用系数与建筑系数概念不同，计算的结果也不一样。土地利用系数是衡量整个土地的利用效率，其计算公式与建筑系数相比，不仅包括地上的建筑物，还包括排水设施及地上地下管线等占地面积与整个厂区建设用地面积之比，所以答案 B、D 错误。经济指标包括每顿货物运输费用、经营费用等，而不是总运输费用、经营费用，答案 E 错误。

答案：AC

【4－16】 施工图预算审查的方法有(　　)。

A. 全面审查法　　B. 重点抽查法　　C. 对比审查法

D. 系数估算审查法　　E. 联合会审法

【解题要点】 审查施工图预算方法较多，主要有全面审查法、标准预算审查法、分组计算审查法、对比审查法、筛选审查法、重点抽查法、利用手册审查法和分解对比审查法。答案中联合会审法是设计概算的审查方法之一。考生应注意施工图预算审查方法与设计概算审查方法之间的区别以及各种施工预算审查方法的优点、缺点和适用范围。

答案：ABC

【4－17】 下列有关价值工程在设计阶段工程造价控制中的应用，表述正确的是

(　　)。

A. 功能分析是主要分析研究对象具有哪些功能及各项功能之间的关系

B. 可以应用 ABC 分析法来选择价值工程研究对象

C. 功能评价中,不但要确定各功能评价系数,还要计算功能的现实成本及价值系数

D. 对于价值系数大于 1 的重要功能,可以不做优化

E. 对于价值系数小于 1 的,必须提高功能水平

【解题要点】 可以应用 ABC 分析法,将设计方案的成本分解并分成 A、B、C 三类,A 类成本比重大,品种数量少,作为实施价值工程的重点。功能分析,分析研究对象具有哪些功能,各项功能之间的关系如何。功能评价,评价各项功能,确定功能评价系数,并计算实施各项功能的现实成本是多少,从而计算各项功能的价值系数。价值系数小于 1 的,应该在功能水平不变的条件下降低成本,或在成本不变的条件下,提高功能水平;价值系数大于 1 的,如果是重要的功能,应该提高成本,保证重要功能的实现,如果该功能不重要,可以不做改变。

答案:ABC

【4-18】 价值工程在设计阶段根据某功能的价值系数(V)进行工程造价控制时,做法正确的是(　　)。

A. $V<1$ 时,在功能水平不变的情况下降低成本

B. $V<1$ 时,提高功能水平但成本不变

C. $V>1$ 时,降低重要功能的成本

D. $V>1$ 时,提高重要功能的成本

E. $V>1$ 时,提高不重要功能的成本

【解题要点】 当用价值工程进行造价控制时,F 表示功能的重要程度,C 表示投入在该功能上的成本,V 表示功能与成本的匹配程度。因此,当 $V<1$ 时,表示在某功能上投入的成本过高,必须降低成本,或提高工程水平;当 $V>1$ 时,表示某功能投入的成本不足,若是重要功能,则应该提高成本,若功能不重要,可以不做改变。

答案:ABD

【4-19】 设计概算编制方法中,可以不做改变的是(　　)。

A. 概算定额法　　B. 设备价值百分比法

C. 概算指标法　　D. 综合吨位指标法

E. 类似工程预算法

【解题要点】 照明工程的概算属于建筑单位工程概算,其常用的方法有概算定额法、概算指标法、类似工程预算法。如果将照明工程错当做安装工程来考虑,就会得到错误答案。

答案:ACE

【4-20】 审查施工图预算和重点,应关注(　　)。

A. 预算的编制深度是否适当　　B. 预算单价套用是否正确

C. 设备材料预算价格取定是否合理　　D. 费用标准是否符合现行规定

E. 技术经济指标是否合理

【解题要点】 审查施工图预算的重点应该放在工程量计算、预算单价套用、设备材料预算价格取定是否正确,各项费用标准是否符合现行规定等方面。

答案:BCD

本章小结

工程造价控制贯穿于项目建设全过程，而设计阶段的工程造价控制是整个工程造价控制的龙头。

为了提高工程建设投资效果，从选择建设场地和工程总平面布置开始，直至建筑节点的设计，都应进行多方案比选，从中选取技术先进、经济合理的最佳设计方案。工程设计的整体性原则要求我们必须从整体上优化设计方案。通过设计招标和设计方案竞选，运用价值工程，推广标准化设计，采用限额设计等方法优化设计方案，最后通过优化设计进行造价控制。

设计概算可分为单位工程概算、单项工程综合概算和建设项目总概算三级。单位建筑工程概算的编制方法有概算定额法、概算指标法、类似工程预算法。

施工图预算有单位工程预算、单项工程预算和建设项目总预算。施工图预算的编制可以采用工料单价法和综合单价法。

练习四

一、单项选择题

1. 住宅小区规划设计中节约用地的主要措施有(　　)。

A. 压缩建筑面积　　B. 提高住宅层数或高低层搭配

C. 适当减少房屋长度　　D. 降低公共建筑的层数

2. 某厂区建筑占地面积 10 000 m^2，建筑系数 0.8，厂区道路占地面积 120 m^2，工程管网占地面积 100 m^2。则该项目土地利用系数为(　　)。

A. 0.8　　B. 0.022　　C. 0.817 6　　D. 0.978 4

3. 某新建企业有两个设计方案。方案甲总投资 4 000 万元，年经营成本 500 万元，年产量为 2 000 件；方案乙总投资 1 500 万元，年经营成本 400 万元，年产量 1 000 件。当行业的标准投资效果系数小于(　　)时，甲方案优。

A. 1/2　　B. 1/5　　C. 3/10　　D. 3/20

4. 在工业厂房中，(　　)单位面积造价越小。

A. 层数越低　　B. 层数越高

C. 单跨厂房当柱距不变时，跨度越大　　D. 相同建筑面积厂房，层数越高

5. 某企业为扩大生产规模，有三个设计方案：方案 1 是改建现有工厂，一次性投资 2 600 万元，年经营成本 800 万元；方案 2 是建新厂，一次性投资 4 000 万元，年经营成本 700 万元；方案 3 是扩建现有工厂，一次性投资 5 000 万元，年经营成本 680 万元。三方案寿命期相同，所在行业的标准投资效果系数为 10%，用计算费用法选择出的最优方案为(　　)。

A. 方案 1　　B. 方案 2　　C. 方案 3　　D. 无法判断

6. 下列对多指标评价法中多指标综合评分法理解正确的是(　　)。

A. 该方法是目前采用比较多的一种方法

B. 可通过各种技术经济指标定性或定量直接反映方案技术经济性能的主要方面

C. 由于分值是相对的,因而该方法不能直接判断各方案的各项功能实际水平

D. 该方法缺点是容易出现不同指标的评价结果相悖的情况,使分析工作复杂化

7. 下列对运用价值工程优化设计方案的阐述,正确的是(　　)。

A. 价值工程在设计阶段工程造价控制中的应用程序为:功能分析—功能评价—方案创新—方案评价

B. 价值工程在新建项目设计方案优选中的应用程序为:对象选择—功能分析—功能评价—分配目标成本—方案创新及评价

C. 对象选择可以应用 ABC 分析法,C 类成本比重大,品种数量少,应作为实施价值工程的重点

D. 功能评价时价值系数小于 1 的,应该在功能水平不变的条件下降低成本,或在成本不变的条件下,提高功能水平

8. 下列对工业项目设计中影响工程造价的主要因素阐述,正确的是(　　)。

A. 总平面设计中影响工程造价的因素:建筑物平面形状和周长系数,层高和净高,层数

B. 工艺设计过程中影响工程造价的因素:占地面积、功能分区、运输方式的选择

C. 建筑设计中影响工程造价的因素:平面形状、流通空间、层高、层数、柱网布置、建筑物的体积和面积、建筑结构

D. 环境设计中影响工程造价的主要因素:占地面积、建筑群体的布置形式

9. 原设计用煤渣打一地坪,造价 60 万元以上,后经分析用某工程废料代替煤渣,既保持了原有的坚实的功能,又节省投资 20 万元。根据价值工程原理,这体现了提高价值的(　　)的途径。

A. 功能提高,成本不变　　B. 功能不变,成本降低

C. 功能和成本都提高,但功能提高幅度更大　　D. 功能提高,成本降低

10. 某建设项目有四个方案,其评价指标如下表,根据价值工程原理,最好的方案是(　　)。

	甲	乙	丙	丁
功能评价总分	12.0	9.0	14.0	13.0
成本系数	0.22	0.18	0.35	0.25

A. 甲　　B. 乙　　C. 丙　　D. 丁

11. 下列哪个指标是反映建筑布置、平面设计与用地之间关系的重要指标(　　)。

A. 居住建筑净密度　　B. 居住面积密度

C. 居住建筑面积密度　　D. 建筑毛密度

12. 当初步设计深度不够、不能准确地计算出工程量但工程设计技术比较成熟而又有

类似工程概算指标可以利用时，编制建筑工程概算通常使用的方法是（　　）。

A. 概算定额法　　B. 概算指标法

C. 类似工程预算法　　D. 扩大单价法

13. 建筑工程虽然有建筑面积和高度的不同，但是它们各个分部分项工程量、造价、用工量在每个单位面积上的数值变化不大，这为（　　）应用提供了依据。

A. 重点抽查法　　B. 筛选审查法

C. 对比审查法　　D. 分解对比审查法

14. 在限额设计过程中，进行施工图设计应把握的标准是（　　）。

A. 工期标准和造价标准　　B. 质量标准和范围标准

C. 质量标准和风险标准　　D. 质量标准和造价工程

15. 下列对单项工程综合概算的理解，正确的是（　　）。

A. 单项工程综合概算是编制单位工程概算的依据

B. 单项工程综合概算按工程性质分为基础建设概算和更新改造项目概算

C. 它是确定整个建设项目从筹建到竣工交付使用所预计花费的全部费用的文件

D. 单项工程综合概算表的结构形式与总概算表是相同的

16. 设计三级概算是指（　　）。

A. 项目建议书概算、初步可行性研究概算、详细可行性研究概算

B. 投资概算、设计概算、施工图概算

C. 总概算、单项工程综合概算、单位工程概算

D. 建筑工程概算、安装工程概算、装饰装修工程概算

17. 下列有关运用寿命周期成本理论优化设备造型的阐述，正确的是（　　）。

A. 寿命周期成本评价是一种技术与经济有机结合的方案评价方法

B. 它主要考虑项目的功能水平与实现功能的建筑成本之间的关系

C. 评价时需要计算各方案的技术寿命，作为分析的计算期

D. 费用效率较小的方案较优

18. 已知甲、乙、丙、丁四个方案的功能系数和成本系数如下表所示，则最优的方案是（　　）。

	甲	乙	丙	丁
功能系数	0.25	0.27	0.22	
成本系数		0.28	0.23	0.26

A. 甲　　B. 乙　　C. 丙　　D. 丁

19. 对施工图预算审查的重点内容是（　　）。

A. 工程量、采用的定额或指标、其他有关费用

B. 采用的定额或指标、预算单价的套用、材料的差价

C. 工程量、预算单价套用、其他有关费用

D. 工程量、采用的定额或指标、预算单价的套用

20. 限额设计指标经项目经理或总设计师提出，经主管院长审批下达，其总额度一般只

下达直接工程费的(　　)。

A. 70%　　B. 60%　　C. 80%　　D. 90%

21. 下列对限额设计的阐述,正确的是(　　)。

A. 纵向控制是指对设计单位及其内部各专业、科室及设计人员进行考察,实施奖惩,进而保证设计质量的一种控制方法

B. 横向控制是指按照限额设计过程从前往后依次进行控制

C. 进行施工图设计应把握两个标准,一是质量标准,一是数量标准,并应做到两者协调一致,相互制约

D. 对非发生不可的设计变更,应尽量提前,以减少变更对工程造成的损失

22. 影响居住面积密度的主要因素是(　　)。

A. 房屋间距　　B. 层高　　C. 层数　　D. 房屋排列方式

23. 关于施工图预算编制,对工料单价法理解正确的是(　　)。

A. 该方法是目前施工图预算普遍采用的方法

B. 工料单价即分项工程全费用单价,也就是工程量清单的单价

C. 该方法是目前设计概算编制普遍采用的方法

D. 该方法的计算与预算定额无关

24. 筛选审查法的优点包括(　　)。

A. 简单易懂,便于掌握,审查速度和发现问题快

B. 重点突出,审查时间短、效果好

C. 全面、细致,经审查的工程预算差错比较少,质量比较高

D. 时间短、效果好、好定案

25. 在民用住宅的层数选择问题上,下列说法正确的是(　　)。

A. 层数越多,单位造价就越低

B. 层数越多,在单位面积上所分摊的地坪和屋盖的造价越少

C. 层数越接近于 6 层,相邻层次间单位造价的差值也越大

D. 6 层以内住宅,层数越多,单位造价越多

26. 在民用建筑设计的评价指标中,衡量层高的指标是(　　)。

A. 建筑周长指标　　B. 建筑体积指标

C. 面积定额指标　　D. 平面系数

27. 某桥式起重机净重 6 t,每吨设备安装费指标为 200 元,其中人工费为 60 元/t,则该桥式起重机安装费及其中的人工费为(　　)元。

A. 840 260　　B. 1 560 360

C. 1 200 360　　D. 1 200 840

28. 采用预算单价法编制设备安装工程概算的条件是(　　)。

A. 初步设计较深,有详细的设备清单

B. 初步设计深度不够,设备清单不完备

C. 只有设备出厂价,无详细规格、重量

D. 初步设计提供的设备清单有规格、重量

29. 施工图预算在审查屋面工程时,应重点审查(　　)。

A. 墙基和墙身的划分是否符合规定
B. 现浇与预制构件是否分别计算，有无混淆
C. 室内外排水管道、暖气管道的划分是否符合规定
D. 卷材屋面工程是否与屋面找平层工程量相等

二、多项选择题

1. 较常用的审查设计概算的方法有（　　）。
A. 对比分析法
B. 查询核实法
C. 标准预算审查法
D. 重点抽查法
E. 联合会审法

2. 下列对技术设计的理解，正确的是（　　）。
A. 这是设计过程中的一个关键性阶段，也是整个设计构思基本形成的阶段
B. 此阶段主要是通过图纸，把设计者的意图和全部设计结果表达出来，作为施工制作的依据
C. 根据技术设计提不出设备订货明细表
D. 对于不太复杂的工程，技术设计阶段可以省略，将其工作的一部分纳入初步设计，另一部分纳入施工图设计阶段进行
E. 技术设计阶段对投资的影响约为40%

3. 工业项目建筑设计评价指标主要包括（　　）。
A. 单位面积造价
B. 建筑物周长与建筑面积比
C. 厂房展开面积
D. 厂房有效面积与建筑面积比
E. 工程建筑成本

4. 审查施工图预算的方法有（　　）。
A. 综合审查法
B. 类似审查法
C. 筛选审查法
D. 全面审查法
E. 分组计算审查法

5. 采用重点抽查法审查施工图预算，审查的重点有（　　）。
A. 编制依据
B. 工程量在造价高、结构复杂的工程概算
C. 补充单位估价表
D. 各项费用的计取
E. "三材"用量

6. 下列可以作为设计概算和施工图预算编制的共同依据是（　　）。
A. 国家有关工程建设和造价管理的法律、法规和方针政策
B. 批准的建设项目的设计任务书
C. 现行的有关设备原价及运杂费率
D. 建设场地中的自然条件和施工条件
E. 施工图设计项目一览表

7. 在设计阶段，应用寿命周期成本理论的意义是（　　）。
A. 寿命周期成本评价可以消除项目风险

B. 寿命周期成本评价能够真正实现技术与经济的有机结合

C. 寿命周期成本为确定项目合理的功能水平提供了依据

D. 寿命周期成本评价可以使设备选择更科学

E. 寿命周期成本理论不适用于设备选择

8. 有甲、乙、丙、丁、戊五个零件，其有关数据如下表所示，根据价值工程原理，下列零件中成本过大、有改进潜力、是重点改进对象的是(　　)。

零件	功能重要性系数	现实成本
甲	0.27	7.00
乙	0.18	4.00
丙	0.18	2.00
丁	0.35	1.80
戊	0.02	0.5

A. 甲零件　　B. 乙零件　　C. 丙零件

D. 丁零件　　E. 戊零件

9. 下列关于民用项目设计评价，正确的是(　　)。

A. 居住建筑净密度是衡量用地经济性和保证居住区必要卫生条件的主要技术经济指标

B. 居住面积密度是反映建筑布置，平面设计与用地之间关系的重要指标

C. 建筑体积指标是衡量户型结构是否合理的指标

D. 面积定额指标用于控制设计面积

E. 户型比是用于衡量层高的指标

三、综合训练题

某市为改善越江交通状况，提出以下两个方案：

方案甲：在原桥的基础上加固、扩建。该方案预计投资 40 000 万元，建成后可通行 20 年，这期间每年需维护费 1 000 万元。每 10 年需进行一次大修，每次大修费用为 3 000 万元，运营 20 年后报废时没有残值。

方案乙：拆除原桥，在原址建一座新桥。该方案预计投资 120 000 万元，建成后可通行 60 年。这期间每年需维护费 1 500 万元。每 20 年需进行一次大修，每次大修费用为 5 000 万元，运营 60 年后报废时可回收残值 5 000 万元。

不考虑两方案的建设差异，基准收益率为 6%。

主管部门聘请专家对该桥应具备的功能进行了深入的分析，认为应从 F_1、F_2、F_3、F_4、F_5 共 5 个方面进行功能评价。表 1 是专家采用 0－4 评分法对 5 个功能进行评分的部分结果，表 2 是专家对两个方案的 5 个功能的评分结果。

表 1　功能评分表

功能	F_1	F_2	F_3	F_4	F_5	得分	权重
F_1	×	2	3	4	4		
F_2		×	3	4	4		

（续表）

功能	F_1	F_2	F_3	F_4	F_5	得分	权重
F_3			×	3	4		
F_4				×	3		
F_5					×		
合计							

表 2　功能评分结果表

功能＼方案	方案甲	方案乙
F_1	6	10
F_2	7	9
F_3	6	7
F_4	9	8
F_5	9	9

问题：

(1) 在表 1 中计算各功能的权重(计算结果保留三位小数)。

(2) 列式计算两方案的年费用(计算结果保留两位小数)。

(3) 若采用价值工程方法对两方案进行评价，分别列式计算两方案的成本指数(以年费用为基础)、功能指数、价值指数，并根据计算结果确定最终应入选的方案(计算结果保留三位小数)。

(4) 该桥梁未来将通过收取车辆通行费的方式收回投资和维持运营，若预计该桥梁的机动车年通行量不少于 1 500 万辆，分别列式计算两个方案每辆机动车的平均最低收费额(计算结果保留两位小数)。

计算所需系数如表 3 所示。

表 3　时间价值系数表

n	10	20	30	40	50	60
$(P/F,6\%,n)$	0.558 4	0.311 8	0.174 1	0.097 2	0.054 3	0.030 3
$(A/P,6\%,n)$	0.135 9	0.087 2	0.072 6	0.066 5	0.063 4	0.061 9

(注：扫描封面二维码获取全书习题答案。)

本章习题答案

第5章
招投标阶段工程造价控制

【内容提要与学习要求】

章节知识结构	学　习　要　求	权重
建设工程招标及招标控制价	熟悉建设项目招标的概念、范围、方式和程序；熟悉招标控制价和招标代理的概念与内涵	20%
建设工程投标及投标价	熟悉投标文件的内容要求、投标程序及投标报价文件的编制	20%
建设工程评标办法	掌握综合评分法确定中标单位的评标办法，掌握评标基准价计算法，掌握标底编制方法	25%
建设工程投标报价策略	掌握不平衡报价法，熟悉多方案报价法、突然降价法、相似程度估价法等报价策略	25%
建设工程合同价款的确定	熟悉总价合同、单价合同、成本加酬金合同和设备及材料合同价款的确定方法	10%

【章前导读】

某大学教学楼工程，总建筑面积31 000 m^2，五层框架结构，基础形式为柱下独立基础和预应力管桩基础，檐口高度为21.25 m，招标控制价4 800万元，中标价4 100万元。该工程于2007年7月招标，2007年9月开工。开工后，人工及材料价格涨幅较大，施工方提出调增材料价格，并且要求所有子目人工、材料按消耗量标准含量来进行调差。造价师进行材料调差审核时，发现施工方为了达到中标的目的，对部分定额子目中的人工、材料的含量进行了调减处理。通过查看施工组织设计和现场施工工艺，了解到原清单中的特征描述与工作内容没有变更，施工方改变子目中的人工、材料含量，是不平衡报价，该风险属于价格风险，应由施工方承担减少的含量，不予调增。应根据合同约定的调价方法，按投标报价中的人工、材料含量进行调差。因此，作为招标人，要及时掌握主要材料的价格动态，并在招标文件中明确主要材料价格的调整方法；对施工方报价的审核，重点审查综合单价的合理性。

5.1 建设工程招标与招标控制价

5.1.1 建设工程招标范围

根据《中华人民共和国招标投标法》,凡在中华人民共和国境内进行下列工程建设项目,包括项目的勘察、设计、施工、监理以及与工程建设有关的重要设备、材料等的采购,必须进行招标。

5.1.1.1 大型基础设施、公共事业等关系社会公共利益、公众安全的项目

关系社会公共利益、公众安全的基础设施项目的范围包括能源、交通运输、水利、生态环境保护项目、城市设施和其他基础设施项目。

关系社会公共利益、公众安全的公用事业项目的范围包括供水(电、气、热)等市政工程项目,科教文卫体等项目,商品住宅(包括经济适用住房)和其他公用事业项目。

5.1.1.2 全部或者部分使用国有资金投资或者国家融资的项目

使用国有资金投资项目的范围包括使用各级财政预算资金的项目;使用纳入财政管理的各种政府专项建设基金的项目;使用国有企业事业单位自由资金,并且国有资产投资者实际拥有控制权的项目。

国家融资项目的范围包括使用国家发行债券所筹资金的项目;使用国家对外借款或者担保所筹资金的项目;使用国家政策性贷款的项目;国家授权投资主体融资的项目和国家特许的融资项目。

5.1.1.3 使用国际组织或者外国政府贷款、援助资金的项目

使用国际组织或者外国政府贷款、援助资金项目的范围包括使用世界银行、亚洲开发银行等国际组织贷款资金的项目;使用外国政府及其机构贷款资金的项目;使用国际组织或者外国政府援助资金的项目。

上述规定范围内的各类工程建设项目,包括项目的勘察、设计、施工、监理以及与工程建设有关的重要设备、材料等的采购。达到下列标准之一者,必须进行招标:

(1) 单项合同估算价在 200 万元人民币以上的;

(2) 重要设备、材料等货物的采购,单项合同估算价在 100 万元人民币以上的;

(3) 勘察、设计、监理等服务的采购,单项合同估算价在 50 万元人民币以上的;

(4) 单项合同估算价低于前三项规定的标准,但项目总投资在 3 000 万元人民币以上的。

5.1.2　建设工程招标方式和程序

工程施工招标,主要采用公开招标和邀请招标。

5.1.2.1　公开招标

1. 公开招标方式

公开招标又称竞争性招标,是指招标人在报刊、电子网络或其他媒体上以招标公告的方式邀请不特定的法人或其他组织投标,从中择优选择中标单位的招标方式。公开招标有助于打破垄断,公平竞争,获得质优价廉的标的,但另一方面,其耗时长、耗费大。

2. 公开招标程序

公开招标的一般程序:

(1) 申请批准招标;

(2) 准备招标文件(包括编制标底),发布招标公告;

(3) 按规定日期接受潜在投标人编制的资格预审文件,并组织进行审查;

(4) 确定参加投标的单位,发售招标文件,收取投标保证金;

(5) 组织投标单位现场踏勘,召开标前会进行答疑;

(6) 接受投标单位递送的标书,公开开标;

(7) 由评标委员会负责评标并推荐中标候选单位;

(8) 向行政主观部门提交招标投标情况的书面报告;

(9) 确定中标单位,发出中标通知书,并将中标结果通知所有投标人,退还投标保证金;

(10) 进行合同谈判,并与中标人订立书面合同。

5.1.2.2　邀请招标

1. 邀请招标方式

邀请招标也称有限竞争性招标或选择性招标,指招标单位以投标邀请书的方式邀请特定的法人或者其他组织投标。一般选择3～10个符合本工程施工资质要求、工程质量及企业信用好的施工企业参加投标。但需注意:招标单位发出招标邀请书后,被邀请的施工企业可以不参加投标;而施工企业在收到投标邀请书后,招标单位不得以任何借口拒绝被邀请单位参加投标,否则以此造成的包括经济赔偿在内的损失应由招标单位承担。

2. 邀请招标程序

邀请招标程序与公开招标程序基本相同。

5.1.3　招标代理的要求

为提高政府投资效益,加强对中央投资项目招标代理机构的监督管理,规范招标代理行为,提高招标代理质量,防止腐败行为,根据《中华人民共和国招标投标法》、《中华人民共和国招标投标法实施条例》、《国务院关于投资体制改革的决定》以及相关法律法规,发改委发布了《中央投资项目招标代理资格管理办法》。我国对招标代理主要有以下几点要求:

(1) 招标代理机构的资格依照法律和国务院的规定,由有关部门认定。

(2) 招标代理机构应当拥有一定数量的取得招标职业资格的专业人员。取得招标职业资格的具体办法由国务院人力资源社会保障部门会同国务院发展改革部门制定。

(3) 招标代理机构在其资格许可和招标人委托的范围内开展招标代理业务,任何单位和个人不得非法干涉。招标代理机构代理招标业务,应当遵守招标投标法和本条例关于招标人的规定。招标代理机构不得在所代理的招标项目中投标或者代理投标,也不得为所代理的招标项目的投标人提供咨询。招标代理机构不得涂改、出租、出借、转让资格证书。

(4) 招标人应当与被委托的招标代理机构签订书面委托合同,合同约定的收费标准应当符合国家有关规定。

5.1.4 招标控制价

5.1.4.1 招标控制价的概念

《建设工程工程量清单计价规范》(GB 50500—2013)第 4.2.1 条规定:"国有资金投资的工程项目应实行工程量清单招标,并应编制招标控制价。招标控制价超过批准的概算时,招标人应将其报原概算审批部门审核。投标人的投标报价高于招标控制价的,其投标应予以拒绝。"第 4.2.8 条规定:"招标控制价应在招标时公布,不应上调或下浮,招标人应将招标控制价及有关资料报送工程所在地工程造价管理机构备案。"

国有资金投资的工程在进行招标时,根据《中华人民共和国招标投标法》第二十二条二款的规定:"招标人设有标底的,标底必须保密。"实行工程量清单招标后,由于招标方式的改变,标底保密这一法律规定已不能起到有效遏止哄抬标价的作用,我国有的地区和部门已经发生了在招标项目上所有投标人的报价均高于标底的现象,致使中标人的中标价高于招标人的预算,对招标工程的项目业主带来了困扰。因此,为有利于客观、合理地评审投标报价和避免哄抬标价,造成国有资产流失,招标人应编制招标控制价,以招标控制价作为招标人能够接受的工程的最高交易价格。

当前,在清单计价模式推广应用下,招标控制价已逐步取代标底。招标控制价与标底价的区别在于:

(1) 标底是限定了招标工程的最低价,投标人投标报价低于标底价百分之多少时,则可认为是废标;而招标控制价则是限定了招标工程的最高价格,投标人投标报价若高于招标控制价,则其投标可以作废标处理。

(2) 标底必须保密,而招标控制价则是公开的,随着招标文件一起发给所有的潜在投标人。

5.1.4.2 招标控制价的编制依据

(1)《建设工程工程量清单计价规范》(GB 50500—2013);

(2) 国家或省级、行业建设主管部门颁发的计价定额和计价办法;

(3) 建设工程设计文件及相关资料;

(4) 招标文件中的工程量清单及有关要求;

(5) 与建设项目相关的标准、规范、技术资料;

(6) 工程造价管理机构发布的工程造价信息,工程造价信息没有发布的参照市场价;

(7) 其他相关资料。

5.1.4.3 招标控制价的内容

见第二章第二节清单计价依据相应内容。

5.2 建设工程投标及投标价

5.2.1 建设工程投标的主要内容与程序

投标是指投标人响应招标,向招标人提交投标文件,希望中标的意思表示。投标是获取工程施工承包权的主要手段,但施工企业一旦提交投标文件,就必须在规定的期限内信守承诺,否则投标人需承担相应的法律和经济责任。

5.2.1.1 施工投标文件的内容

施工投标文件主要内容如下:

(1) 投标函及投标人的正式报价信。

(2) 施工组织设计或者施工方案,包括总平面布置图,主要施工方法,机械选用,施工进度安排,保证工期、质量及安全的具体措施,拟投入的人力、物力,并注写项目负责人,项目技术负责人的职务、职称、工作简历等。

(3) 投标报价,说明报价总金额中未包含的内容和要求招标单位配合的条件,应写明项目、数量、金额和未予包含的理由。对招标单位的要求也要具体明确地写明。

(4) 对招标文件的确认或提出新的建议。

(5) 降低造价的建议和措施说明。

(6) 招标文件要求提供的其他资料。

5.2.1.2 工程施工投标的主要程序

(1) 通过招标公告,把握业主的资信及工程的相关信息,选择投标项目。

(2) 组成投标工作小组。

(3) 领取或购买招标文件,并熟悉和研讨招标文件。

(4) 踏勘施工现场,参加招标单位组织的答疑会。

(5) 编制施工组织设计和投标报价。

(6) 研究和确定投标策略,调整投标报价。

(7) 确认合同主要条款,编写投标书综合说明。

(8) 审核投标书后,按规定时间送达指定地点。

(9) 参加开标会议，解答投标文件中不明确的内容。

(10) 收到中标通知书，签订工程承包合同。

5.2.2 投标价

5.2.2.1 投标价的概念

投标价也称报价，投标价的控制是施工单位编制投标文件的一项重要内容之一，直接决定了施工单位是否中标。

5.2.2.2 投标价内容

一般应包括以下内容：

(1) 报价编制单位，编制人资格证章。

(2) 报价编制说明。

(3) 报价计算表，包括分部分项工程项目、直接费计算表、工料分析表、材料价格调整表、费用计算表等。若采用工程量清单计价方式，则包括单位工程投标报价汇总表、分部分项工程量清单与计价表、措施项目清单与计价表、其他项目清单与计价表、暂列金额明细表、专业工程暂估价表、计日工表、规费和税金项目清单与计价表、工程量清单综合单价分析表等。

(4) 主要材料用量汇总表。

5.2.2.3 投标价的编制步骤

报价的编制方法与标底的编制方法基本相同。其编制步骤如下：

(1) 做好准备工作：首先要熟悉、研究招标文件，掌握市场信息，广泛搜集资料，了解竞争对手，进行实地踏勘工作。

(2) 计算或复核工程量：若采用定额计价方式，所划分的分部分项工程项目要与(概)预算定额中的项目一致。采用工程量清单计价方式，所划分的分部分项工程项目要与工程量清单计价规范中的项目一致。最后认真检查和复核，避免重算或漏算工程项目。

(3) 确定工程单价：在定额计价方式下，分项工程单价(基价)一般可以直接从计价定额、概算定额、单位估价表或单位估价汇总表中查得。但是各施工单位也可以根据自身的技术、管理水平等编制分项工程综合单价表，从而提高自己在投标中的竞争能力。

(4) 计算直接工程费：若采用定额计价，将工程量乘以分项工程单价汇总成单位工程直接费，再根据规定的取费等级计算其他直接费。若采用清单计价，将清单工程量乘以综合单价，然后汇总成分部分项工程量清单项目与计价表。

(5) 计算间接费：定额计价方式下，根据直接工程费和规定的费率计算间接费。清单计价方式下的综合单价将管理费和风险费也包含在内。

(6) 计算利润和税金：采用定额计价，将工程预算成本乘以利润率得利润；以成本与利润之和为基础乘以税率计算得出税金。而清单计价方式下，利润已包含在综合单价内。

(7) 在工程量清单计价方式下，还应计算措施项目清单费、其他项目清单费、规费等。

(8) 确定基础投标价和工程实际投标价：将上述费用汇总，构成该工程的基础投标价，再运用投标策略，调整有关费用，确定工程实际投标价。

将上述计算步骤的各种表格装订成册，汇总成投标报价书。

5.3 建设工程评标办法

标底价(招标控制价)与中标价有着直接的联系，标底价是建设单位的期望价格，招标控制价是设定的招标工程的最高价。不管是采用招标控制价还是标底价，作为招标人选择哪一家作为中标单位，并非是投标报价最低的就一定是中标人，也不一定是与标底(或招标控制价)最近的那一家为中标人。因此，投标人投标报价时不仅仅要考虑自己的投标报价，同时还需要考虑所有潜在投标人的投标报价对自己投标报价得分的可能影响程度。

当前，最常用的评标基准价往往是设定一个范围内的投标报价为有效投标报价，以所有的有效投价报价的算术平均值或是加权平均值作为基准价，各个投标人的投标报价与这个基准价相比，差距最小的为得分最高。

常见的评标办法有综合评分法等。

5.3.1 综合评分法

目前综合评分法一般分为两阶段评标：技术标和商务标。

技术标主要是对质量、工期和社会信誉等进行评分，商务标主要是对报价进行评分，两者总分最高的为中标单位。综合评分法排除了主观因素，因而各投标单位的技术标和商务标的得分均为客观得分。但是，这种"客观得分"是在主观固定的评标方法的前提下得出的，实际上不是绝对客观的。因此，当各投标单位的得分较为接近时，需要慎重决策。

《建设工程招标投标暂行规定》中指出：确定中标企业的主要依据是报价合理，能保证质量和工期，经济效益好，社会信誉高。

5.3.1.1 报价合理

报价合理主要是指报价与标底价较接近。报价一定是要在保证质量的前提下提出的价格，并不是越低越好。招标单位会规定报价的浮动范围，一般情况下，以不超出审定标底价的 5%为宜。

5.3.1.2 保证质量

投标单位提交的施工方案，在技术上应达到国家规定的质量验收规范的合格标准，所采用的施工方案和技术措施能满足建设工程的要求。招标单位如要求更高的工程质量，则应考虑施工单位能否保证这一目标的实现，同时也应考虑优质优价的因素，待中标后另行补充计算方法。

5.3.1.3 工期适当

建设工程应根据住房和城乡建设部颁发的工期定额确定并考虑采取技术措施和改进管理办法后可能压缩的工期。若招标工程有工期提前的要求，则投标工期应接近或少于标底所规定的工期。

5.3.1.4 社会信誉高

这项主要指投标单位过去的相关情况，包括执行承包合同的情况良好、承建类似工程的质量好、造价合理、工期适当、有较丰富的施工经验等。具体以企业资质、优质工程年竣工面积、上年度获得的荣誉称号、上两年度获"鲁班奖"等工程质量奖、上年度安全生产情况、工程项目班子业绩、项目班长管理水平等为指标，进行定量分析，加权平均后汇总计算。

5.3.1.5 评标、定标步骤

1. 确定评标、定标目标

评标、定标目标是指综合评分法的具体计算项目。某些地区建设工程施工招标评标实施办法中规定，以工程报价合理、工期适当、工程质量好、企业信誉好四方面为评标、定标目标。

2. 评标、定标目标的量化

对于"工程报价合理、工期适当、工程质量好、企业信誉好"等这样的目标在评分时主观因素较大，为了更好地在操作中把握这些目标，一般要进一步地对这些目标进行量化。评标、定标量化指标计算方法见表 5-1。

表 5-1 评标、定标目标量化指标计算方法

评标、定标目标	量化指标	计算方法
工程报价合理程度	相对报价 X_p	X_p=报价/标底价 一般情况下，当 $\lvert X_p-1\rvert \leqslant 5\%$ 时才有效，否则为废标；有的项目，会提出 X_p 的 100 分值，然后在此基础上根据变化的幅度相应地加减分
工期适当	工期缩短 X_t	X_t=(招标工期－投标工期)/招标工期 有的项目会提出总工期要求，在此基础上每提前 1 个月进行加分，超过总工期的为废标；有的地区是将工期缩短 10%定为 100 分，超过招标工期或低于 10%取消资格；投标工期在 90%～100%之间扣分
工程质量好	优质工程率 X_q	X_q=上两个年度优质工程竣工面积/上两个年度承包工程竣工面积 有的业主会直接提出对施工单位自报工程质量的优劣来进行打分，若未达到则按合同价款的比率扣取一定的金额

（续表）

<table>
<tr><th>评标、定标目标</th><th>量化指标</th><th colspan="3">计　算　方　法</th></tr>
<tr><td rowspan="10">企业信誉好</td><td rowspan="10">企业信誉
X_n
（一般根据企业或施工单位过去的相关情况进行评定）</td><td>项目</td><td>等级</td><td>分值</td></tr>
<tr><td rowspan="3">企业资质 X_1</td><td>特级</td><td>X_4</td></tr>
<tr><td>一级</td><td>X_5</td></tr>
<tr><td>二级及以下</td><td>X_6</td></tr>
<tr><td rowspan="3">上两年度企业或荣誉称号 X_2</td><td>省部级</td><td>X_7</td></tr>
<tr><td>地市级</td><td>X_8</td></tr>
<tr><td>县级</td><td>X_9</td></tr>
<tr><td rowspan="3">上两年度工程质量奖 X_3</td><td>“鲁班奖”</td><td>X_{10}</td></tr>
<tr><td>省级奖</td><td>X_{11}</td></tr>
<tr><td>市级奖</td><td>X_{12}</td></tr>
</table>

注：以上是对某个项目和企业的四方面进行全面评价，不同地区不同项目评价标准不一样，以具体项目为准。

3. 确定各评标、定标量化指标的相对权重

不同的工程项目，由于对报价、质量、工期、信誉等方面的侧重点不同，各评标、定标的权重确定也不同。

对于经营性用房和生产性建筑来说，以工期为优先权重。因为若能提前完工，则能提前给业主带来经济效益，对有资金紧急的业主来说，还可以缓解业主一时的资金运转问题。例如：商品房若能提前建到预定的层数进行开盘，业主可以提前得到一笔资金进行下期的工程项目；宾馆若能提前营业，就会提前产生经济效益，缩短投资回收期，少付贷款利息等。

对于非经营性项目，如修筑公路、政府办公大楼等，可以侧重工程造价，尽量节约投资。而对一些公共性建筑物，如纪念性建筑、体育馆、展览馆等，应以工程质量为主，保证工程的观赏性，同时要确保工程的牢固、可靠。

因此，要根据项目的性质和类型来确定各自的指标权重。

某地区的一生产性建筑（汽车 4S 店厂房）项目确定的指标相对权重如表 5－2 所示。

表 5－2　南湖现代 4S 店项目各指标相对权重（%）

工程报价权重 T_1	工期权重 T_2	质量权重 T_3	企业信誉权重 T_4
25	35	25	15

若进行两阶段评分，还需进一步确定技术标和商务标的权重，将上述四方面分别按技术标和商务标算。如某一大型工程的技术标为 40 分，商务标为 60 分。

5.3.1.6　综合评价

分别按技术标和商务标的权重进行计算，最后将两种标的价加在一起进行综合评价。一般情况下，往往会对各指标规定一个上下限，超过这个界限会判定为废标，不能继续参加评标活动。

【例 5.3－1】 某大型工程，由于技术难度大，对施工单位的施工设备和同类工程施工经验要求高，而且对工期的要求也比较紧迫。业主要求投标单位将技术标和商务标分别装订报送。招标文件中规定采用综合评分法进行评标，具体的评标标准如下：

(1) 技术标共 30 分。

其中：施工方案 10 分(因已确定施工方案，各投标单位均得 10 分)、施工总工期 10 分、工程质量 10 分。满足业主总工期要求(36 个月)者得 4 分，每提前 1 个月加 1 分，不满足者为废标；业主希望该工程今后能被评为省优工程，自报工程质量合格者得 4 分，承诺将该工程建成省优工程者得 6 分(若该工程未被评为省优工程将扣罚合同价的 2%，该款项在竣工结算时暂不支付给承包商)，近 3 年内获"鲁班工程奖"每项加 2 分，获省优工程奖每项加 1 分。

(2) 商务标共 70 分。

报价不超过标底(35 500 万元)的 105%者为有效标，超过者为废标。报价为标底的 98%者得满分(70 分)，在此基础上，报价比标底每下降 1%，扣 1 分，每上升 1%，扣 2 分(计分按四舍五入取整)。

各投标单位的有关情况列于表 5－3。

表 5－3 投标参数汇总表

投标单位	单位(万元)	总工期(月)	自报工程质量	鲁班工程奖	省优工程奖
A	35 642	33	优良	1	1
B	34 364	31	优良	0	2
C	33 867	32	合格	0	1

请按综合得分者最高者中标的原则确定中标单位。

解：(1) 计算各投标单位的技术标得分，见表 5－4。

表 5－4 技术标得分计算表

投标单位	施工方案	总工期	工程质量	合计
A	10	4＋(36－33)×1＝7	6＋2＋1＝9	26
B	10	4＋(36－31)×1＝9	6＋1×2＝8	27
C	10	4＋(36－32)×1＝8	4＋1＝5	23

(2) 计算各投标单位的商务投标分，见表 5－5。

表 5－5 商务标得分计算表

投标单位	报价(万元)	标价与标底的比例(%)	扣分	得分
A	35 642	35 642/35 500＝100.4	(100.4－98) ×2≈5	70－5＝65
B	34 364	34 364/35 500＝96.8	(98－96.8)×1≈1	70－1＝69
C	33 867	33 867/35 500＝95.4	(98－95.4)×1≈3	70－3＝67

(3) 计算各投标单位的综合得分，见表5-6。

表5-6　综合得分计算表

投标单位	技术标得分	商务标得分	综合得分
A	26	65	91
B	27	69	96
C	23	67	90

因为B公司综合得分最高，故选择B公司为中标单位。

5.3.2　评标基准价

该方法主要根据各有效投标报价的算术平均值来确定工程标底价。其主要思路：根据编制的工程标底确定“有效标”(一般在工程标底价的一定范围内，如标底价的5%)。然后将这些有效报价的算术平均值作为实施标底价，将最接近实施标底价的投标价作为中标价，或者以实施标底价为依据计算报价分值。该方法有效地提高了工程标底、报价的保密性，维护了招投标工作的客观公正性。

【例5.3-2】 某工程采用公开招标方式，有A、B、C、D、E五家承包商参加投标，按照工程招标文件的要求，编制出工程标底价为13 530万元。报价在标底价的105%内为有效标。各投标单位报价如表5-7所示。

表5-7　投标单位报价表

投标单位	A	B	C	D	E	标底
报价	13 600	11 108	13 098	13 241	14 125	13 530

解：(1) 筛选有效工程报价。

A：$|13\,600\div13\,530-1|\times100\%\approx0.52\%<5\%$ (√)；

B：$|11\,108\div13\,530-1|\times100\%\approx17.9\%>5\%$ (×)；

C：$|13\,098\div13\,530-1|\times100\%\approx3.19\%<5\%$ (√)；

D：$|13\,241\div13\,530-1|\times100\%\approx2.14\%<5\%$ (√)；

E：$|14\,125\div13\,530-1|\times100\%\approx4.4\%<5\%$ (√)。

由此可知，A、C、D、E为有效标，B为无效标。

(2) 计算实施标底价(有效报价的算术平均值)。

实施标底价$=\sum$有效投标价÷有限投标价个数$=(13\,600+13\,098+13\,241+14\,125)\div4=13\,516$(万元)。

(3) 计算最接近标底价的工程报价顺序。

该工程报价顺序可以根据有效投标价与实施标底价的差额绝对值进行比较，排名按绝对值由小到大的顺序排列；也可以根据有效投标价与实施标底价的倍数进行比较，该倍数越接近1排名越靠前。具体计算如下：

A：$|13\,600-13\,516|=84$；

B：$|13\,098-13\,516|=418$；

C：｜13 241－13 516｜＝275；

D：｜14 125－13 516｜＝609。

由于A＜C＜B＜D，所以最接近标底价的顺序为A、C、B、D。A投标单位的工程报价最接近实施标底价。

5.3.3 工程单价法编制标底价

工程单价法编制标底价主要是根据招标工程的工程量清单，分别确定每个分项工程的完全工程单价后，再计算出工程标底价的方法。完全工程单价也称为分项工程单价，若采用定额计价方式，其包括分项工程的直接工程费、间接费、利润和税金等费用；若采用清单计价方式，分项工程单价包括工程量清单费、措施项目费、其他项目费、规费和税金。在定额计价方式下，其计算公式为

分项工程单价＝单位分项工程直接费(基价)×(1＋间接费费率)×(1＋利润率)×(1＋税率)

【例5.3-3】 根据某省建筑工程消耗定额及统一基价表(表5-8)，编制现浇C20混凝土构造柱和C20有梁板两个分项工程单价。

根据《湖北省住房和城乡建设厅文件》鄂建文[2011]80号文件，综合人工费调整为59元/工日。

C20碎石40混凝土：177.44元/ m^3；

C20碎石20混凝土：191.98元/ m^3；

水：2.12元/ m^3；

零星材料：1.00元；

500 L滚筒式混凝土搅拌机：146.93元/台班；

插入式混凝土振捣器：13.25元/台班；

间接费费率：11.3%；

利润率：5.35%；

税率：3.41%。

表5-8 建筑工程结构定额摘录表 $10\ m^3$

定额编号			A3-25	A3-43
项目		单位	构造柱	有梁板
人工	综合工日	工日	27.620	15.190
材料	现浇混凝土C20碎石40	m^3	10.150	—
	现浇混凝土C20碎石20	m^3	—	10.150
	水	m^3	11.000	16.000
	零星材料	—	4.520	60.300
机械	滚筒式混凝土搅拌机500 L	台班	0.630	0.630
	混凝土振捣器 插入式	台班	1.250	1.250

解：(1) 现浇C20混凝土构造柱分项工程单价计算。

$$单位分项工程直接费=(27.620\times59+10.150\times177.44+11.000\times2.12+4.520\times1.00+0.630\times146.93+1.250\times13.25)\div10\approx356.76(元/m^3)$$

$$构造柱分项工程单价=356.76\times(1+11.3\%)\times(1+5.35\%)\times(1+3.41\%)\approx432.58(元/m^3)$$

(2) C20有梁板分项工程单价计算。

$$单位分项工程直接费=(15.190\times59+10.150\times191.98+16.000\times2.12+60.300\times1.00+0.630\times146.93+1.250\times13.25)\div10\approx304.82(元/m^3)$$

$$有梁板分项工程单价=304.82\times(1+11.3\%)\times(1+5.35\%)\times(1+3.41\%)\approx369.60(元/m^3)$$

以上计算了两个项目的分项工程单价，当已知某招标工程的工程量清单中列出了构造柱为65.50 m^3、有梁板为86.62 m^3时，便可计算这两个分项工程的工程造价：

现浇C20混凝土构造柱工程造价=65.50×432.58=28 333.99(元)

C20有梁板工程造价=86.62×369.60≈32 014.75(元)

依次类推，求出该工程中各分项工程造价后便可得到单位工程投标报价。

除了以上三种方法外，在实际生活中投标单位还经常用到"不低于工程成本的合理标底"、"算术平均投标报价后再与标底价加权平均确定中标价"、"异地编制标底"、"先分后合法"、"用工程主材费控制标底"等方法确定标底。

5.4 建设工程投标报价策略

施工企业的投标报价直接决定其中标与否，所以，对于投标单位应更好地掌握投标报价的控制方法和技巧。在实际生活中，承包商常用的投标技巧有不平衡报价法、多方案报价法、增加建议方案法、突然降价法、相似程度估价法、面积系数法、用企业定额确定工程消耗量和预算成本法等。由于预算成本法和用企业定额确定工程消耗量这两种方法的编制步骤和工程单价法编制标底价的计算步骤类似，在此不再叙述，重点讲解前四种方法。

5.4.1 不平衡报价法

不平衡报价法主要目的是尽早获取工程预付款和进度款，增加流动资金数量；尽可能获得银行存款利息和减少贷款利息而获取额外利润。主要是指在总报价保持不变的前提下，对前期工程、工程量可能增加的工程(由于图纸深度不够)、计日工等，可将原估单价提高，反之则降低。但是，要注意单价调整时不能畸高畸低，一般情况下，单价调整幅度不宜超过±10%，只有对承包商具有特别优势的某些分项工程，才可适当增大调整幅度。

【例5.4-1】 某承包商参与某高层商用办公楼土建工程的投标(安装工程由业主另行

招标)。为了既不影响中标,又能在中标后取得较好的收益,决定采用不平衡报价法对原估价作适当调整,具体数字如表 5-9 所示。

表 5-9 报价调整前后对比表 万元

	桩基围护工程	主体结构工程	装饰工程	总价
调整前(投标估价)	1 480	6 600	7 200	15 280
调整后(正式估价)	1 600	7 200	6 480	15 280

现假设桩基围护工程、主体结构工程、装饰工程的工期分别为 4 个月、12 个月、8 个月,贷款月利率为 1%,通过计算投标估价为 13 265.45 万元。假设各分部工程每月完成的工作量相同且能按月度及时收到工程款(不考虑工程款结算所需要的时间)。(现值系数见表 5-10)

表 5-10 现值系数表

n	4	8	12	16
$(P/A,1\%,n)$	3.902 0	7.651 7	11.255 1	14.717 9
$(P/F,1\%,n)$	0.961 0	0.923 5	0.887 4	0.852 8

问题:

(1) 该承包商所运用的不平衡报价是否恰当?为什么?

(2) 采用不平衡报价后,该承包商所得工程款的现值比原估价增加多少?(以开工日期为折现点)?

解:

问题(1):恰当。因为该承包商是将属于前期工程的桩基围护工程和主体结构工程的单价调高,而将属于后期工程的装饰工程的单价调低,可以在施工的早期阶段收到较多的工程款,从而可以提高承包商所得工程款的现值;而且这三类工程单价的调整幅度均在+10%以内,属于合理范围。

问题(2):单价调整后的工程款现值。

桩基围护工程每月工程款:$A_1=1\ 600\div4=400$(万元);

主体结构工程每月工程款:$A_2=7\ 200\div12=600$(万元);

装饰工程每月工程款:$A_3=6480\div8=810$(万元)。

则,单价调整后的工程款现值:

$$
\begin{aligned}
PV &= A_1(P/A,1\%,4)+A_2(P/A,1\%,12)(P/F,1\%,4)+A_3(P/A,1\%,8)(P/F,1\%,16)\\
&=400\times3.902\ 0+600\times11.255\ 1\times0.961\ 0+810\times7.651\ 7\times0.852\ 8\\
&\approx1\ 560.80+6\ 489.69+5\ 285.55\\
&=13\ 336.04(\text{万元})
\end{aligned}
$$

调整后与调整前的差额:

$$PV-13\ 265.45=13\ 336.04-13\ 265.45=70.59(\text{万元})$$

因此,采用不平衡报价后,该承包商所得工程款的现值比原估价增加 70.59 万元。

5.4.2　多方案报价法、增加建议方案法和突然降价法

多方案报价法主要针对工程范围不很明确、条款不清楚或很不公正、技术规范要求过于苛刻的招标文件，则要在充分估计投标风险的基础上，按原招标文件报一个价，然后再提出，如果某条款做某些变动，报价即可降低多少，由此提出一个较低的价来吸引业主。

增加建议方案法是当在招标文件中规定可以提一个建议方案，即可以修改原设计方案，提出可以降低总造价、缩短工期或使工程运用更为合理的方案，但要对原方案也一定要报价。

突然降价法是针对竞争对手的，其运用的关键在于突然性，且需保证降价幅度在自己的承受能力范围之内。

多方案报价法和增加建议法都是针对业主的，是承包商发挥自己技术优势、取得业主信任和好感的方法。运用这两种报价技巧的前提均是必须针对原招标文件中的有关内容和规定报价，否则，即被认为对招标文件未作出“实质性响应”，从而被视为废标。

【例 5.4－2】 某承包商通过资格预审后，对招标文件进行了仔细分析，发现业主所提出的工期要求过于苛刻，且合同条款中规定每拖延 1 天工期罚合同价的 1‰。若要保证实现该工期要求，必须采取特殊措施，从而大大增加成本；还发现原设计结构方案采用框架剪力墙体系过于保守。因此，该承包商在投标文件中说明业主的工期要求难以实现，因而按自己认为的合理工期（比业主要求的工期增加 6 个月）编制施工进度计划并据此报价；还建议将框架剪力墙体系改为框架体系，并对这两种结构体系进行了技术经济分析和比较，证明框架体系不仅能保证工程结构的可靠性和安全性、增加使用面积、提高空间利用的灵活性，而且可以降低造价约 3％。

该承包商将技术标和商务标分别封装，在封口处加盖本单位公章和项目经理签字后，在投标截止日期前 1 天上午将投标文件报送业主。次日（即投标截止日当天）下午，在规定的开标时间前 1 小时，该承包商又递交了一份补充材料，其中申明将原报价降低 4％。

问题：

（1）该承包商运用了哪几种报价技巧？

（2）其运用是否得当？请逐一加以说明。

解：

问题（1）：该承包商运用了三种报价技巧，即多方案报价法、增加建议方案法和突然降价法。

问题（2）：多方案报价法运用不当。因为运用该报价技巧时，必须对原方案（本案例指业主的工期要求）报价，而该承包商在投标时仅说明了该工期要求难以实现，却并未报出相应的投标价。

增加建议方案法运用得当。通过对两个结构体系方案的技术经济分析和比较（这意味着对两个方案均报了价），论证了建议方案（框架体系）的技术可行性和经济合理性，对业主有很强的说服力。

突然降价法也运用得当。原投标文件的递交时间比规定的投标截止时间仅提前 1 天多，这既符合常理，又为竞争对手调整、确定最终报价留有一定的时间，起到了迷惑竞争对手

的作用。若提前时间太多，会引起竞争对手的怀疑，而在开标前 1 小时突然递交一份补充文件，这时竞争对手已不可能再调整报价了。

5.4.3 相似程度估价法

该方法是指利用已办竣工结算的资料估算投标工程造价的方法。该方法适用于报价时间紧迫、定额缺陷较多的建筑装饰工程，并且该投标工程要与类似工程的结构类型、施工方案、装饰材料及开间、进深、层高、建筑面积等特征要素都要基本相同。其计算公式为

投标工程估算造价 ＝ 投标工程建筑面积×类似工程每平方米造价×投标工程相似程度系数

【例 5.4－3】 已知某类似住宅工程的建筑面积为 2 000 m^2，每平方米造价为 346 元，主房间开间、进深、层高分别为 3.9 m、5.1 m 和 3.2 m；投标住宅工程的建筑面积为 2 300 m^2，主房间开间、进深、层高分别为 3.6 m、4.8 m 和 3.1 m。已知两种工程的地面、顶棚、墙面装饰材料单价，通过计算得出相似程度系数为 1.27，求投标工程的估算造价。

解：由投标工程估算造价 ＝ 投标工程建筑面积×类似工程每平方米造价×投标工程相似程度系数，可知投标工程估算造价 ＝2 300×346×1.27 ＝ 1 010 666.00(元)。

5.5 建设工程合同价款的确定

5.5.1 建设工程合同价款的确定

根据《中华人民共和国合同法》、《建设工程施工合同(示范文本)》等有关规定，招标人和中标人应当自中标通知书发出之日起 30 天内，按照招标文件和中标人的投标文件订立书面合同。工程合同价款的确定主要有以下三种方式：总价合同、单价合同和成本加酬金合同。

5.5.1.1 总价合同

总价合同又称为包干制，是指在合同中确定一个完成项目的总价，承包商据此完成项目全部内容的合同。当满足以下条件时可以采用这种方式：

(1) 设计图纸和规范详细、全面，投标者能够准确地计算工程量。

(2) 在合同条件允许范围内，投标人能够给承包商以各种必要的方便条件。

(3) 工程规模小、风险不大、工期不长、项目内容十分明确、技术不复杂。

总价合同分为固定总价合同、固定工程量总价合同和调值总价合同。这里主要讲固定总价合同。

固定总价合同是以一次包死的总价格委托，价格不随环境变化和工程量的增减而变化。因此，业主没有承担风险，承包商承担了全部的工作量和价格风险，从而报价中不可预见风险费用较高。通常只有设计变更或合同中规定的调价条件(如法律、相关政策)变化，才允许

调整合同价格。

5.5.1.2　单价合同

单价合同是指由项目业主单位或其招标代理人向投标单位的各承包商提供一套以某一具体工程“标的”的招标文件，让他们以工程量清单形式报价，业主和承包商共同承担风险。该类合同适用范围比较广，目前国际上采用工程量清单型单价合同方式较多。

单价合同是由于提供了工程量清单，业主评标时可以相互对比，有利于决定最优中标人。但是单价合同是以实测完成工程量为准，若实测工程量与预计数量不符，且超过一定限度时，承包商有权提出修改单价合同。而在项目实施过程中，若工程量发生了变化，工程条件也有了较大改变，业主也可按实际工程量支付承包商工程价款。

由上可知，若项目实施过程中大量增减内容，或工程量发生较大变化等，都会造成承包商的损失及引起合同纠纷和索赔。这也是单价合同存在的主要缺陷。

5.5.1.3　成本加酬金合同

成本加酬金合同是指业主向承包商支付实际成本(或可报销成本)并按事先约定的方式支付酬金的合同。该合同使用于工程内容和技术经济指标尚未完全确认、而又急于开工的工程或崭新的工程以及项目风险很大的工程。

该类合同业主需承担项目实际发生的全部费用和风险，承包商不承担风险但报酬也低。同时，业主对于这类合同不易控制总造价，承包商往往不注意降低项目成本。

【例 5.5 - 1】　某施工单位根据领取的某 2 000 平方米两层厂房工程项目招标文件和全套施工图纸，采用低报价策略编制了投标文件，并获得中标。该施工单位(乙方)于某年某月某日与建设单位签订了该工程项目的固定总价合同，工期为 10 个月。

问题：

(1) 该工程采用固定总价合同是否合适？试说明理由。

(2) 对实行工程量清单计价的工程，适宜采用何种类型？

解：问题(1)：从以上背景可知，该工程项目具有全套的施工图纸，工程量能够准确计算，规模不大，工期较短，技术不太复杂，合同总价较低且风险不大。因此，采用固定总价合同是合适的。

问题(2)：根据《建设工程工程量清单计价规范》的规定，对实行工程量清单计价的工程，宜采用单价合同方式。

5.5.2　设备、材料合同价款的确定

根据《工程建设项目招标范围和规模标准规定》的规定，重要设备、材料等货物的采购，单项合同估算价在 100 万元人民币以上的，必须进行招标。

在国内，当设备、材料采购的中标单位在接到中标通知后，应在规定的时间内与设备需方签订经济合同(一般由招标单位组织)，进一步确定合同价款。双方在中标通知书发出后均不得违约，否则均应承担一定的经济赔偿责任，赔偿金额不超过中标金额的 2%。

国际上设备、材料采购合同的合同价款的确定应与中标价格相一致，具体内容包括单

价、总价及与价格相关的运输费、保险费、仓储费、装卸费、税费、手续费和风险责任的转移等内容。设备、材料国际采购合同中常用的价格条件有离岸价(FOB)、到岸价格(CIF)、成本加运费价格(CFR)。在签订合同时需要认真磋商这些内容，然后最终确认。

【课堂练习】

【5-1】 某企业对一大型加工设备采购进行招投标为154万元，经过计算，该设备在运行20年后残值折合现金为42万元，其中需支出维护等各项费用46万元(已折现)。则该标书评标价为(　　)。

A. 156万元　　B. 200万元　　C. 114万元　　D. 158万元

【解题要点】 主要考查用全寿命周期费用评标价法来进行设备、材料采购评标。其计算公式为评标价＝投标价＋使用年限期内发生的各项费用－寿命期末设备的残值。计算各项费用和残值时，都应该按招标文件中规定的折现率折算成净现值。

答案：D

【5-2】 某中标单位提交履约担保，合同价格为200万元，则采用银行保函应承担的履约担保为(　　)万元，采用履约担保书为(　　)万元。

A. 10,10　　B. 20,10　　C. 10,20　　D. 20,30

【解题要点】 中标单位向招标单位提交履约担保可采用银行保函可履约担保书，履约担保比率为银行出具的银行保函为合同价格的5%，履约担保书为合同价格的10%。

答案：C

【5-3】 下列有关招标项目标段划分的表述中，错误的是(　　)。

A. 标段不能划分得太小，一般分解为分部工程进行招标

B. 若招标项目的几部分内容专业要求接近，则该项目可以考虑作为一个整体进行招标

C. 当承包商能做好招标项目的协调管理工作时，应考虑整体招标

D. 标段划分要考虑项目在建设过程中的时间和空间的衔接

【解题要点】 注意此题让考生选错误选项。招标项目需要划分标段的，招标人应当合理划分标段。一般项目应当作为一个整体进行招标。但是，对于大型的项目，作为一个整体进行招标将大大降低招标的竞争性，因为符合招标条件的潜在投标人数量太少，这样就应当将招标项目划分成若干个标段分别进行招标。但也不能将标段划分得太小，太小的标段失去对实力雄厚的潜在投标人的吸引力。如建设项目的施工招标，一般可以将一个项目分解为单位工程及特殊专业工程分别招标，但不允许将单位工程肢解为分部分项工程进行招标。

答案：A

【5-4】 下列有关投标文件的澄清和说明，表述正确的是(　　)。

A. 投标文件不响应招标文件实质性条件的，可允许投标人修正或撤销其不符合要求的差异

B. 单价与工程量的乘积与总价之间不一致时，以单价为准

C. 投标文件中用数字表示的数额与用文字表示的数额不一致时，由投标人澄清说明为准

D. 若投标单价有明显的小数点错位，应调整单价，并修改总价

【解题要点】 投标文件不响应招标文件的实质性要求和条件的，招标人应当拒绝，并不

允许投标人通过修正或撤销其不符合要求差异或保留，使之成为具有响应性的投标。投标文件中用数字表示的数额与用文字表示的数额不一致时，以文字数额为准。单价与工程量的乘积与总价之间不一致时，以单价为准。若单价有明显的小数点错位，应以总价为准，并修改单价。

答案：B

【5-5】 根据我国《招标投标法》及建设部有关文件规定，投标保证金(　　)。

A. 一般不超过投标总价的1%，且最高不超过50万人民币

B. 一般不超过投标总价的2%，且最高不超过80万人民币

C. 一般不超过投标总价的1%，且最高不超过100万人民币

D. 一般不超过投标总价的2%，且最高不超过100万人民币

【解题要点】 在招标文件中应明确投标保证金数额及支付方式。投标保证金除现金外，还可以是银行出具的银行保函、保兑支票、银行汇票或现金支票。投标保证金一般不得超过投标总价的2%，且最高不得超过80万人民币。关于投标保证金的金额2006年教材中有所变动，金额增加到80万元。此外应知道，投标保证金有效期应当超出投标有效期30 d。

答案：B

【5-6】 对于某些招标文件，当发现该项目工程范围不很明确、条款不够清楚且技术规范要求过于苛刻时，投标人最宜用的投标策略是(　　)。

A. 根据招标项目的不同特点采取不同的报价　B. 增加建议方案

C. 提供可供选择项目的报价　D. 多方案报价

【解题要点】 对于一些招标文件，如果发现工程范围不很明确、条款不清楚或很不公正、或技术规范要求过于苛刻时，则要在充分估计投标风险的基础上，按多方案报价法处理。即按原招标文件报一个价，然后再提出，如某某条款作某些变动，报价可降低多少，由此可报出一个较低的价。这样可以降低总价，吸引招标人。增加建议方案与多方案报价这两种策略容易混淆，但增加建议方案策略表现为修改原设计方案，而多方案报价策略主要针对过于苛刻的条款。投标报价策略的选择在考核中出现的比率很高，通常集中在如下几个策略：根据招标项目的不同特点采用不同报价；不平衡报价法；多方案报价法；增加建议方案；无利润报价，考核的主要方式是在题干中给出合同背景，要求考生选择应采用哪种策略。

答案：D

【5-7】 不论采用何种投标报价体系，一般投标报价的编制程序是(　　)：① 确定风险费；② 确定投标价格；③ 复核可计算工程量；④ 确定单价，计算合价；⑤ 确定分包工程费；⑥ 确定利润。

A. ③—④—⑤—⑥—①—②　B. ⑥—①—③—④—⑤—②

C. ①—⑤—⑥—③—④—②　D. ⑤—①—③—④—⑥—②

【解题要点】 投标报价的一般计算顺序考生应熟记：复核可计算工程量；确定单价，计算合价；确定分包工程费；确定利润；确定风险费；确定投标价格。

答案：A

【5-8】 根据我国《建设工程施工合同(示范文本)》，在没有其他约定情况下，下列对施工合同文件解释先后顺序的排列，表述正确的是(　　)。

A. 协议书—专用条款—通用条款—中标通知书—投标书及其附件

B. 协议书—中标通知书—专用条款—通用条款—投标书及其附件

C. 协议书—中标通知书—投标书及其附件—专用条款—通用条款

D. 协议书—专用条款—中标通知书—投标书及其附件—通用条款

【解题要点】 组成建设工程施工合同包括：

(1) 施工合同协议书；

(2) 中标通知书；

(3) 投标书及其附件；

(4) 施工合同专用条款；

(5) 施工合同通用条款；

(6) 标准、规范及有关技术文件；

(7) 图纸；

(8) 工程量清单；

(9) 工程报价单或预算书。

上述合同文件应能够互相解释、互相说明。当合同文件中出现不一致时，上面的顺序就是合同的优先解释顺序。同时，双方有关工程的洽商、变更等书面协议或文件视为协议书的组成部分。

答案：C

【5-9】 关于标段和标段的划分，说法正确的是(　　)。

A. 一个项目的土建工程和安装设备工程适宜作为一个整体进行招标

B. 对于大型工程项目，作为一个整体进行招标时符合招标条件的潜在投标人数量太少，就应当将招标项目划分成若干个标段进行招标

C. 一般来说，一个项目作为一个整体进行招标可能降低承包人费用

D. 一般情况下，可以将一个项目分解为单位工程及特殊专业工程，可以将单位工程肢解为分部分项工程进行招标

【解题要点】 如果该项目的几部分内容专业要求相距甚远，则应当考虑划分分别招标。土建工程和安装工程由于专业不同，应该考虑分别招标，排除A。进行标段的划分，一般可以将一个项目分解为单位工程及特殊专业工程分别招标，但不允许将单位工程肢解为分部分项工程进行招标，所以可以排除答案D。一个项目作为一个整体进行招标，则承包人需要进行分包，分包的价格在一般情况下不如直接发包的价格低，承包人有可能增加费用；但同时，项目作为整体进行招标，有利于承包人统一管理，又可能降低费用，因而不能一概而论，因此C答案错误。

答案：B

【5-10】 根据我国《建设工程施工合同(示范文本)》中相关条款，关于延期开工，下列表述正确的是(　　)。

A. 承包人不能按时开工，应不迟于协议书约定的开工日期前5 d向工程师提出申请

B. 工程师在接到延期开工申请后72 h内应答复承包人

C. 承包人在延期开工申请得到同意后，可延期开工，但工期不能顺延

D. 承包人对发包人提出的延期开工的通知没有否决权

【解题要点】 承包人应当按协议书约定的开工日期开始施工。承包人不能按时开工，

应在不迟于协议书约定的开工日期前7 d,以书面形式向工程师提出延期开工的理由和要求。工程师在接到延期开工申请后的48 h内以书面形式答复承包人。承包人对延期开工的通知没有否决权,但发包人应当赔偿承包人因此造成的损失,相应顺延工期。

答案:D

【5-11】 采购机组、车辆等大型设备时,以设备投标价为基础、将评定各要素按预定的方法换算成相应的价格,在原投标价上增加或减少该值而形成评标价格,此评标价格称之为(　　)。

A. 综合评标价法　　B. 全寿命费用评标价法

C. 最低投标价法　　D. 百分评定法

【解题要点】 综合评标价法是指以设备投标价为基础,将评定各要素按预定的方法换算成相应的价格,在原投标价上增加或扣减该值而形成评标价格;全寿命费用评标价法是指评标时首先确定一个统一的设备评审寿命期,然后再根据各投标书的实际情况,在投标价上加上该年限运行期内所发生的各项费用,再减去寿命期末设备的残值,以此作为评标价格;最低投标价法即把价格作为唯一尺度,将合同授予报价最低的投标者;百分评定法是指按照预先确定的评分标准,分别对各设备投标书的报价和各种服务进行评审打分,得分最高者中标。因而,本题正确答案为A。

答案:A

【5-12】 关于投标报价策略的论述,正确的有(　　)。

A. 工期要求紧但支付条件理想的工程应较大幅度提高报价

B. 施工条件好且工程量大的工程可适当提高报价

C. 一个建设项目总报价确定后,内部调整时,地基基础部分可适当提高报价

D. 当招标文件中部分条件不公正时,可采用增加建议方案法报价

【解题要点】 工期要求紧的可以提高报价,支付条件不理想的可以提高报价,A答案错误。答案B所说的情况下应该降低报价,而不是提高报价。当招标文件中部分条件不公正时,可采用多方案报价法。C是正确答案。

答案:C

【5-13】 《建设工程施工合同(示范文本)》中,有关专利技术的申报和使用的表述,正确的是(　　)。

A. 发包人要求使用的,发包人办理申报手续,承包人承担相关费用

B. 发包人要求使用的,承包人办理申报手续,发包人承担相关费用

C. 发包人要求使用的,承包人办理申报手续,费用由承发包双方协商

D. 承包人要求使用的,报工程师认可后实施

【解题要点】 发包人要求使用专利技术,需办理申报手续并承担相应的费用。承包人要求使用的,报工程师认可后实施,承包人要负责办理申报手续并承担相应费用。

答案:D

【5-14】 对于单价合同,下列叙述正确的是(　　)。

A. 采用单价合同,要求工程量清单数量与实际工程数量偏差很小

B. 可调单价合同只适用于地质条件不太落实的情况

C. 单价合同的特点之一是风险由合同双方合理分担

D. 固定单价合同对发包人有利，而对承包人不利

【解题要点】 单价合同是承包人在投标时，按招标文件就分部分项工程所列出的工程量确定各分部分项工程费用的合同类型。这类合同的适用范围比较宽，其风险可以得到合理的分摊，并且能鼓励承包人通过提高工效等手段从节约成本中提高利润。此题中容易错选答案 B，地质条件不太落实的项目适用固定单价合同。该题是在合同类型选择部分一种常见的题型，即可要求考生回答对于某一类型的项目应选择何种类型的合同最为适宜，此外，考生还应注意教材中所阐述的选择合同类型应考虑的因素。

答案：C

【5-15】 按照我国建设部的规定，下列属于甲级工程招标代理机构应具备的条件的有(　　)。

A. 注册资金不少于 100 万元

B. 近 3 年内代理中标金额在 3 000 万元以上的工程不少于 10 个

C. 代理招标的工作累计中标金额在 5 亿元以上(包括 5 亿元)

D. 具有工程建设类执业注册资格或者中级以上专业技术职称的专职人员不少于 20 人

E. 本单位专职人员中的技术经济负责人具有高级职称或者相应执业注册资格，并有 8 年以上从事工程管理的经验

【解题要点】 工程招标代理机构可以分为甲、乙两级。其中除了符合建设部第 79 号令的规定外，还应该具备：

(1) 近 3 年内代理中标金额 3 000 万元以上的工程不少于 10 个，或者代理招标的工程累计中标金额在 8 亿以上(以中标通知为依据，下同)；

(2) 具有工程建设类执业注册资格或者中级以上专业技术职称的专职人员不少于 20 人，其中具有造价工程师执业资格人员不少于 2 人；

(3) 法定代表人、技术经济负责人、财务人员为本单位专职人员，其中技术经济负责人具有高级职称或者相应执业注册资格并有 10 年以上从事工程管理的经验；

(4) 注册资金不少于 100 万元。

答案：ABD

【5-16】 根据《工程建设项目招标范围和规模标准》的规定，下列项目中，必须进行招标的是(　　)。

A. 项目总投资为 3 500 万元，但施工单项合同估算价为 60 万元的体育中心篮球场工程

B. 某中学新建一栋投资额约 150 万元的教学楼工程

C. 利用国家扶贫资金 300 万元，以工代赈且使用农民工的防洪堤工程

D. 项目总投资为 2 800 万元，但合同估算价约为 120 万元的某市科技服务中心主要设备采购工程

E. 总投资 2 400 万元，合同估算金额为 60 万元的某商品住宅的勘察设计工程

【解题要点】 根据《工程建设项目招标范围和规模标准》的规定，按照投标法规定必须进行招标的各类工程项目，若勘察、设计、施工、监理以及与工程建设有关的重要设备、材料等的采购，达到下列标准之一的，必须进行招标：

(1) 施工单位合同估算价在 200 万元人民币以上的。

(2) 重要设备、材料等货物的采购，单项合同估算价在100万元人民币以上的。

(3) 勘察、设计、监理等服务的采购，单项合同估算在50万元人民币以上的。

(4) 单项合同估算价低于第(1)、(2)、(3)项的规定的标准，但项目总投资额在3 000万元人民币以上的。同时，有下列情形之一的，经有关审批部门批准，可以不招标：

① 涉及国家安全、国家秘密或者抢险灾而不适宜招标的；

② 属于利用扶贫资金实行以工代赈需要使用农民工的；

③ 施工主要技术采用特定的专利或者专有技术的；

④ 施工企业自建自用的工程，且该施工企业资金等级符合工程要求；

⑤ 在建工程追加的附属小型工程或者主体加层工程，原中标人仍具备承包能力的；

⑥ 法律、行政法规规定的其他情形。

答案：ADE

【5-17】 在评标工作初步评审阶段，投标文件的技术性评审的内容包括(　　)。

A. 是否有投标人授权代表签字和加盖公章

B. 方案的可行性评估和关键工序评估

C. 报价数据的正确性评估

D. 劳务、材料、机械设备、质量控制措施评估

E. 施工现场周围环境污染的保护措施评估

【解题要点】 投标文件的技术性评审包括方案可行性评估，关键工序评估，劳务、材料、机械设备、质量控制措施评估以及对施工现场周围环境污染的保护措施评估。

答案：BDE

【5-18】 根据我国《建设工程施工合同(示范文本)》专用条款，应由发包人承担的工作包括(　　)。

A. 开通施工场地与城乡道路的通道

B. 办理施工许可证

C. 做好邻近建筑物、文物保护建筑的保护工作

D. 办理施工爆破作业可能损坏公共设施的申请批准手续

E. 按规定办理施工场地施工噪声以及环境保护等有关手续

【解题要点】 C、E项为承包人的工作。发包人需要完成的工作内容很多，掌握起来比较困难，可以用以下原则判断，发包人的工作可以总结为“开工前准备、开工后协调”。

答案：ABD

【5-19】 关于联合投标体的说法，正确的是(　　)。

A. 联合体参加资格预审并通过的，其组成的任何变化都必须在开标之日前征得招标人的同意

B. 联合体各方必须指定牵头人，牵头人不得再以自己的名义单独投标

C. 联合体中的牵头人可以以自己的名义提交投标保证金

D. 联合体各方签订共同投标协议后，其成员也可以参加其他联合体在另一项目中的投标

E. 联合体中标后，由联合体各方分别与招标人签订合同

【解题要点】 两个以上法人或者其他组织可以组成一个联合体，以一个投标人的身份

共同投标，基本原则是无论联合体内部如何组成，其对外是以整体而不是以各个个体的名义参加投标，有一个例外的情况是提交投标保证金时，可以以联合体的名义或者联合体中投标人的名义提交。A答案容易选错，时点应在提交投标截止之日前而不是在开标之日前。联合体投标的内容在2006年教材上的新增内容，考试容易涉及，类似的还有有关串通投标的问题。

答案：BCD

【5-20】 下列有关不可抗力的表述中，正确的是(　　)。

A. 不可抗力是指合同当事人不能预见、或可以预见但不能避免和克服的客观情况

B. 不可抗力包括战争、动乱、空中飞行物坠落等情况

C. 对于风、雨、雪、洪水等自然灾害应根据合同专用条款的约定判断是否为不可抗力

D. 因不可抗力事件所导致停工，承包商既可索赔费用，又可索赔工期

E. 因不可抗力所导致的工程清理费用，由发包人承担

【解题要点】 根据《建设工程施工合同(示范文本)》中通用条款的约定，不可抗力是指合同当事人不能预见、不能避免并不能克服的客观情况。建设工程施工中的不可抗力包括因战争、动乱、空中飞行物坠落或其他非发包人责任造成的爆炸、火灾以及专用条款约定程度的风、雨、雪、洪水、地震等自然灾害。

对于不可抗力所造成的后果，双方应按照下列方法承担：

(1) 工程本身的损害、第三方人员伤亡和财产损失以及运至施工场地用于施工的材料和待安装的设备的损害，由发包人承担；

(2) 承发包双方人员伤亡由其所在单位负责，并承担相应费用；

(3) 承包人机械设备损坏及停工损失，由承包人承担；

(4) 停工期间，承包人应工程师要求留在施工场地的必要的管理人员及保卫人员的费用由发包人承担；

(5) 工程所需清理、修复费用，由发包人承担；

(6) 延误的工期相应顺延。

答案：BCE

本章小结

本章将理论知识与案例分析相结合，首先对招投标的范围、方式及程序等进行了理论介绍，然后对标底和投标价的控制，从理论入手，用具体案例进行分析讲解。

按照招标、投标到中标签订合同的顺序，论述了招标时对工程标底的控制方法，投标时对工程投标价的控制方法及相应的报价技巧，中标后签订合同时合同价款的确定方式等。为业主和承包商在招投标阶段对于工程造价的控制提供了一定的理论知识。

练习五

一、单项选择题

1. 经有关审批部门批准,可以不招标的项目包括(　　)。
A. 使用国家政策性贷款的污水处理项目,其重要设备采购单项合同估算价 120 万元人民币
B. 某市福利院建设项目,施工单项合同估算价为 205 万元人民币
C. 在建工程追加的附属小型工程或者主体加层工程,原中标人仍具备承包能力的
D. 使用外国政府援助资金、项目总投资额达到 3 800 万元人民币

2. 施工招标文件编制应遵循如下规定(　　)。
A. 招标文件应当明确规定评标时包括价格在内的所有评标因素
B. 招标人不应严格明确投标准备时间
C. 招标文件中应明确投标保证金数额及支付方式
D. 中标单位应按规定向相应级别管理机构提交履约担保

3. 下列对邀请招标的阐述,正确的是(　　)。
A. 它是一种无限制的竞争方式
B. 该方式有较大的选择范围,有助于打破垄断,实行公平竞争
C. 这是我国《招标投标法》规定之外的一种招标方式
D. 该方式可能会失去技术上和报价上有竞争力的投标者

4. 资格预审中专业资格审查的主要对象是(　　)。
A. 申请人的合法地位
B. 申请人履行拟定招标采购项目的能力
C. 申请人的信誉
D. 申请人的专业资质

5. 对于开标的阐述,正确的是(　　)。
A. 招标文件发售后原招标文件作了变更或者补充的,可以暂缓或推迟开标时间
B. 送错指定地点的投标文件,招标人可以受理
C. 开标过程无需记录,它不属于存档备查文件
D. 开标由投标人推举出的代表主持

6. 下列对投标文件的递交阐述,正确的是(　　)。
A. 投标人少于 5 个的,招标人应当依法重新招标
B. 重新招标后投标人仍少于 5 个,属于必须审批的工程建设项目,报经原审批部门批准后可以不再进行招标
C. 已提交的投标文件,不能再修改
D. 提交投标文件截止日期后到招标文件规定的投标有效期终止之前,投标人撤回投标文件的,其投标保证金将被没收

7. 下列(　　)需要的准备时间和准备费用最多。

A. 成本加酬金合同　　B. 总价合同

C. 单价合同　　D. 可调价合同

8. 下列对标底编制时应注意方面的阐述,正确的是(　　)。

A. 编制标底时主要考虑工程量,目标工期不属于编标底阶段应考虑范畴

B. 对于高于国家验收规范的质量因素,标底应有所反映

C. 标底编制时不能将材料差价列入

D. 标底价格不考虑风险费用

9. 投标阶段选择报价策略时,可以将报价适当降低的情况是(　　)。

A. 施工条件差的工程

B. 特殊的工程,如港口码头、地下开挖工程等

C. 支付条件不理想的工程

D. 非急需工程

10. 一般项目的首选评标方法是(　　)。

A. 综合评分法　　B. 经评审的最低投标价法

C. 评议法　　D. 多方案报价法

11. 评标委员会中的专家成员应符合下列条件(　　)。

A. 在业主单位从事工作

B. 从事相关专业领域工作满 8 年并具有高级职称或者同等专业水平

C. 投标人集体认可的高级职称人员

D. 参与过国家招标投标相关法律法制定的人员

12. 在工程评标过程中,符合性的评审指(　　)。

A. 审查工程材料和机械设备供应的技术性能是否符合设计要求

B. 对报价构成的合理性进行评审

C. 对施工方案进行评审

D. 审查投标文件是否响应招标文件的所有条款和条件,有无明显的差异或保留

13. 下列对评标的初步评审阐述,正确的是(　　)。

A. 评审内容主要包括符合性评审、技术性评审、商务性评审

B. 符合性评审包括方案可行性评估和关键工序评估,劳务、材料、机械设备、质量控制措施评估以及对施工现场周围环境污染的保护措施评估

C. 技术性评审主要工作内容是校核投标报价并分析报价构成合理性

D. 商务性评审包括质量符合性评审和技术符合性评审,评审投标文件是否在实质上响应了招标文件的所有条款、条件,无显著的差异或保留

14. 下列属于细微偏差表现的是(　　)。

A. 投标文件没有担保人授权代表签字和加盖公章

B. 所提供的投标担保有瑕疵

C. 投标文件载明的货物包装方式、检验标准和方法等不符合招标文件的要求

D. 投标文件在实质上响应招标文件要求,但在个别地方存在漏项,不会对其他投标人造成不公平的结果

15. 下列对合同类型的选择，正确的是(　　)。

A. 项目规模小、工期短、竞争情况激烈、项目复杂程度低、类别和工程量都很清楚的项目应选择单价合同

B. 成本加酬金合同适用于规模大、工期长、竞争不激烈、项目复杂程度高、单项工程分类与工程量都不甚清楚、项目外部环境因素恶劣的项目

C. 规模和工期适中、项目竞争情况正常、项目复杂程度中等、单项工程类别清楚、工程量有出入、项目的外部环境因素一般的项目适于总价合同

D. 合同类型的选择在投标时进行

16. 大型项目设备招标的评标工作最多不超过(　　)d。

A. 10　　B. 15　　C. 20　　D. 30

17. 在设备、材料采购时，对于合同金额小、工程地点分散且施工时间较长的项目应采用(　　)。

A. 国际竞争性招标　　B. 国内竞争性招标

C. 有限国际竞争性招标　　D. 直接订购方式

18. 中标通知书、施工图纸、工程量清单是建设工程施工合同文件的重要组成部分，单就这三部分而言，如果在施工合同文件中出现不一致时，其解释力的优先顺序为(　　)。

A. 施工图纸、工程量清单、中标通知书

B. 工程量清单、中标通知书、施工图纸

C. 中标通知书、施工图纸、工程量清单

D. 施工图纸、中标通知书、工程量清单

19. 工程项目施工合同以付款方式划分为：① 总价合同；② 单价合同；③ 成本加酬金合同。以业主所承担的风险从小到大的顺序来排列，应该是(　　)。

A. ③—②—①　　B. ①—②—③　　C. ③—①—②　　D. ①—③—②

20. 承发包双方按照《建设工程施工合同(示范文本)》签订了施工合同，在履行该合同的过程中，工程师发出口头指令，但未及时予以书面确认。承包人在工程师发出口头指令后的第 3 d 提出书面确认要求，但工程师在接到该要求 3 d 后仍未答复，则(　　)。

A. 承包人应继续等待答复　　B. 承包人应再次提出书面确认要求

C. 工程师可不予承认该口头指令　　D. 该口头指令视为已被确认

21. 在施工中发现古董、古建筑遗址、钱币等文物及化石或其他有考古、地质研究等价值的物品时，负有向当地文物管理部门报告责任的是(　　)。

A. 工程师　　B. 承包人　　C. 发包人　　D. 分包人

22. 组成 FIDIC 施工合同文件的以下几部分可以互为解释、互为说明。当出现含糊不清或矛盾时，具有第一优先解释顺序的文件是(　　)。

A. 合同专用条件　　B. 投标书

C. 合同协议书　　D. 合同通用条件

23. 下列关于设备、材料采购招标文件编制的说法，错误的是(　　)。

A. 在投标截止日期前，投标人可以对其已经投出的标书文件进行修改或撤回，但须以书面文件确认其修改或撤回

B. 货物和设备合同通常不需要价格调整条款

C. 提交投标保证金的最后期限应是投标截止时间，其有效期应持续到投标有效期或延长期结束后 20 d

D. 招标文件中应明确规定属于不可抗力的事件

二、多项选择题

1. 可以不招标的项目有(　　)。

A. 科技、教育、文化等项目

B. 属于利用扶贫资金实行以工代赈需要使用农民工的

C. 使用国有企业事业单位自有资金，并且国有资产投资者实际拥有控制权的项目

D. 施工企业自建自用的工程，且该施工企业资质等级符合工程要求的

E. 在建工程追加的附属小型工程或者主体加层工程，原中标人仍具备承包能力的

2. 下列对资格审查的阐述，正确的是(　　)。

A. 资格预审的目的是为了排除不合格的投标人，进而降低招标人的采购成本

B. 除招标文件另有规定外，进行资格预审的，一般不再进行资格后审

C. 资格预审的标准比资格后审的标准更严格

D. 资格预审公告的发布方式与招标公告相同

E. 招标人无需向资格预审不合格的投标申请人告知资格预审结果

3. 根据《招标投标法》和建设部有关规定，下列对施工招标文件编制应遵循的规定阐述正确的是(　　)。

A. 施工招标项目工期在 12 个月以内的，招标文件中可以规定工程造价指数体系、价格调整因素和调整办法

B. 如果要求的工期比工期定额缩短 20%以上(含 20%)的，应计算赶工措施费。赶工措施费如何计取应在招标文件中明确

C. 招标文件中明确的投标保证金一般不得超过投标总价的 2%，且最高不得超过 80 万元人民币

D. 招标人确定的投标人编制投标文件所需要的时间最短不得少于 15 d

E. 招标人必须为每个招标项目编制标底

4. 依照建设部的有关规定，招标文件应不包括下列(　　)内容。

A. 投标人须知　　B. 投标文件格式

C. 投标价格　　D. 设计图纸

E. 评标标准和方法

5. 下列关于招标代理机构应具备条件的说法，不正确的是(　　)。

A. 申请工程招标代理机构资格的单位应与行政机关和其他国家机关没有行政隶属关系或者其他利益关系

B. 申请甲级工程招标代理机构资格的单位应在近 3 年内代理中标金额 3 000 万元以上的工程不少于 5 个

C. 申请乙级工程招标代理机构资格的单位注册资本金应不少于 100 万元

D. 乙级工程招标代理机构只能承担工程投资额 3 000 万元以下的工程招标代理任务

E. 申请乙级工程招标代理机构资格的单位应具有可作为评标委员会成员人选的技术、经济等方面的专家库

6. 下列对关于踏勘现场与召开投标预备会的阐述,正确的是(　　)。

A. 招标人根据工程大小可分期分批组织投标人进行现场踏勘

B. 为便于投标人提出问题并得到解答,踏勘现场一般安排在投标预备会的前 1～2 d

C. 投标预备会可安排在发出招标文件 7 日后 15 日以内举行

D. 在投标预备会上还应对图纸进行交底和解释

E. 招标人向投标人所作出的解释、澄清或投标人提出的问题,均应以书面形式予以确认

7. 对中标相关内容的理解,正确的是(　　)。

A. 中标人可以将中标项目肢解后向他人转包

B. 评标委员会推荐的中标候选人应当限定在 1～3 人,并标明排列顺序

C. 中标人确定后,招标人应当向中标人发出中标通知书,并将结果通知未中标人

D. 招标人和中标人应当自中标通知书发出之日起 30 d 内,订立书面合同

E. 招标人与中标人签订合同后 15 个工作日内,应当向中标人和未中标人的投标退还投标保证金

8. 采用工程量清单计价模式投标报价时应注意的问题有(　　)。

A. 项目特征、工程内容、风险预测　　B. 拟采用的施工方法

C. 投标人类似工程的经验数据　　D. 对各生产要素的询价

E. 工程项目质量

9. 一般适用于总价合同的工程有(　　)。

A. 设计图纸完整齐备　　B. 对工程要求十分明确的项目

C. 工期较短　　D. 技术复杂

E. 工程量大

10. 下列对联合体投标的阐述,正确的是(　　)。

A. 联合体不得再以自己名义单独投标,也不得组成新的联合体或参加其他联合体在同一项目中投标

B. 联合体组成的任何变化都必须在提交投标文件截止之日前征得招标人的同意

C. 联合体各方必须指定牵头人

D. 联合体投标的,必须以联合体各方的名义提交投标保证金

E. 联合体投标报价的编制与审核由监理工程师负责

三、综合训练题

1. 某办公楼施工招标文件的合同条款中规定:预付款数额为合同价的 10%,开工日支付,基础工程完工时扣回 30%,上部结构工程完成一半时扣回 70%,工程款按季度支付。经营部经理认为,该工程虽有预付款,但平时工程款按季度支付不利于资金周转,决定除按上述数额报价,另建议业主将付款条件改为:预付款为合同价的 5%,工程款按月度支付,其余条款不变。

问题:该经营部经理所提出的方案属于哪一种技巧?运用是否得当?

2. 某住宅工程,标底价为 860 万元,标底工期为 350 天,评定各项指标的相对权重为:工程报价 40%,工期 15%,质量 30%,企业信誉 15%。现在相对于以下甲、乙、丙、丁四个投标单位的投标报价情况(如表 1,2 所示)进行综合评价,自报工程质量为合格的为 40 分,优

秀的为 80 分。试确定中标单位。

表 1　各投标单位投标报价一览表

投标单位	工程报价（万元）	投标工期（天）	工程质量	企业资质等级	上两年度获荣誉称号	上两年度获工程质量奖
甲	809	345	合格	特级	地市级	“鲁班奖”
乙	861	350	优秀	二级	地市级	省级
丙	798	340	合格	一级	县级	市级
丁	824	360	合格	一级	无	无

表 2　企业信誉附加表

项　目	等　级	分　值
企业资质 X_1	特级	20
	一级	15
	二级及以下	10
上两年度企业获荣誉称号 X_2	省部级	30
	地市级	25
	县级	20
上两年度工程质量奖 X_3	“鲁班奖”	50
	省级奖	40
	市级奖	30

（注：扫描封面二维码获取全书习题答案。）

本章习题答案

第6章 施工阶段工程造价控制

【内容提要与学习要求】

章节知识结构	学 习 要 求	权重
合同价款调整	掌握工程变更和合同价款的调整方法	10%
工程索赔	熟悉工程索赔的概念及分类；掌握工程索赔的处理原则和计算方法	20%
工程签证	掌握工程签证的技巧	15%
工程价款结算	1. 工程计量确认； 2. 掌握预付款支付及抵扣方法； 3. 掌握质量保修金计算方法； 4. 掌握施工过程价款调整计算方法； 5. 掌握工程价款的支付和结算办法	40%
投资偏差分析	1. 掌握偏差分析的几个常见概念； 2. 掌握投资偏差、进度偏差的计算方法； 3. 运用横道图、时标网络图、表格法进行投资偏差分析	15%

【章前导读】

在施工过程中，工程项目的“量”和“价”不可避免地要发生一些变化，那么，在施工阶段中，如何控制“量”和“价”呢？——施工阶段中对实施量进行计量确认；对综合单价及材料价差调整前严格审核；严格控制工程变更；严格控制工程索赔；谨慎对待工程签证等。

[案例] 某大学砖砌电缆沟工程，顶板和底板均为钢筋混凝土，高度和宽度均为 2 m，总长度为 3 000 m，资金来源为国拨资金和自筹资金。该工程于 2016 年 4 月设计，工程量清单由某设计院编制；于 2017 年 4 月进行招标，由某电力安装公司中标，中标价为 1 680 万元。合同约定土方工程取费标准按照机械土石方工程的费率执行。工程于 2017 年 5 月开工，2018 年 6 月完工。土方开挖工程施工中由于地基状况差，发生了大面积垮土现象，造成施工方多开挖土方量比原有清单增加 20%。由于弃土接收位置改变，增加运距 7 km，使外运土方费比原清单费用增加 40%（原清单开挖土方量 16 000 m^3，外运土方量 12 000 m^3），该项工程于 2017 年 10 月完成。施工方提出工程变更签证如下：

序号	原　由	施工方提出签证	核 准 签 证
1	因地基状况变化，增加开挖和回填土方量 20%	原单价 4.2 元/m^3 ×原清单量 16 000 m^3 ×20%＝13 440 元	按现场实际发生的工程量签证，开挖和回填土方按原综合单价计价
2	因弃土外运增加 7 km，致使运土方费用增加 40%	原单价 36 元/m^3 ×清单工程量 12 000 m^3 ×40%＝172 800 元	运距增加的综合单价按实测计算，按机械挖土方工程类别计算相关费用
3	按建筑工程进行取费计算后增加结算金额	29.324 2 万元	21.730 1 万元

6.1 合同价款调整

由于工程建设的周期长，涉及的经济关系和法律关系复杂，受自然条件和客观因素的影响大，导致项目的实际情况与项目招标投标时的情况相比会发生一些变化，如法律法规变化、工程量的增减、工程项目的变更、进度计划的变更、施工条件的变化等。

合同价款调整主要包括以下几大类，如表 6－1 所示。

表 6－1 合同价款调整分类

<table>
<tr><th>序号</th><th>分类名称</th><th>子 类 别</th><th></th></tr>
<tr><td>1</td><td>法规变化类</td><td>法律法规变化事件</td><td rowspan="14">经发承包双方确认的调整合同价款，作为追加(或减少)合同价款，应与工程进度款或结算款同期支付</td></tr>
<tr><td rowspan="5">2</td><td rowspan="5">工程变更类</td><td>工程变更</td></tr>
<tr><td>项目特征描述不符</td></tr>
<tr><td>招标工程量清单缺项</td></tr>
<tr><td>工程量偏差</td></tr>
<tr><td>计日工</td></tr>
<tr><td rowspan="2">3</td><td rowspan="2">物价变化类</td><td>物价波动</td></tr>
<tr><td>暂估价</td></tr>
<tr><td rowspan="4">4</td><td rowspan="4">工程索赔类</td><td>不可抗力</td></tr>
<tr><td>提前竣工(赶工补偿)</td></tr>
<tr><td>误期赔偿</td></tr>
<tr><td>索赔</td></tr>
<tr><td rowspan="2">5</td><td rowspan="2">其他类</td><td>现场签证</td></tr>
<tr><td>发承包双方约定的其他调整事项</td></tr>
</table>

本节主要介绍法规变化类、工程变更类、物价变化类引起的合同价款调整，工程索赔、工程签证作为独立学习单元进行介绍。

6.1.1 法规变化类合同价款调整

因国家法律、法规、规章和政策变化影响合同价款，这类风险应由发包人承担，双方在合同条款中约定。

6.1.1.1 基准日的确定

为了合理划分发承包双方的合同风险，施工合同中应当约定一个基准日，对于基准日之后发生的、作为一个有经验的承包人在招标投标阶段不可能合理预见的风险，应当由发包人承担。

实行招标的建设工程，一般以施工招标文件中规定的提交投标文件截止时间前的 28 d 为基准日；不实行招标的建设工程，一般以建设工程施工合同签订前的第 28 d 作为基准日。

6.1.1.2　合同价款的调整方法

施工合同履行期间，国家颁布的法律、法规、规章和有关政策在合同工程基准日之后发生变化，且因执行相应的法律、法规、规章和政策引起工程造价发生增减变化的，合同双方当事人应当依据法律、法规、规章和有关政策的规定调整合同价款。但是，如果有关价格（如人工、材料和工程设备等价格）的变化已经包含在物价波动事件的调价公式中，则不再予以考虑。

6.1.1.3　工期延误期间的特殊处理

如果由于承包人的原因导致的工期延误，按不利于承包人的原则调整合同价款。在工程延误期间国家的法律、行政法规和相关政策发生变化引起工程造价变化的，造成合同价款增加的，合同价款不予调整；造成合同价款减少的，合同价款予以调整。

【课堂练习】

【6.1－1】 为了合理划分发承发包双方的合同风险，施工合同中应当约定一个基准日，不实行招标的建设工程，一般以(　　)前的第 28 天作为基准日。

A. 投标截止时间　　B. 招标截止日

C. 中标通知书发出　　D. 合同签订

答案：D

【解析】 法规变化类合同价款调整事项：对于实行招标的项目，一般以施工工招标文件中规定的提交投标文件截止时间前的第 28 天作为基准日；不实行招一般标的建设工程，一般以建设工程施工合同签订前的第 28 天作为基准日。

6.1.2　工程变更类合同价款调整

工程变更是合同实施过程中由发包人提出或由承包人提出，经发包人批准的对合同工程的工作内容、工程数量、质量要求、施工顺序与时间、施工条件、施工工艺或其他特征及合同条件等的改变。工程变更指令发出后，应当迅速落实指令，全面修改相关的各种文件。承包人也应当抓紧落实，如果承包能不能全面落实变更指令，则扩大的损失应当由承包人承担。

6.1.2.1　工程变更类合同价款调整分类

工程变更类合同价款调整的内容见表 6－2。

表 6-2 工程变更类合同价款调整的内容

类 别	说 明
工程变更	根据《建设工程施工合同(示范文)》CF-2013—0201 的规定,工程变更的范围和内容包括: (1) 增加或减少合同中任何工作,或追加额外的工作; (2) 取消合同中任何工作,但被取消的工作不能转由发包人或其他人实施; (3) 改变合同中任何工作的质量标准或其他特性; (4) 改变工程的基线、标高、位置和尺寸; (5) 改变工程的时间安排或实施顺序
项目特征描述不符	项目的特征描述是确定综合单价的重要依据之一,发包人在招标工程量清单中对项目特征的描述,应被认为是准确的和全面的,并且与实际施工要求相符。承包人在投标报价时应依据发包人提供的招标工程量清单中的项目特征描述,确定其清单项目的综合单价;根据其项目特征描述的内容及有关要求实施合同工程,直到其被改变为止
招标工程量清单缺项	招标工程量清单必须作为招标文件的组成部分,其准确性和完整性由发包人负责。因此,招标工程量清单是否准确和完整,其责任应当由提供工程量清单的发包人负责,作为投标人的承包不应承担因工程量清单的缺项、漏项以及计算错误带来的风险与损失
工程量偏差	工程量偏差,是指承包人根据发包人提供的图纸(包括由承包人提供经发包人批准的图纸)进行施工,按照现行国家计量规范规定的工程量计算规则,计算得到的完成合同工程项目应予计量的工程量与相应的招标工程量清单项目列出工程量之间出现的量差
计日工	发包人通知承包人以计日工方式实施的零星工作,承包人应予执行。采用计日工计价的任何一项变更工作,承包人应在该项变更的实施过程中,按合同约定提交以下报表和有关凭证送发包人复核: (1) 工作名称、内容和数量; (2) 投入该工作所有人员的姓名、工种、级别和耗用工时; (3) 投入该工作的材料名称、类别和数量; (4) 投入该工作的施工设备型号、台数和耗用台时; (5) 发包人要求提交的其他资料和凭证

6.1.2.2 工程变更

1. 工程变更的价款调整方法

(1) 分部分项工程费的调整

工程变更引起分部分项工程项目发生变化的,应按照表 6-3 的处理原则进行调整。

表 6-3 分部分项工程变更价款的处理原则

变更情况	应采用的价格	适 用 情 况
已标价工程量清单中有适用于变更工程项目的单价	采用该子目单价	变更导致的该清单项目的工程量变化不超过±15%时,直接采用该单价。若变更工程量增减超过了±15%的幅度值,则对增加超出 15%的那部分工程量的综合单价乘以小于 1 的系数;对减少超出 15%的工程量,则是对全部工程量的综合单价乘以大于 1 的系数
已标价工程量清单中无适用于变更工程项目但有类似项目的单价	在合理范围内参照类似子目的单价	采用类似于的项目单价的前提是其采用的材料、施工工艺和方法与相似,同时不增加关键线路工作的施工时间,可仅就其变更后的差异部分,参考类似的项目单价由发承包双方协商新的单价

（续表）

变更情况	应采用的价格	适　用　情　况
已标价工程量清单中无适用或类似适用于变更工程项目的单价	由承包人根据变更的工程资料、计量规则和计价办法、工程造价管理机构发布的信息（参考）价格和承包人报价浮动率，提出变更工程项目的单价或总价，报发包人确认后调整	报价浮动率计算公式： ① 实行招标的工程： 承包人报价浮动率 $L=(1-$ 中标价/招标控制价$)\times100\%$ ② 不实行招标的工程： 承包人报价浮动率 $L=(1-$ 报价值/施工图预算$)\times100\%$ 注：公式中的中标价、招标控制价或报价值、施工图预算均不含安全文明施工费
已标价工程量清单中无适用或类似适用于变更工程项目的，且工程造价管理机构发布的信息（参考）价格缺价的	由承包人根据变更的工程资料、计量规则和计价办法，通过市场调查取得合法有依据的市场价格，提出变更工程项目的单价或总价，报发包人确认后调整	

注：根据《建设工程工程量清单计价规范》（GB 50500—2013）的规定，在合同履行过程中，因非承包人原因引起的工程量增减与招标文件中提供的工程量可能有偏差，该偏差对工程量清单项目的综合单价将产生影响，是否调整综合单价以及如何调整应在合同中约定。若合同中未作约定，按以下原则办理：

① 当工程量清单项目工程量的变化幅度在±15%以内时，其综合单价不作调整，执行原有综合单价。

② 当工程量清单项目工程量的变化幅度超出±15%时，可进行调整。当工程量增加 15%以上时，增加部分的综合单价应予调低；当工程量减少 15%以上时，减少后剩余的工程量的综合单价应调高。

（2）措施项目费的调整

工程变更引起措施项目发生变化的，承包人提出调整措施项目费的，应事先将拟实施的方案提交发包人确认，并详细说明与原方案措施项目相比的变化情况，拟实施方案，经发承包双方确认后执行。并按照如下规定调整措施项目费：

1）安全文明施工费

安全文明施工费属于不可竞争费，按照实际发生变化的措施项目调整，不得浮动。

2）采用单价计算的措施项目费

即可计算工程量的措施项目，应按照实际发生变化的措施项目，按表 6 - 3 分部分项工程变更价款的处理原则进行单价调整和确定。

3）按总价（或系数）计算的措施项目费

除安全文明施工费外，按照实际发生变化的措施项目调整，但应考虑承包人报价浮动因素。

（3）删减工程或工作的补偿

如果发包人提出的工程变更，非因承包人原因删减了合同中的某项原定工作或工程，致使承包人发生的费用或（和）得到的收益不能被包括在其他已支付或应支付的项目中，也未被包含在任何替代的工作或工程中，则承包人有权提出并得到合理的费用及利润补偿。

2. 工程变更处理程序

在合同履行过程中，监理人发出变更指示包括下列三种情形：

（1）监理人认为可能要发生变更的情形

在合同履行过程中，可能发生上述变更情形的，监理人可向承包人发出变更意向书。变更意向书应说明变更的具体内容和发包人对变更的时间要求，并附必要的图纸和相关资料。变更意向书应要求承包人提交包括拟实施变更工作的计划、措施和竣工时间等内容的实施方案。发包人同意承包人根据变更意向书要求提交的变更实施方案的，由监理人发出变更指示。对于监理工程师发布的变更指示，若承包人认为确有难度，难以实施，应立即通知监理人，说明原因并附详细依据。监理人与承包人和发包人协商后确定撤销、改变或不改变原变更意向书。

（2）监理人认为发生了变更的情形

合同履行过程中，发生合同约定的变更情形，监理人应向承包人发出变更指示，承包人收到变更指示后，应按变更指示进行变更工作。

（3）承包人认为可能要发生变更的情形

承包人收到监理人按合同约定发出的图纸和文件，经检查认为其中存在变更情况的，可向监理人提出书面变更建议。监理人收到承包人的书面建议后，应与发包人共同研究，确认存在变更的，应以收到承包人书面建议后的 14 d 内作出变更指示。经研究后不同意变更的，应由监理人书面答复承包人。

无论何种情况确认的变更，变更指示只能由监理人发出。监理人发出的变更指示应说明变更的目的、范围、内容以及变更的工程量及其进度和技术要求，并附有关图纸和文件。

3. 承包人的合理化建议

在履行合同过程中，承包人对发包人提供的图纸、技术要求以及其他方面提出的合理化建议，均应以书面形式提交监理人。合理化建议书的内容应包括建议工作的详细说明、进度计划和效益以及与其他工作的协调等，并附必要的文件。监理人应与发包人协商是否采纳建议。建议被采纳并构成变更的，监理人应向承包人发出变更指示。

承包人提出的合理化建议降低了合同价格、缩短了工期或者提高了工程经济效益的，发包人可按国家有关规定在专用合同条款中约定给予奖励。

6.1.2.3 项目特征不符

项目特征描述不符，合同价款的调整方法：

承包人应按照发包人提供的设计图纸实施合同工程，若在合同履行期间，出现设计图纸（含设计变更）与招标工程量清单任一项目的特征描述不符，且该变化引起该项目的工程造价增减变化的，发承包双方应按实际施工的项目特征，重新确定相应工程量清单项目的综合单价，调整合同价款。

6.1.2.4 工程量清单缺项

工程量清单缺项、漏项以及计算错误带来的风险与损失，则发包人承量，其合同价款的调整应包含分部分项工程费和措施项目费。

1. 分部分项工程费的调整

施工合同履行期间，由于招标工程量清单中分部分项工程出现缺项漏项，造成新增工程清单项目的，应按照工程变更事件中关于分部分项工程费的调整方法，调整合同价款。

2. 措施项目费的调整

新增分部分项工程项目清单后，引起措施项目发生变化的，应当按照工程变更事件中关于措施项目费的调整方法，在承包人提交的实施方案被发包人批准后，调整合同价款；由于招标工程量清单中措施项目缺项，承包人应将新增措施项目实施方案提交发包人批准后，按照工程变更事件中的有关规定调整合同价款。

6.1.2.5　工程量偏差

施工合同履行期间，若应予计算的实际工程量与招标工程量清单列出的工程量出现偏差，或者因工程变更等非承包人原因导致工程量偏差，该偏差对工程量清单项目的综合单价将产生影响，是否调整综合单价以及如何调整，发承包双方应当在施工合同中约定。如果合同中没有约定或约定不明的，可以按以下原则办理：

(1) 综合单价的调整原则

当应予计算的实际工程量与招标工程量清单出现偏差(包括因工程变更等原因导致的工程量偏差)超过 15%时，对综合单价的调整原则：

当工程量增加 15%以上时，其增加部分的工程量的综合单价应予调低；

当工程量减少 15%以上时，减少后剩余部分的工程量综合单价应予调高。

至于具体的调整方法，应由双方当事人在合同专用条款中约定。

(2)措施项目费的调整

当应予计算的实际工程量与招标工程量清单出现偏差(包括因工程变更等原因导致的工程量偏差)超过 15%，且该变化引起措施项目相应发生变化，如该措施项目是按系数或单一总价方式计价的，对措施项目费的调整原则为：

工程量增加的，措施项目费调增；

工程量减少的，措施项目费调减。

至于具体的调整方法，应由双方当事人在合同专用条款中约定。

【例 6.1 - 1】 某工程，建设单位与施工单位按照《建设工程施工合同(示范文本)》(GF - 2013—0201)签订了合同，含有 A、B 两个分项工程，其工程量和综合单价(全费用综合单价)如表所求。专用条款约定：预付款为签约合同价的 15%，预付款自工程完工后一次性扣回；当实际工程量的增加值超过工程量清单项目招标工程量的 15%时，超过 15%以上部分的结算综合单价的调整系数为 0.9；当实际工程量的减少值超过工程量清单项目招标工程量的 15%时，实际工程量结算综合单价的调整系数为 1.1；工程质量保证金每月按进度款的 3%扣留；工程款待 A、B 分项工程全部完工后一次性结算和支付。

分项工程	原工程量	调整后工程量	原单价
A	4 000 m^3	3 500 m^3	300
B	2 000 m^2	2 500 m^2	250

【问题】

1. 计算该工程的预付款。

2. 计算 A、B 分项工程的工程量价款。

3. 计算该工程竣工结算时应支付的工程结算价款。

解：

1. 该工程的合同价款：

4 000×300+2 000×250=1 700 000(元)=170(万元)

预付款=170×15%=25.5(万元)

2. A 分项工程价款：

A 分项工程量减少额度=4 000−3 500=500 m^3(↓)

A 分项工程量减少率=500/4 000=12.5%<15%，不调价。

故 A 分项工程价款=3 500×300=1 050 000(元)=105(万元)

B 分项工程增加额度=2 500−2 000=500 m^2(↑)

B 分项工程量增加率=500/2 000=25%>15%，需调价。

执行原单价的工程量=2 000×(1+15%)=2 300 m^2

执行新单价的工程量=2 500−2 300=200 m^2

新单价=250×0.9=225(元)

故 B 分项工程价款=2 300×250+200×225=620 000(元)=62(万元)

3. 该工程应付竣工结算价款=(105+62)×(1−3%)−25.5=136.49(万元)

6.1.2.6 暂列金额与计日工

1. 暂列金额

暂列金额是指为保证工程施工建设的顺利实施，应对施工过程中可能出现的各种不确定因素，对工程造价的影响，在招标控制价中需估算一笔暂列金额。暂列金额可根据工程的复杂程度、设计深度、工程环境条件(包括地质、水文、气候条件等)进行估算，一般可按分部分项工程费的 10%～15%作为参考。

暂列金额只能按照监理人的指示使用，并对合同价格进行相应调整。尽管暂列金额列入合同价格中，但并不属于承包人所有，也不必然发生。只有按照合同约定实际发生后，才成为承包人的应得金额，纳入合同结算价款中。扣除实际发生金额后的暂列金额仍属于发包人所有。

2. 计日工

计日工包括计日工人工、材料和施工机械。在编制招标控制价时，对计日工中的人工单价和施工机械台班单价应按省级、行业建设主管部门或其授权的工程造价管理机构公布的单价计算；材料应按工程造价管理机构发布的工程造价信息中的材料单价计算，工程造价信息未发布的材料单价的，其价格应按市场调查确定的单价计算。

(1) 计日工费用的产生

发包人通知承包人以计日工方式实施变更的零星工作，其价款按列入已标价工程量清单中的计日工计价子目及其单价进行计算。

采用计日工计价的任何一项变更工作，在该项变更实施过程中，承包人应按合同约定，提交以下报表和有关凭证报送发包人复核：

1) 工作名称、内容和数量；

2) 投入该工作的所有人员姓名、工种、级别和耗用工时；

3）投入该工作的材料类别和数量；

4）投入该工作的施工设备型号、台数和耗用台班(时)；

5）发包人要求提交的其他资料和凭证。

(2）计日工费用的确认和支付

任一计日工项目持续进行时,承包人应在该项工作实施结束后的24小时内向发包人提交有计日工记录汇总的现场签证报告一式三份。发包人在收到承包人提交现场签证报告后的2天内确认,并将其中一份返还给承包人,作为计日工计价和支付的依据。发包人逾期未确认也未提出修改意见的,应视为承包人提交的现场签证报告已发包人认可。

任一计日工项目实施结束后,承包人应按照确认的计日工现场签证报告核实该类项目的工程数量,并应根据核实的工程数量和承包人已标价工程量清单中的计日工单价计算,提出应付价款;已标价工程量清单中没有该类计日工单价的,由发承包双方工程变更规定双方商定计日工单价。

计日工由承包人汇总后,在每次申请进度款支付时列入进度付款清单中,由(监理人复核并经)发包人同意后列入进度付款。

6.1.3　物价变化类合同价款调整

6.1.3.1　物价波动

施工合同履行期间,因人工、材料、工程设备和机械台班等价格波动影响合同价款时,发承包双方可以根据合同约定的调整方法,对合同价款进行调整。

物价波动引起的合同价款调整方法有两种,一种是采用价格指数调整价格差额,另一种是采用造价信息调整价格差额。两种调整价格差额的方法详表6-4。

承包人采购材料和工程设备的,若在合同中没有约定材料、工程设备单价变化的调整,则当单价变化超过5%时,超过部分的价格可按上述两种方法之一进行调整。

1. 采用价格指数调整价格差额

(1）价格调整公式

因人工、材料、工程设备和施工机具台班等价格波动影响合同价款时,根据投标函附录中的价格指数和权重表约定的数据,按"表6-4 物价变化类合同价款的调整"的调值公式进行计算。

调值公式中价格指数应首先采用工程造价管理机构提供的价格指数,缺乏价格指数时,可采用工程造价管理机构提供的价格代替。

在计算调整差额时得不到现行价格指数的,可暂用上一次价格指数计算,并在以后的付款中再按实际价格指数进行调整。

(2）权重的调整

按变更范围和内容所约定的变更,导致原定合同中的权重不合理时,由承包人和发包人协商后进行调整。

(3）工期延误后的价格调整

由于发包人原因导致工期延误的,则对于计划进度日期(或竣工日期)后续施工的工程,在使用价格调整公式时，应采用计划进度日期(或竣工日期)与实际进度日期(或竣工日期)的两个价格指数中较高者作为现行价格指数。

表 6-4　物价变化类合同价款的调整

<table>
<tr><th colspan="2">项目名称</th><th>主　要　内　容</th></tr>
<tr><td rowspan="3">物价波动引起的价格调整</td><td>总则</td><td>因物价波动引起的价格调整，可采用价格指数调整价格差额或采用造价信息调整价格差额</td></tr>
<tr><td>采用价格指数调整价格差额的调值公式</td><td>此方法适用于使用的材料品种较少，但每种材料使用量较大的土木工程，如公路、水坝等。其价格调整计算公式如下：
$$P = P_0\left[a_0 + a_1\frac{A}{A_0} + a_2\frac{B}{B_0} + a_3\frac{C}{C_0} + a_4\frac{D}{D_0} + \cdots\right)$$
P 为工程实际结算款；P_0 为合同价款中工程预算进度款；a_0 为固定部分其值为 0.15　0.35；a_i 为各可调因子权重在投标函投标总报价中所占的比例；$A,B,C,D,\cdots$为各可调因子的现行价格指数；$A_0,B_0,C_0,D_0,\cdots$为各可调因子在基准日期的价格指数
说明：基准日期指投标截止时间前 28 d(非招标工程则以合同签订前 28 d 为基准日)；P_0不包括价格调整，不计质量保证金的扣留和支付、预付款的支付和扣回；现行价格指数指约定的付款证书相关周期最后一天的前 42 d 的价格指数。
$\sum_{i=0}^{n} a_i = 1$，即固定因子系数和可调因子系数之和等于 1</td></tr>
<tr><td>采用造价信息调整价格差额</td><td>此方式适用于使用的材料品种较多，相对而言每种材料使用量较小的房屋建筑与装饰工程。
施工期内，因人工、材料、设备和机械台班单价波动影响合同价格时，人工、机械使用费按照国家或省、自治区、直辖市建设行政管理部门、行业建设管理部门或其授权的工程造价管理机构发布的人工成本信息、机械台班单价或机械使用费系数进行调整；需要进行价格调整的材料，其单价和采购数量应由监理人复核，监理人确认需调整的材料单价及数量，作为调整工程合同价格差额的依据。
材料价格变化超过省级或行业建设主管部门或其授权的工程造价管理机构规定的幅度时应当调整，承包人应在采购材料前将采购数量和新的材料单价报发包人核对，确认用于本合同工程时，发包人应确认采购材料的数量和单价。发包人在收到承包人报送的确认资料后 3 个工作日不予答复的视为已经认可，作为调整工程价款的依据。如果承包人未报经发包人核对即自行采购材料，再报发包人确认调整工程价款的，如发包人不同意，则不作调整</td></tr>
<tr><td colspan="2">工程价款调整程序</td><td>调整因素确定 14 d 内→受益方提交调整工程价款报告→收到调整报告的一方 14 d 内予以确认或提出意见→双方意见一致，则确认调整。
经发、承包双方确认调整的工程价款，作为追加(减)合同价款，与工程进度款同期支付</td></tr>
</table>

由于承人原因导致工期延误的，则对于计划进度日期(或竣工日期)后续施工的工程，在使用价格调整公式时，应采用后续施工的工程，在使用价格调整公式时，应采用与实际进度日期(或竣工日期)的两个价格指数中较低者作为现行价格指数。

【例 6.1-2】 某市市政道路扩建项目进行施工招标，投标截止日期为 2017 年 5 月 1 日，通过评标确定中标人后，签订施工合同，合同总价为 80 000 万元，工程于 2017 年 6 月 20 日开工。施工合同中约定：

(1) 预付款为合同总价的 5%，分 10 次按相同比例从每月应支付的工程进度款中扣还。

(2) 工程进度款按月支付，进度款金额包括：当月完成的清单子目的合同价款；当月确定的变更、索赔金额；当月价格调整金额；扣除合同约定应当抵扣的预付款和扣留的质量保证金。

(3) 质量保证金从月进度付款中按 5%扣留，最高扣至合同总价的 5%。

(4) 工程价款结算时，人工单价、钢材、水泥、沥青、砂石料以及机具使用费，采用价格指数法给承包商以调价补偿，各项权重系数及价格指数见表 6-5，根据表 6-5 所列工程前 4 个月的完成情况，计算 8 月实际支付给承包人的工程款数额。

表 6-5　工程价款因子权重系数及造价指数

费用项目 / 权重系数	人工（元/工日）	钢材	水泥	沥青	砂石料	机具使用费	固定值
各月价格(指数)	0.15	0.10	0.08	0.15	0.12	0.10	0.30
2017 年 4 月指数	91.7	78.95	106.97	99.92	114.57	115.18	—
2017 年 5 月指数	91.7	82.44	106.80	99.13	114.26	115.39	—
2017 年 6 月指数	91.7	86.53	108.11	99.09	114.03	115.41	—
2017 年 7 月指数	95.96	85.84	106.88	99.38	113.01	114.94	—
2017 年 8 月指数	95.96	86.75	107.27	99.66	116.08	114.91	—
2017 年 9 月指数	101.47	87.80	128.37	99.85	126.26	116.41	—

表 6-6　2017 年 6—10 月工程完成情况

金额(万元) / 支付项目	6 月份	7 月份	8 月份	9 月份
截至当月完成的清单子目价款	1 200	3 510	6 950	9 840
当月确认的变更金额(调价前)	0	60	−110	100
当月确认的索赔金额(调价前)	0	10	30	50

解：

(1) 计算 8 月份完成的清单子目的合同价款：6 950−3 510=3 440（万元）

(2) 计算 8 月份的价格调整金额：

说明：① 由于当月的变更和索赔金额不是按照现行价格计算的，所以应当计算在调价基数内；

② 基准日为 2017 年 4 月 2 日，所以应当选取 4 月份的价格指数作为各可调因子的基本价格指数；

③ 人工费缺少价格指数，可以用相应的人工单价代替。

价格调整金额

$$=(3\,440-110+30)\times[(0.30+0.15\times95.96/91.70+0.10\times86.75/78.95+0.08\times107.27/106.97+0.15\times99.66/99.92+0.12\times116.08/114.57+0.10\times114.91/115.18)-1]$$

$$=3\,360\times[(0.30+0.15\times1.046\,5+0.10\times1.098\,8+0.08\times1.002\,8+0.15\times0.997\,4+0.12\times1.013\,2+0.10\times0.997\,7)-1]$$

＝3 360×[(0.30＋0.157 0＋0.109 9＋0.080 2＋0.149 6＋0.121 6＋0.099 8)－1]

＝3 360×0.018 0

＝60.578 3(万元)。

(3) 计算 8 月份应当实际支付的金额：

8 月份的应扣预付款 8 000×5%/10＝400(万元)；

8 月份的应扣质量保证金：(3 440－110＋30＋60.578 3)×5%＝171.028 9(万元)；

8 月份应当实际支付的进度款金额：

3 440－110＋30＋60.578 3－400－171.028 9＝2 849.549(万元)。

2. 造价信息调整价格差额

(1) 人工单价的调整

人工单价发生变化时，发承包双方应按省级或行业建设主管部门或其授权的工程造价管理机构发布的人工成本文件调整合同价款。

(2) 材料和工程设备价格的调整

材料、工程设备价格变化的价款调整，按照承包人提供主要材料和工程设备一览表，根据发承包双方约定的风险范围，按以下规定进行调整。

① 如果承包人投标报价中材料单价低于基准单价，工程施工期间材料单价涨幅以基准单价为基础超过合同约定的风险幅度值时，或材料单价跌幅以投标报价为基础超过合同约定的风险幅度值时，其超过部分按实调整。

② 如果承包人投标报价中材料单价高于基准单价，工程施工期间材料单价跌幅以基准单价为基础超过合同约定的风险幅度值时，或材料单价涨幅以投标报价为基础超过合同约定的风险幅度值时，其超过部分按实调整。

③ 如果承包人投标报价中材料单价等于基准单价，工程施工期间材料单价涨、跌幅以基准单价为基础超过合同约定的风险幅度值时，其超过部分按实调整。

④ 承包人应当在采购材料前将采购数量和新的材料单价报发包人核对，确认用于本合同工程时，发包人应当确认采购材料的数量和单价。发包人在收到承包人报送的确认资料后 3 个工作日不予答复的，视为已经认可，作为调整合同价款的依据。如果承包人未报经发包人核对即自行采购材料，再报发包人确认调整合同价款的，如发包人不同意，则不作调整。

(3) 施工机具台班单价的调整

施工机具台班单价或施工机具使用费发生变化超过省级或行业建设主管部门或其授权的工程造价管理机构规定的范围时，按照其规定调整合同价款。

【例 6.1－3】 施工合同中约定，承包人承担的钢筋价格风险幅度为±5%，超出部分依据《建设工程工程量清单计价规范》(GB 50500—2013)造价信息法调差。已知投标人投标价格、基准期发布价格分别为 2 800 元/、2 500 元/，2017 年 12 月、2018 年 7 月的造价信息发布价分别为 2 400 元/t，3 000 元/t。则该两月钢筋的实际结算价格应分别为多少？

解：承包人投标报价高于基准价

(1) 2017 年 12 月信息价下降，应以较低的基准价基础计算合同约定的风险幅度值：

2 500×(1－5%) ＝2 375 元/t＜2 400 元/t，未超出合同约定的幅度值，不调整。

2017 年 12 月实际结算价格＝2 400 元/t。

(2) 2018 年 7 月信息价上涨，应以较高的投标价格为基础计算合同约定的风险幅度值：

2 800×(1+5%) =2 940(元/t),

因此,钢筋每吨应上调价格=3 000−2 940=60(元/t)

2018 年 7 月实际结算价格=2 800+60=2 860(元/t)。

6.1.3.2　暂估价

在工程招标阶段已经确定的材料、工程设备或专业工程项目,但无法在当时确定准确的价格,而可能影响招标效果的,可由发包人在工程量清单中给定一个暂估价。暂估价处理分两个类别四种情形,详表 6-7。

表 6-7　暂估价处理的原则

<table>
<tr><th>类别</th><th>情　形</th><th>定价方式</th><th>费　用　处　理</th></tr>
<tr><td rowspan="2">材料、设备暂估价</td><td>属于依法必须招标的材料、工程设备和专业工程</td><td>由发、承包双方以招标的方式共同确定供应商或分包人</td><td>中标金额与清单暂估价价差、相应的税金等其他费用列入合同价格</td></tr>
<tr><td>不属于依法必须招标的材料、工程设备</td><td>承包人报样,发包人(监理人)认价</td><td>经发包人(监理人)确认的价格与清单暂估价的价差及相应税金等其他费用列入合同价格</td></tr>
<tr><td rowspan="2">专业工程暂估价</td><td>不属于依法必须招标的专业工程</td><td>按变更计价处理</td><td>由发包人(监理人)估价的专业工程与清单暂估价的价差及相应税金等其他费用列入合同价格</td></tr>
<tr><td>属于依法必须招标的专业工程</td><td>由发、承包双方依法组织招标选择专业分包人,并接受有建设工程招标投标管理机构的监督</td><td>(1) 除合同另有约定外,承包人不参加投标的专业工程,应由承包人作为招标人,但拟定的招标文件、评标方法、评标结果应报送发包人批准。与组织招标工作有关的费用应当被认为已经包括在承包人的签约合同价(投标总报价)中;
(2) 承包人参加投标的专业工程,应由发包人作为招标人,与组织招标工作有关的费用由发包人承担。同等条件下,应优先选择承包人中标;
(3) 专业工程依法进行招标后,以中标价为依据取代专业工程暂估价</td></tr>
</table>

6.2　工程索赔

工程索赔是在工程承包合同履行中,当事人一方由于另一方未履行合同所规定的义务或者出现了应当由对方承担的风险而遭受损失时,向另一方提出赔偿要求的行为。

在实际工程中,“索赔”是双向的,既包括承包人向发包人索赔,也包括发包人向承包人索赔。但在工程实践中,发包人索赔数量较小,而且处理方便:可以通过冲账、扣拨工程款、扣保证金等方式实现对承包人的索赔。而承包人对发包人的索赔则比较困难。通常情况下，索赔是指承包人(施工单位)在合同实施中，对非自身原因造成的工程延期、费用增加而要求发包人给予补偿的一种权利要求。

索赔具有广泛的含义，大体归纳为三个方面：

(1) 一方违约使另一方蒙受损失，受损方向对方提出赔偿的要求。

(2) 发生应由发包人承担责任的特殊风险或遇到不利自然条件等情况，使承包人蒙受较大损失而向发包人提出补偿损失要求。

(3) 承包人本应当获得的正当利益，由于没有及时得到监理人的确认和发包人应给予的支付，而以正式函件向发包人索赔。

6.2.1 索赔产生的原因

工程索赔产生的原因见表 6-8。

表 6-8 工程索赔产生的原因

序号	原因	释 义
1	当事人违约	常常表现为没有按照合同约定履行自己的义务。发包人违约常常表现为没有为承包人提供合同约定的施工条件、未按合同约定的期限和数额付款。监理人未能按照合同约定完成工作，如未能及时发出图纸、指令等也视为发包人违约。承包人违约则主要表现为没按照合同约定的质量、期限完成施工或由于不当行为给发包人造成其他损害
2	不可抗力事件或不利的物质条件	(1) 不可抗力 是指合同双方在合同履行中出现的不能预见、不能避免并不能克服的客观情况，又分为自然事件和社事件。 ① 自然事件主要是工程施工过程中不可避免发生并不能克服的自然灾害，包括地震、海啸、瘟疫、水灾等。 ② 社会事件则包括国家政策、法律、法令的变更，战争、罢工等。 (2) 不利的物质条件 通常是指承包人在施工现场遇到的不可预见的自然特质条件、非自然的物质障碍和污染物，包括地下水和水文条件。 (3) 不可抗力造成的损失的承担 1) 费用损失的承担原则 因不可抗力事件导致的人员伤亡、财产损失及其费用增加，发承包双方应按以下原则分别承担并调整合同价款和工期： ① 合同工程本身的损害、因工程损害导致第三方人员伤亡和财产损失以及运至施工场地用于施工的材料和待安装的设备的损害，由发包人承担； ② 发包人、承包人人员伤亡由其所在单位负责，并承担相应费用； ③ 承包人的施工机械设备损坏及停工损失，由承包人承担； ④ 停工期间，承包人应发包人要求留在施工场地的必要的管理人员及保卫人员的费用由发包人承担； ⑤ 工程所需清理、修复费用，由发包人承担； 2) 工期的处理 因发生不可抗力事件导致工期延误的，工期相应顺延。发包人要求赶工的，承包人应采取赶工措施，赶工费用由发包人承担

（续表）

序号	原因	释　　义
3	合同缺陷	表现为合同文件规定不严谨甚至矛盾、合同中的遗漏或错误。在这种情况下，工程师应当给予解释，如果这种解释将导致成本增加或工期延长，发包人应当给予补偿
4	合同变更	表现为设计变更、施工方法变更、追加或者取消某项工作、合同规定的其他变更等
5	监理人指令	监理人指令承包人加速施工、进行某项工作、更换某些材料、采取某些措施等，这些指令非承包人的原因造成的
6	其他第三方原因	常常表现为与工程有关的第三方的问题而引起的对本工程的不利影响

6.2.2　索赔的分类

工程索赔的分类见表6-9。

表6-9　工程索赔的分类

序号	分类标准	分　类	说　　明
1	按索赔合同依据	合同中明示的索赔	索赔要求在合同文件中有文字依据
		合同中默示的索赔	根据该合同的某些条款的含义，推论而出
2	按索赔目的	工期索赔	根据批准顺延合同工期的索赔
		费用索赔	要求对超出计划成本的附加开支给予补偿
3	按索赔事件的性质	工程延误索赔	因发包人原因或不可抗力造成工期拖延
		工程变更索赔	发包人或监理人指令导致工程变更
		合同被迫终止索赔	发包人或承包人违约以及不可抗力事件等原因造成合同非正常终止，无责任的受害方因其蒙受损失而向对方提出索赔
		工程加速施工索赔	发包人或监理人指令承包人加快施工速度
		意外风险和不可预见因素索赔	因人力不可抗拒的自然灾害、特殊风险以及一个有经验的承包人通常不能合理预见的不利施工条件或外界障碍
		其他索赔	货币贬值、汇率变化、物价上涨、政策变化等

6.2.3　索赔的处理程序

工程索赔处理程序如图6-1所示。

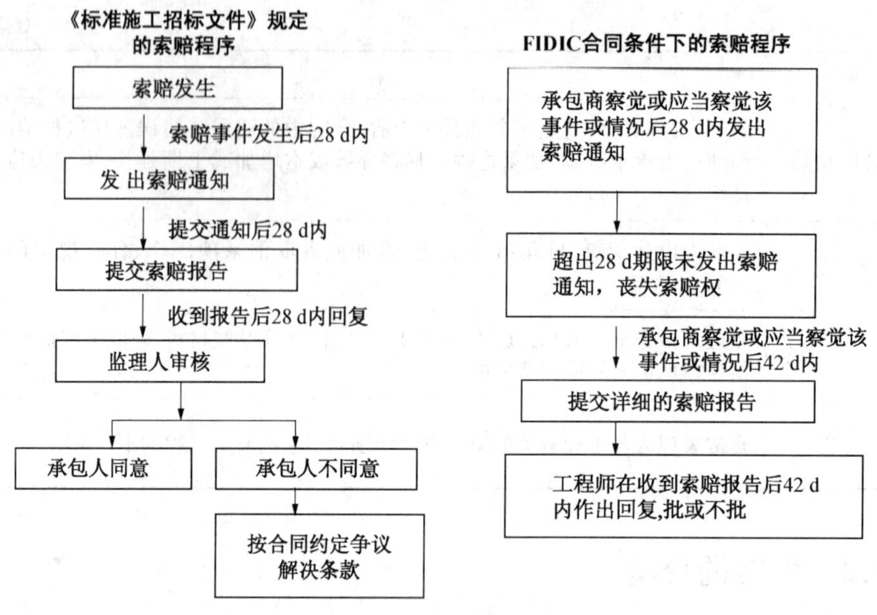

图 6-1 工程索赔处理程序

6.2.4 索赔报告的内容

索赔报告的具体内容，随该索赔事件的性质和特点而有所不同。一般来说，完整的索赔报告应包括四个部分。

1. 总论部分

总论包括序言、索赔事项概述、具体索赔要求、索赔报告编写及审核人员。

在总论部分应概要地论述索赔事件的发生日期与过程；施工单位为该索赔事件所付出的努力和附加开支以及索赔要求。

2. 根据部分

一般包括索赔事件发生的情况、已递交索赔意向书的情况、索赔事件的处理过程、索赔要求的合同根据、所附证据资料。

该部分是解决索赔成立的条件，主要说明索赔人具有的索赔权利，其内容主要来自该工程项目的合同文件，并参照有关法律规定。

3. 计算部分

该部分是以具体的计算方法和计算过程，说明自己应得的经济补偿的款额或延长的时间。该部分主要解决获得索赔的额度(包括费用和工期)。

涉及费用索赔问题的，必须阐明：索赔款的要求总额；各项索赔款的计算，如额外开支的人工费、材料费、施工机械费、管理费和损失利润等；指明各项开支的计算依据及证据资料。要注意计价方法的选用和每项开支款的合理性，并指出相应的证据资料的名称及编号。

4. 证据部分

证据包括该索赔事件所涉及的一切证据资料以及对这些证据的说明。在引用证据时，要注意该证据的效力及可信程度。例如，对一个重要的电话内容，仅附上自己的记录本是不够的，最好附上经双方签字确认的电话记录；或附上发给对方要求确认该电话记录的函件，即使对方未给复函，亦可说明责任在对方。

6.2.5　索赔的计算

发生工程索赔时按表 6－10。

表 6－10　索赔的计算

序号	名称	主　要　内　容
1	索赔费用的构成	（1）人工费 增加工作内容的人工费应按照计日工费计算，而停工损失费和工作效率降低的损失费按窝工费计算，窝工费的标准双方应在合同中的约定。 （2）材料费 材料用量的增减，价格涨跌，储存超期等导致材料费用（供应价、运输费、损耗费、采购保管仓储费）的变化，按非责任方的实际损失或消耗的材料费计算。 （3）施工机具使用费 可采用机械台班费、机械折旧费、设备租赁费等几种形式。工作内容增加引起的设备费索赔时，设备费的标准按照机械台班费计算。因窝工引起的设备费索赔，当施工机械属于施工企业自有时，按照机械折旧费计算索赔费用；当施工机械是施工企业从外部租赁时，索赔费用的标准按照设备租赁费计算。 （4）管理费 分为现场管理费和公司管理费两部分；工程量增加应有管理费索赔，窝工索赔不考虑管理费。 1）现场管理费 包括管理人员工资、办公费、通信费、交通费等。 现场管理费＝索赔的直接成本×现场管理费费率 现场管理费费率，可以按合同百分比或行业标准费率或原始估价或历史经验数据等方法确定。 2）企业（总部）管理费 索赔费用中的企业管理费指承包人向公司总部提交的管理费，包括总部职工工资、办公大楼折旧、办公用品、财务管理、通信设施以及总部领导人员赴工地检查指导工作等开支。 ① 按总部管理费的比率计算 总部管理费索赔金额＝（直接费＋现场管理费）索赔额×总部管理费比率（%） ② 按已获补偿的工程延期天数为基础计算 承包人已经获得工程延期索赔的批准后，进一步获得总部管理费索赔的计算方法： a. 计算被延期工程应当分摊的总部管理费 延期工程应当分摊的总部管理费＝同期公司计划总部管理费×延期工程合同价格/同期公司所有工程合同总价 b. 计算被延期工程的日平均总部管理费 延期工程的日平均总部管理费＝延期工程应当分摊的总部管理费/延期工程计划工期 c. 计算索赔的总部管理费 索赔的总部管理费＝延期工程的日平均总部管理费×延期天数 （5）保险费 承包人必须办理工程保险、施工人员意外伤害保险等各项保险，因发包人原因导致该项保险延保，从而增加保险费用

（续表）

序号	名称	主　要　内　容
1	索赔费用的构成	(6) 保函手续费 工程延期时保函手续费相应增加；反之，取消部分工程且发包人与承包人达成提前竣工协议时，承包人的保函金额相应折减，计入合同价内的保函手续费也相应扣减。 (7) 迟延付款利息 包括拖延支付工程款利息、迟延退还工程质量保证金的利息、承包人垫付施工的垫资利息、发包人错误扣款等利息，按银行同期贷款利率计算。 (8) 利润 工程量增加索赔应包括利润，窝工索赔不考虑利润。 (9) 分包费 由于发包人原因导致分包工程费用增加，分包人只能向总承包人索赔，但分包人的索赔款项应当列入总承包人对发包人的索赔款项中。 (10) 税金
2	费用索赔计算方法	(1) 实际费用法 又称分项法，即根据索赔事件所造成的损失或成本增加，按费用项目逐项进行分析、计算索赔金额。 这种方法计算复杂，但能客观反映施工单位的实际损失，比较合理，易于被当事人接受，在国际工程中应用广泛
		(2) 总费用法 又称总成本法，即当发生多次索赔事件后，重新计算工程的实际总费用，再从该实际总费用中减去投标报价时的估算总费用，即为索赔金额
		(3) 修正总费用法 该方法是对总费用法的改进，即在总费用计算的原则上，去掉一些合理因素，对总费用法进行相应的修改和调整，使其更加合理。 修正的内容： ① 将计算索赔款的时段仅局限于受到索赔事件影响的时间； ② 只计算受到索赔事件影响时段内的某项工作所受影响的损失； ③ 与该项工作无关的费用不列人总费用中； ④ 对投标报价费用重新进行核算，即受影响时段内该项工作的实际单价进行乘以实际完成的该项工作工程量，得出调整后的报价
3	工期索赔的计算方法	(1) 直接法 若某干扰事件直接发生在关键线路上，造成总工期延误，宜采用该法计算
		(2)比例计算法：对于工程量有增加时工期索赔的计算： $$\text{工期索赔值}=\frac{\text{额外增加的工程量的价格}}{\text{原合同总价}}\times\text{原合同总工期}$$
		(3) 网络图分析法：如果延误的工作为关键工作，则总延误的时间为批准顺延的工期；如果延误的工作为非关键工作，当该工作由于延误超过时差限制而成关键工作时，可以批准延误时间与时差的差值；若该工作延误后仍为非关键工作，则不存在工期索赔问题
		应注意的问题：因承包人原因造成的施工进度滞后，属于不可原谅的延期；只有非承包人原因造成的工期延误，才是可原谅的延期。可原谅延期，又可细分为给予费用补偿的延期和不给予费用补偿的延期；后者指非承包人责任的影响并未导致施工成本的额外支出

（续表）

序号	名称	主　要　内　容
4	共同延误的处理原则	(1) 首先判断造成拖期的哪一种原因是最先发生的，即确定“初始延误”者，它应对工程拖期负责。在初始延误发生作用期间，其他并发的延误者不承担拖期责任。 (2) 如果初始延误者是发包人的原因，则在发包人的原因造成的延误期内，承包人既可得到工期的延长，又可得到经济补偿。 (3) 如果初始延误者是客观原因，则在客观因素发生影响的延误期内，承包人可以得到工期延长，但很难得到费用补偿。 (4) 如果初始延误者是承包人的原因，则在承包人造成的延误期内，承包人既不能得到工期补偿，也不能得到费用补偿

6.2.6　索赔条款的比较

索赔条款的比较见表6-11和表6-12。

表6-11　FIDIC合同条件下可以合理补偿承包商索赔的条款

序号	条款号	主　要　内　容	可补偿内容		
			工期	费用	利润
1	1.9	延误发放图纸	√	√	√
2	2.1	延误移交施工现场	√	√	√
3	4.7	承包商依据工程师提供的错误数据导致放线错误	√	√	√
4	4.12	不可预见的外界条件	√	√	
5	4.24	施工中遇到文物和古迹	√	√	
6	7.4	非承包商原因检验导致施工的延误	√	√	√
7	8.4(a)	变更导致竣工时间的延长	√		
8	8.4(c)	异常不利的气候条件	√		
9	8.4(d)	由于传染病或其他政府行为导致工期的延误	√		
10	8.4(e)	业主或其他承包商的干扰	√		
11	8.5	公共当局引起的延误	√		
12	10.2	业主提前占用工程		√	√
13	10.3	对竣工检验的干扰	√	√	√
14	13.7	后续法规引起的调整	√	√	
15	18.1	业主办理的保险未能从保险公司获得补偿部分		√	
16	19.4	不可抗力事件造成的损害	√	√	

表 6－12 《标准施工招标文件》中合同条款规定的可以合理补偿承包商索赔的条款

序号	条款号	主　要　内　容	可补偿内容		
			工期	费用	利润
1	1.6.1	迟延提供图纸	√	√	√
2	1.10.1	施工过程发现文物、古迹以及其他遗迹、化石、钱币或物品	√	√	
3	2.3	延迟提供施工场地	√	√	√
4	4.11.2	承包人遇到不利物质条件	√	√	
5	5.2.4	发包人要求向承包人提前交付材料和工程设备		√	
6	5.2.6	发包人提供的材料和工程设备不符合合同要求或迟延提供或变更交货地点	√	√	√
7	8.3	发包人提供基准资料错误导致承包人的返工或造成工程损失	√	√	√
8	9.2.6	因发包人的原因造成承包人人员工伤事故		√	
9	11.3	发包人的原因造成工期延误	√	√	√
10	11.4	异常恶劣的气候条件导致工期延误	√		
11	11.6	发包人要求承包人提前竣工		√	
12	12.2	发包人原因引起的暂停施工造成工期延误	√	√	√
13	12.4.2	发包人原因引起的暂停施工后无法按时复工	√	√	√
14	13.1.3	发包人原因造成承包人工程返工	√	√	√
15	13.5.3	监理人对已隐蔽工程重新检查，经检验证明工程质量符合合同要求的	√	√	√
16	13.6.2	因发包人提供的材料、工程设备造成工程不合格	√	√	√
17	14.1.3	承包人应监理要求对材料、工程设备和工程重新检验且验收结果合格	√	√	√
18	16.2	基准日之生法律变化引起的价格调整		√	
19	18.4.2	发包人在全部工程竣工前提前占用工程	√	√	√
20	18.6.2	发包人的原因导致工程试运行失败的		√	√
21	19.2	发包人原因导致的工程缺陷和损失		√	√
22	19.2.3	工程移交后因发包人原因出现新的缺陷或损坏的修复		√	√
23	19.4	工程移交后因发包人原因出现的缺陷修复后的试运行和试验		√	
24	21.3.1	不可抗力停工期间应监理人要求照管、清理、修复工程		√	
25	21.3.1	不可抗力造成工期延误	√		
	22.2.2	因发包人违约导致承包人暂停施工	√	√	√

6.2.7　提前竣工(赶工补偿)与误期赔偿

6.2.7.1　提前竣工(赶工补偿)

1. 赶工费用

发包人应当依据相关工程的工期定额合理计算工期,压缩的工期天数不得超过定额工期的20%;超过的,应在招标文件中明示增加赶工费用。赶工费用的主要内容包括:

① 人工费的增加,例如新增加投人人工的报酬,不经济使用人工的补贴等;

② 材料费的增加,例如可能造成不经济使用材料而损耗过大,材料提前交货可能增加的费用、增加的材料运输费等;

③ 机械费的增加,例如可能增加机械设备投人,不经济地使用机械等。

2. 提前竣工奖励

发承包双方可以在合同中约定提前竣工的奖励条款,明确每日历天应奖励额度。约定提前竣工奖励的,如果承包人的实际竣工日期早于计划竣工日期,承包人有权向发包人提出并得到提前竣工天数和合同约定的每日历天应奖励额度的乘积计算的提前竣工奖励,一般来说,双方还应当在合同中约定提前竣工奖励的最高限额(如合同价款的5%)。提前竣工奖励列入竣工结算文件中,与结算款一并支付。

发包人要求合同工程提前竣工,应征得承包人同意后与承包人商定采取加快工程进度的措施,并修订合同工程进度计划。发包人应承担承包人由此增加的提前竣工(赶工补偿)费。发承包双方应在合同中约定每日历天的赶工补偿额度。此项费用作为增加合同价款列入竣工结算文件中,与结算款一并支付。

6.2.7.2　误期赔偿

承包人未按照合同约定施工,导致实际进度迟于计划进度的,承包人应加快进度,实现合同工期。合同工程发生误期,承包人应赔偿发包人由此造成的损失,并应按照合同约定向发包人支付误期赔偿费。即使承包人支付误期赔偿费,也不能免除承包人按照合同约定应承担的任何责任和应履行的任何义务。

发承包双方应在合同中约定误期赔偿费,明确每日历天应赔偿额度。如果承包人的实际进度迟于计划进度,发包人有权向承包人索取并得到实际延误天数和合同约定的每日历天应赔偿额度的乘积计算的误用赔偿费。一般来说,双方还应当在合同中约定误期赔偿费的最高限额(如合同价款的5%),误期赔偿费列入竣工结算文件中,并应在结算款中扣除。

如果在工程竣工之前,合同工程内的某单项(或单位)工程已通过了竣工验收,且该单项(或单位)工程接收证书中表明的竣工日期并未延误,而是合同工程的其他部分产生工期延误,则误期赔偿费应按照已颁发工程接收证书的单项(或单位)工程造价占合同价款的比例幅度予以扣减。

【课堂练习】

【6.2-1】 工程索赔的处理原则有(　　)。

A. 必须以合同为依据 B. 必须及时、合理地处理索赔

C. 必须按国际惯例处理 D. 必须加强预测,杜绝索赔事件发生

E. 必须坚持统一性和差别性相结合

【解题要点】 工程索赔的处理原则包括索赔必须以合同为依据;及时、合理地处理索赔;加强主动控制,减少工程索赔。答案D不准确,索赔事件是不可能杜绝的,只可能减少。

答案:AB

【6.2-2】 合同收入的组成包括( )。

A. 合同中规定的初始收入 B. 合同变更构成的收入

C. 合同索赔构成的收入 D. 合同奖励构成的收入

E. 材料涨价费

【解题要点】 财政部制定的《企业会计准则——建造合同》中对合同收入的组成内容进行了解释。合同收入包括两个部分:一是承包商与客户签订的合同中最初商定的合同总金额;二是因合同变更、索赔、奖励等构成的收入。

答案:ABCD

【6.2-3】 在FIDIC合同条件中,可索赔工期和费用,但不可以索赔利润的索赔事件包括( )。

A. 业主延误移交施工现场 B. 业主提前占用工程

C. 工程师延误发放图纸 D. 不可预见的外界条件

E. 施工中遇到文物

【解题要点】 业主延误移交施工现场、工程师延误发放图纸都既可以索赔工期、费用,也可以索赔利润。业主提前占用工程可以索赔费用和利润,不能索赔工期。

答案:DE

【6.2-4】 某建设项目,业主与甲施工单位签订了施工总包合同,合同中保函手续费为20万元,合同工期为200 d。合同履行过程中,因发生不可抗力事件致使开工日期推迟30 d,因异常恶劣气候停工10 d,因季节性大雨停工5 d,因设计分包单位延期交图停工7 d,上述事件均未发生在同一时间。则甲施工总单位可索赔的保函手续费为( )万元。

A. 0.7 B. 3.7 C. 4.7 D. 5.2

【解题要点】 首先应该判断哪些事件引起的工程延误是可以获得保函手续费索赔的:不可抗力事件和设计分包单位延期交图,共计37 d。原工期200 d保函手续费为20万元,因此延长37 d工期增加的保函手续费:

保函手续费=20万元/200 d×37 d=3.7万元

答案:B

【6.2-5】 FIDIC合同条件下,某施工合同约定,施工现场主导施工机械一台,由施工企业租得,台班单价为300元/台班,租赁费为100元/台班,人工工资为40元/工日,窝工补贴为10元/工日,以人工费为基数的综合费率为35%。在施工过程中,发生了如下事件:① 出现异常恶劣天气导致工程停工2 d,人员窝工30个工作日;② 因恶劣天气导致场外道路中断抢修道路用工20工日;③ 场外大面积停电,停工2 d,人员窝工10工日。为此,施工企业可向业主索赔费用( )元。

A. 1 100 B. 1 180 C. 1 380 D. 1 680

【解题要点】 可索赔的人工费包括增加工作内容的人工费、停工损失费和工作效率降低的损失费等累计，其中增加工作内容的人工费应按照计日工计算，而停工损失费和工作效率降低的损失费按窝工费计算，窝工费的标准双方应在合同中约定。可索赔的设备费为三种情况：当工作内容增加引起的设备费索赔时，设备费的标准按照机械台班费计算；因窝工引起的设备费索赔，当施工机械属于施工企业自有时，按照机械折旧费计算索赔费用；当施工机械是施工企业从外部租赁时，索赔费用的标准按照设备租赁费计算。题中：

① 属于异常不利的气候条件，施工企业只能索赔工期，不能索赔费用。

② 因恶劣天气导致场外道路中断抢修道路用工20工日，属新增工程量，按人员工资补偿费用且补偿利润，应补偿费用=20×40=800(元)；应索赔利润800×0.35=280(元)。

③ 可索赔人工费10×10=100(元)，可索赔机械费2×100=200(元)。

故施工企业可向业主索赔费用=800+280+100+200=1 380(元)。

有关索赔的计算问题，重点集中在不同情况下人工费和机械费索赔费用的计算方法不同。

答案：C

【6.2-6】 关于FIDIC合同条件下要求承包商递交建议书后再确定的变更，下列说法错误的是(　　)。

A. 承包商在等待答复期间，暂时停止所有工作

B. 工程是发出每一项实施变更的指令，应要求承包商记录支出的费用

C. 承包商提出的变更建议书只是作为工程师决定是否实施变更的参考

D. 除了以总价方式支付的情况外，每一项变更均应依据计量工程量进行估价和支付

【解题要点】 承包商在等待答复期间，因为此变更尚未确认，承包商应按照原合同约定履行，因此此时暂停所有工作是不恰当的。FIDIC条件下的变更与我国施工合同条件下的变更略有不同。表现在几个方面：FIDIC条件下的设计变更少于我国施工合同条件下的施工；在变更程序上FIDIC有比较特殊的方式，即工程师可以要求承包商递交建议书的方式提出变更。此外，FIDIC条件下调整某项工作规定的费率或单价的条件也应该掌握。

答案：A

【6.2-7】 承包人向发包人申请返还保证金的时间是(　　)。

A. 缺陷责任期满　　B. 缺陷通知期满

C. 竣工结算办理完毕　　D. 缺陷责任期满后14 d

【解题要点】 建设工程竣工结算后，发包人应按照合同约定及时向承包人支付工程结算价款并预留保证金。全部或者部分使用政府投资的建设项目，按工程价款结算总额5%左右的比例预留保证金。缺陷责任期内，承包人认真履行合同约定的责任，到期后，承包人向发包人申请返还保证金。

答案：A

【6.2-8】 某工程项目合同价为2 000万元，合同工期为20个月，后因增建该项目的附属配套工程需增加工程费用160万元。则承包商可提出的工期索赔为(　　)个月。

A. 0.8　　B. 1.2　　C. 1.6　　D. 1.8

【解题要点】　工期索赔的计算＝(160/2 000)×20＝1.6(个)月。

使用这一计算公式的前提应是整个工程项目的各个工序应是串行的，若存在并行工序(如网络图)，则不能用该公式计算。

答案：C

6.3　工程签证

6.3.1　工程签证概念

6.3.1.1　工程签证的定义

工程签证是工程承、发包双方在施工过程中按合同约定对支付各种费用(施工过程发生的与设计图纸、施工方案、施工预算项目或工程量不相符，需调整工程造价的费用)、顺延工期、赔偿损失所达成的双方意思表示一致的补充协议，互相的书面确认。工程签证是工程结算或最终工程结算增减工程造价的依据。

6.3.1.2　工程签证的法律特点

(1) 工程签证是双方协商一致的结果，是双方法律行为。工程合同履行的可变更性决定了合同双方必须对变更后的权利义务关系重新确认并达成一致意见。工程签证是工程合同履行过程中出现的新的补充合同，是整个工程合同的组成部分；工程签证获得确认，即可成为规范合同双方行为的依据。

(2) 工程签证涉及的利益已确认，可直接作为工程结算的凭据。在工程结算时，凡已获得双方确认的签证，均可直接在工程形象进度中间结算或工程最终结算中作为计算工程价款的依据。如若进行工程审价，审计部门对签证单不另作审查。

(3) 工程签证是施工过程中的例行工作，一般不依赖于证据。工程签证是合同双方对设计变更、进度加快、标准提高、施工条件变化、材料价格变化等引起的工期和(或)工程造价的调整的书面互相确认，对这些变化调整，在双方只要认识一致、无意见分歧、不需要什么证据时即可确认签证，这份工程签证就成为日后工程结算的依据。

6.3.1.3　工程签证构成要件

(1) 签证主体必须为施工单位和建设单位双方当事人，当只有一方当事人签字的不是签证——签证是一种互证。

(2) 签证人员必须经过授权方可享有必要的签证权利。

(3) 签证的内容必须涉及工期顺延和(或)费用的变化等内容。

(4) 签证双方就涉及的内容意见一致。

6.1.3.4　工程签证的分类

从不同的角度，可以将工程签证分为很多种类，常见的工程签证种类有：

(1) 按项目控制目标分为工期签证、费用签证、工期和费用签证。

(2) 按签证的表现形式分为设计修改变更通知单、现场经济签证、工程联系单、其他形式。

(3) 按合同约定的角度分为变更合同约定签证单、补充合同约定签证单、澄清合同约定签证单。

(4) 按签证事项是否发生或履行完毕分为签证事项已发生或已完成签证、签证事项未发生或未完成签证。

(5) 按签证的时间分为施工阶段签证、施工完成后补办的签证。

6.3.1.5　工程签证的审核要点

(1) 审查签证的程序是否到位，手续是否齐全，签证内容是否真实、准确，签证人的签字是否有效。

(2) 若施工中出现施工图纸(含变更)与工程量清单项目特征描述不符的，发、承包双方应按新的项目特征确定相应的工程量清单的综合单价。

因分部分项工程量清单漏项或非承包人原因的工程变更，引起措施项目发生变化，造成施工组织设计或施工方案变更，原措施费中已有的措施项目，按原有措施费的组价方法调整；原措施费中没有的措施项目，由承包人根据措施项目变更情况，提出适当的措施费变更，经发包人确认后调整。

因非承包人原因引起的工程量增减，该项工程量变化在合同约定幅度以内的，应执行原有综合单价；该项工程量变化在合同约定幅度以外的，其综合单价及措施费应予以调整。

若施工期内市场价格波动超出一定幅度时，应按合同约定调整工程价款；合同没有约定或约定不明确的，应按省级或行业建设主管部门或其授权的工程造价管理机构规定调整。

工程价款调整报告应由受益方在合同约定时间内向合同的另一方提出，经对方确认后调整合同价款。受益方未在合同约定时间内提出工程价款调整报告的，视为不涉及合同价款的调整。

收到工程价款调整报告的一方应在合同约定时间内确认或提出协商意见，否则视为工程价款调整报告已经得到确认。

经发、承包双方确认调整的工程价款，作为追加(减)合同价款与工程进度款同期支付。

6.3.1.6　设计变更与工程签证的区别

设计变更是保证设计和施工质量、完善工程设计、纠正设计错误以及满足现场条件变化而进行的设计修改，包括由建设单位、设计单位、监理单位、施工单位及其他单位提出的设计变更。

工程签证是指除施工图纸所确定的工程内容以外的施工现场发生的实际工作，由监理工程师确认其工程行为的发生与数量，是否予以计量与支付，应按合同原则及项目的有关规定办理。

6.3.2 工程量签证发生的原因

(1) 工程地形或地质资料发生变化

最常见的是土方开挖时的签证,地下障碍物的处理签证。工程开工前的施工现场“三通一平”及工程完工后的垃圾清运不应属于现场签证的范畴。

(2) 地下水降、排水施工方案及抽水台班

地基开挖时,如果地下水位过高,排地下水所需的人工、机械及材料必须签证。

特别说明:基础排雨水的费用一般已包括在措施项目费中。排、降水及抽水台班能否签证,取决于其是“来自天上的水”还是“来自地下的水”。如果是来自天上的雨水,特别是季节性雨水造成的基础排水费用已考虑在措施项目费中,不应再签证;而来自地下的水的抽水费一般可以签证,因此具有不可预见性。

现场抽水台班费用签证时应注意注明抽水机械的型号、规格、类别。例如:① 电动或内燃;② 单级或多级离心式;③ 清水泵、污水泵、泥浆泵或砂泵;④ 真空泵或潜水泵;⑤ 出口直径(扬程)等。

(3) 现场开挖管线或其他障碍物处理(如建设单位要求砍伐树木和移植树木)

(4) 土石方因现场环境限制,发生场内转运、外运及相应运距

(5) 材料的二次搬运

材料、设备、构件超过定额规定的运距的场外运输,必须注意:一定要超过定额已考虑的运距才可签证。特殊情况的场内二次搬运,经建设单位现场代表确认后签证。

(6) 材料、设备、构件的场外运输(一定要注意是否合同外的内容)

(7) 备用机械台班的使用(如发电机等)

(8) 工程特殊需要的机械租赁

(9) 无法按定额规定进行计算的大型设备进退场或二次进退场费用

(10) 工程其他零星修改签证

(11) 由于设计变更造成材料浪费及其他损失

例如,开工后设计变更,而施工单位已开工或下料造成的人、材、机费用的损失;设计对结构变更,而该部分结构钢筋已加工完毕等。

(12) 停工或窝工损失

由于建设单位责任造成的停水、停电超过定额或合同规定的范围,在此期间工地所使用的机械停滞台班、人工停窝工、周转材料的使用量等。

(13) 由于拆迁或其他建设单位、监理因素造成工期拖延

(14) 不可抗力造成的经济损失

工程实施过程中所出现的障碍物处理或各类工期影响,应及时以书面形式报告建设单位或监理,作为工作结算调整的依据。

(15) 建设单位供料时,由于供料不及时或不合格给施工单位造成的损失

施工单位在包工包料工程施工中,由于建设单位指定采购的材料不符合要求,必须进行二次加工的;设计要求而定额中未包括的材料加工;建设单位直接分包的工程项目所需的配套费用等均可进行签证。

（16）续建工程的加工修理

建设单位原发包施工的未完工程，委托另一施工单位续建时，对原建工程不符合要求的部分进行修理或返工的签证。

（17）零星用工

施工现场发生的与主体工程施工无关的用工，如定额费用以外的搬运拆除用工、场外道路的修复等。

（18）临时设施增补费用

临时设施增补项目应当在施工组织设计中写明，按现场实际发生的情况签证后，才能作为工程结算依据。一般情况下，临时设施费认为已包含于措施项目费中。

（19）隐蔽工程签证

此类签证往往包含以下内容，应注意保证记录的完整性、准确性和及时性：

① 基坑开挖验槽记录；

② 基础换土材料、深度、宽度记录；

③ 桩贯入深度及有关出槽量记录；

④ 钢筋验收记录。

（20）工程项目以外的签证

建设单位在施工现场临时委托施工单位进行工程以外的项目的签证。

6.3.3　现场签证常见的问题

6.3.3.1　未经核实随意签证

具有签证权的负责人不重视现场，缺乏现场签证价款控制的意识，责任心不强，往往因签证的内容与实际不符导致不必要的经济损失。

6.3.3.2　不了解定额费用的组成

如：某工程，基础填砂的人工费其实已包含在定额中，综合费已包含临时设施费，但现场人员又另签证此项费用；某工程，使用轮胎式装载机铲土运土，施工单位人员在签证的时候将其改成了“铲运机”，并且根据其进出场情况，签证了进出场三次，按当地现行预算定额中有铲运机进出场费，平均每次进出场费是 2 500 元，但轮胎式装载机是不应计取进出场费的。

6.3.3.3　不应列入直接费而签证列入

直接费是指施工过程中耗费的构成工程实体和有助于工程形成的各项费用。直接费中的人、材、机是管理费和利润的计算基数，但应采用其基期基价。

建筑材料市场价不应进入直接费，即建筑材料的涨跌对管理费、利润不应有影响。

6.3.3.4　工程变更控制不严格导致的签证

如：某大楼施工图要求基坑用素土回填，但现场签证表明实际上是采用 2∶8 级配砂卵石回填。审计结果，仅此项签证就比用外购土回填增加了签证款 90 万元。

6.3.3.5 同一工程内容反复签证

此类签证在修改或挖运土方工程中较为多见。

6.3.3.6 现场签证日期与实际不符

签证工程款的计算涉及人工费、材料费、机械费等与时间密切相关的内容，若签证未注明有效时间，往往给签证工程款结算和审计带来诸多问题。

6.3.4 现场签证的控制

(1) 现场签证必须具备建设单位驻现场代表(含监理人，至少 2 人以上)和施工单位施工负责人双方签字；对于签证价款较大或大宗材料单价，应加盖公章。

对于具有工程签证的签字权之人，应在合同中明确规定或是以书面委派。

(2) 凡预算定额或间接费定额，有关文件有规定的项目，不得另行签证。

(3) 现场签证内容、数量、项目、原因、部位、日期等要明确。

(4) 现场签证要及时，不应拖延过后补签。对于重大的现场变化，应及时拍照或录像，保留第一手资料。

(5) 现场签证要一式多份，各方至少保存 1 份原件(最好按档案要求的份数)，避免自行修改，结算时无对证。

(6) 现场签证应编号归档。在送审时，统一由送审单位加盖"送审资料"章。避免审核过程中，各方根据自己的需要自行补交签证单。

(7) 分清直接费和独立费。

直接费要计算管理费、利润、规费和税金，独立费只能收取税金。独立费往往用于无法计算工程量或某些特殊的项目时，双方经商定采用具体金额来签证解决。

(8) 现场签证应坚持的原则：

① 准确计算原则。工程量签证尽可能做到详细，准确计算工程量，凡可明确计算工程量套单价(或定额)的内容，一般只能签工程量而不能签人工工日和机械台班数量。签证要达到量化要求，签证单上每一个字、每一个字母都必须清晰。

如：某工程的审计，屋面保温层签证是 10 cm 厚的现浇水泥珍珠岩，经现场勘测，实际使用建筑废料做成，仅此一项即多算造价 2 万余元；如：某工程挖土方按坑上作业 1∶0.75 放坡系数计算，且工程量有建设单位现场代表签字，但施工单位的挖土机械与施工图要求的挖土深度决定了施工单位不能坑上作业，经查施工日记也证实为坑内作业，因此放坡系数应按坑内作业 1∶0.33 符合实际情况。

② 实事求是原则。凡无法套用综合单价(或定额)计算工程量的内容，可只签所发生的人工工日或机械台班数量，实际发生多少签多少，从严把握工程零工的签证数量。

如：某工程，监理工程师签署了一份现场签证："配合预埋风管支架用工 5 个，吊支架用角钢 1 800 kg。"此签证反映了一个施工事实，施工单位却要据此追加人工工资和材料费，造价工程师没有核准此项费用。没核准的理由：《人防工程预算定额》(第三册)的工作内容中含埋设吊托支架，材料费中含有网管加固框及吊托支架的费用，据此规定确定现场签证是不合理的。

③ 及时处理原则。施工单位对在工程施工中发生的有关现场签证费用要随时作出详细的记录并加以整理，即分门别类，尽量做到以分部分项或单位工程、单项工程分开，且要进行编号，并注明签署时间，加盖公章。建设单位或监理公司的现场监理人员要认真加以复核，办理签证应注明签字日期，若有改动部分要加盖私章，然后由主管复审后签字，最后加盖公章。

如：某工程一份现场签证是监理工程师对镀锌钢管价格的确认，却没有签署时间，也没有施工发生的时间。按照当地造价信息公布的市场指导价，一、二月份 DN20 镀锌钢管价格与三、四月份的相差 150 元/m。

④ 避免重复原则。必须注意签证单上的内容与设计图纸、定额中所包含的工作内容是否有重复，对重复项目内容不得再计算签证费用。

⑤ 废料回收原则。现场签证中有许多是障碍物拆除和措施性工程，所以，凡是拆除和措施性工程中所发生的材料或设备需要回收的(不回收的要注明)，应签明回收单位，并由回收单位出具证明。

⑥ 现场跟踪原则。为加强管理，严格控制投资，对单张签证的权力限制和对累积签证价款的总量达到一定限额的限制都应在合同条款中予以明确。

如：凡单张费用超过万元以上(具体额度标准由建设单位根据工程大小确定)的签证，在费用发生前，施工单位应与现场监理人员以及造价审核人员一同到现场察看。

⑦ 授权适度原则。施工合同中应明确：签证由谁来签认，谁签才有效，分清签证的权限，加强签证管理。

(9) 材料价格的签证：

① 签证时间点的选择。市场经济条件下，价格信息是时刻发生变化的，掌握了价格变动规律，必然会在造价控制中取得较好的效果。

如：某工程，施工单位投标报价中因失误材料价格定得太低，预估工程下来仅材料差价即损失 20 余万元(合同注明施工期间材差不调)。该工程原定于 2005 年 1 月份开工，因建设单位原因该工程一直推迟至 2006 年 1 月份开工，此时恰逢施工用的主材价格大涨，项目部依据开工期比投标期晚了近一年的事实，成功实现价差索赔，共获赔 34.8 万元。

② 材料价格签证确认的方法。

(a) 调查获取材料价格信息：市场调查、电话调查、上网查询、当事人调查。

(b) 取定材料价格的方法：调查取得材料价格信息后，应及时对这些信息资料进行综合分析、平衡、过滤，从而取定接近于客观实际并符合审价要求的价格；应考虑调查价格与实际购买价格的差异，应参考其他价格信息，即当地工程建设造价的信息价、发票价、口头价、定额价、同类建材价等；采用理论测算法计算价格。

③ 取价策略。

(a) 做好相关准备：应对材料种类、型号、品牌、数量、规格、产地及工程施工环境、进货渠道等进行初步了解；掌握施工单位的进货渠道及供货商情况。

(b) 注意方法策略：询问时要给对方以潜在顾客的感觉；注意对不同调查对象进行比较；注意专卖店与零售店、大经销商与小经销商之间的价格差异。

(c) 平时注意收集资料：收集价格信息，同一材料价格在不同工程上可以互为借鉴。

④ 材料价格签证注意事项：并非所有的材料都可签证调价。超指导价的主要材料或某些特殊的材料，可给予签证，但一些辅助材料，如铁钉、油漆、周转材料、石灰等则不需办理签证。

不要将建筑工程主要材料的单价签证列入直接费，只能作价差处理。对于需办签证的材料单价，最好双方一起做市场调查，如实签明材料的名称、规格、厂家、单价、时间以及是否已包含采保运杂费等。材料损耗亦不应计入单价内，因在结算套定额时已包含此项损耗。

【例 6.3-1】 某公司新建一综合车间，2007 年立项，资金来源为国拨资金和自筹资金，2008 年 5 月勘察、设计，建筑面积 32 000 m^2，钢筋混凝土排架结构，檐口高度 18 m，基础采用人工挖孔灌注桩和独立柱基两种基础形式。招标控制价 6 527 万元，2008 年 12 月招标，某建筑公司中标，中标价为 5 892 万元。2009 年 3 月开工，由某监理公司负责监理。该基础工程人工挖孔桩共 248 根，桩径 1 000 mm。

在基础施工过程中，施工单位向建设单位、监理单位提出了增加支护钢筋的签证，签证内容：人工挖孔桩出现淤泥、流沙处采用钢筋超前支护，每 2 根 12 mm 的螺纹钢为一束，长 1 m，水平间隔 50 mm 沿护壁外围均布打入。施工方对支护按每桩一处计算，合计增加钢筋 $62\times1\times2\times0.888\times248\approx27.308$(t)。

经查施工日志、监理日志和造价审核日志，确认由于工程所在地地质情况复杂，大部分桩挖至 8 m 深左右出现流沙、淤泥层，施工单位提出利用钢筋超前支护护壁的施工方案，得到了建设单位批准。但对照跟踪施工日志、监理日志和造价审核日志发现，施工单位出具的隐蔽工程记录中仅有桩深和钢筋笼记录，而对护壁桩没有详细记录，有 156 根桩支护长度为 1 m，有 38 根桩支护长度 0.8 m，有 54 根桩未遇流沙，没有支护；施工单位虽然有隐蔽工程记录，但记录不完整。根据《建设工程工程量清单计价规范》(GB 50500—2013)第 4.5.3 条规定："工程计量时，若发现工程量清单中出现漏项、工程量计算偏差以及工程变更引起工程量的增减，应按承包人在履行合同义务过程中实际完成的工程量计算。"故经对日志和隐蔽记录的核实，确定护壁的实际钢筋工程量如下：

$$62\times1\times2\times0.888\times156+62\times0.8\times2\times0.888\times38\approx20.525(\text{t})$$

同意签予施工方护壁钢筋增加量 20.525 t。

【例 6.3-2】 某大学新建一学生宿舍，为六层砖混结构，高 21 m，建筑面积6 000 m^2，资金来源为国拨和自筹。本工程 2007 年立项，2008 年 6 月勘察，2008 年 11 月设计，工程量清单由建设单位基建处工程预结算科编制，招标控制价 588 万元。2009 年 2 月招标，某建筑公司中标，中标价 565 万元。2009 年 3 月开工，由某监理公司监理。

基础结构工程施工完毕，施工单位自检合格后，申请建设单位、设计单位、施工单位、监理单位及负有质量监督职责的相关部门对该基础进行验收，验收检查时发现：基础底面标高为－3.25 m，原设计图纸基础底标高为－2.9 m，两者相差 0.35 m，施工单位要求将此项内容进行签证，由此需增加土方及砌体工程量，相应增加基础工程结算款 14.85 万元。

造价人员仔细核对了招标文件所附列的工程量清单，认真研究了招标文件的技术要求中关于按施工图纸及技术说明进行施工及隐蔽工程验收的相关条款，然后查阅了施工单位的投标文件。审计人员分析造成基础超深原因不是因设计变更产生的，而是由于施工单位测量人员工作失误或工作责任心不强、没控制好基底标高而导致地基超挖。施工单位负有由于自身过失增加费用的责任，该基础工程与设计图纸不一致导致的施工损失一概由施工单位承担。

【例6.3-3】 某工程机械厂在某市郊区新征地800亩，其中自来水管网和电缆沟工程由某水电安装公司承建。自来水管网工程由某自来水设计有限公司设计，主管为DN300球墨铸铁管，支管为DN200和DN100球墨铸铁管，总长约2 500 m。电缆沟工程由某电力勘测设计有限公司设计。设计主沟宽1.2 m，支沟宽0.9 m，沟深0.8 m。电缆采用YJV22－3×185/10 kV，长约3 800 m。该工程采取按实结算。工程2009年4月18日动工，合同要求2009年12月30日完工。

工程施工过程中，部分自来水管网管槽开挖宽度为0.6 m，深0.7 m，未按设计断面开挖球墨铸铁管底、顶，且均未按要求回填细砂。电缆沟角钢支架末端未按要求做挡边，电缆头位置未设置标志。

存在问题(1)：施工单位未按照施工图设计施工。按自来水设计有限公司设计的图纸中"沟槽开挖横断面"（水施008）中DN300、DN200、DN100管沟的宽度和深度分别为0.9 m×0.8 m、0.8 m×0.8 m、0.79 m×0.8 m；设计图纸对回填作了说明：管槽填砂至管顶0.3 m，夯实，管槽底采用0.1 m厚砂垫层。施工单位采用小型挖掘机挖土，挖机宽度刚好0.6 m，虽然可以将DN300的铸铁管置入管槽内，但两边没有工作面，不满足施工操作要求。管顶和管底回填黏土而没有回填细沙，不满足设计要求。

存在问题(2)：施工单位未按照标准图集施工。《建筑电气安装工程图集》JD5对"10千伏及以下的电缆线路"的设计作了具体要求，"要求角钢电缆支架外端应设置15 mm高的挡边；电缆线路如有接头时，要设在电缆沟的入孔或手孔处，并做好标志。"电缆沟角钢支架末端未按要求做接头，电缆头位置未设置标志均不符合设计要求。

针对上述问题，建设单位勒令施工单位停工整顿，并对出现上述问题的工程段进行返工。由于施工单位未按设计图纸和有关标准图集进行施工，返工所造成的经济损失由施工单位承担，工期不予顺延，有关材料、人工工资单价仍按工程正常施工时同期的市场单价计算。

本案例中，球墨铸铁管管道宽度除了管子本身的宽度外，每边预留300 mm宽是为了便于各种管子安装。要求角钢电缆支架外端应设置15 mm高挡边，是为了防止架设电缆时电缆的跌落；电缆线路有接头时，要设在电缆沟的入孔或手孔处，并做好标志，是为了方便维修。从降低工程造价的角度出发，如果设计有明显不合理的地方，在满足规范要求的前提下，施工方可以提出修改设计的建议，由设计院出具设计变更，方可施工。

6.4 建设工程价款结算

工程价款结算，是指对建设工程的发包承包合同价款进行约定和依据合同约定进行工程预付款、工程进度款、工程竣工价款结算的活动。工程价款结算应按合同约定办理，合同未作约定或约定不明确的，发、承包双方应依照下列规定与文件进行协商处理：

(1) 国家有关法律、法规和规章制度；

(2) 国务院建设行政主管部门，省、自治区、直辖市或有关部门发布的工程造价计价标准、计价办法等有关规定；

(3) 建设项目的补充协议、变更签证和现场签证，以及经发、承包人认可的其他有效文件；

(4) 其他可依据的材料。

6.4.1 建设工程结算价款的构成内容

建设工程结算价款内容如图 6-2 所示。

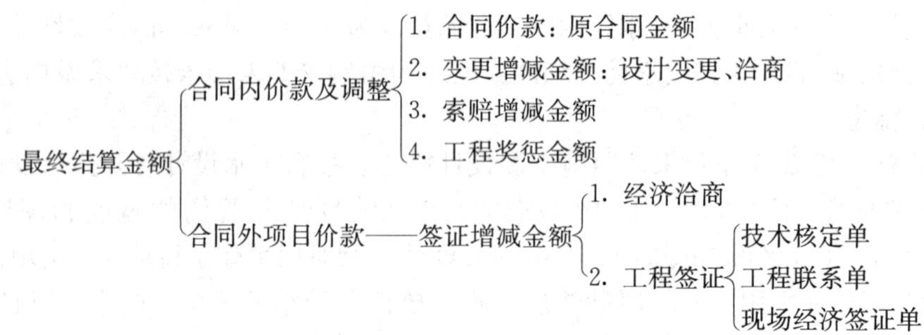

图 6-2 建设工程结算价款内容

6.4.2 工程价款结算方式

工程价款的结算方式和工程价款约定的内容见表 6-13。

表 6-13 工程价款的结算方式和工程价款约定的内容

项目名称		主要内容
工程价款结算方式	按月结算	即实行按月支付进度款，竣工后清算的办法；合同工期在两个年度以上的工程，在年终进行工程盘点，办理年度结算
	分段结算	即当年开工、当年不能竣工的工程按照工程形象进度，划分不同阶段支付工程进度款；具体在合同中约定
	其他结算方式	合同中约定的其他结算方式
合同价款的约定	合同约定的工程价款结算内容	发、承包双方应在合同条款中对下列事项进行约定： (1) 预付工程款的数额、支付时间及抵扣方式； (2) 工程计量与支付工程进度款的方式、数额及时间； (3) 工程价款的调整因素、方法、程序、支付及时间； (4) 索赔与现场签证的程序、金额确认与支付时间； (5) 发生工程价款争议的解决方法及时间； (6) 承担风险的内容、范围以及超出约定内容和范围的调整办法； (7) 工程竣工价款的结算编制与核对、支付方式、数额及时间； (8) 工程质量保证(保修)金的数额、预扣方式及时间； (9) 安全措施和意外伤害保险费用； (10) 工期及工期提前或延后的奖惩办法； (11) 与履行合同、支付价款相关的担保事项等

（续表）

项目名称		主　要　内　容
合同价款的约定	合同价款约定的要求	实行招标的工程合同价款应在中标通知书发出之日起 30 d 内，由发、承包双方依据招标文件和中标人的投标文件在书面合同中约定。不实行招标的工程合同价款，在发、承包双方认可的工程价款的基础上，由发、承包双方在书面合同中约定
	合同价款中综合单价调整的约定	合同应当明确价款的调整原则，可参与以下进行约定： (1) 当工程量清单项目工程量变化幅度在±10%以内时，其综合单价不作调整，执行原有综合单价； (2) 当工程量清单项目工程量的变化幅度超出±10%时，且其影响分部分项工程费超过 0.1%时，其综合单价以及对应的措施费(如有)均应作调整。调整的方法是由承包人对增加的工程量或减少后剩余的工程量提出新的综合单价和措施项目费，经发包人确认后调整

6.4.3　工程计量

对承包人已经完成的合格工程进行计量并予以确认，是发包人支付工程价款的前提工作。因此，工程计量不仅是发包人控制施工阶段工程造价的关键环节，也是约束承包人履行合同义务的重要手段。

6.4.3.1　工程计量的概念

工程计量，指发承包双方根据合同约定，对承包人完成合同工程的数量进行的计算和确认。即双方根据设计图纸、技术规范以及施工合同约定的计量方式、计算方法，对承包人已经完成的且质量合格的工程实体数量进行测量与计算，并以物理计量单位或自然计量单位进行标识、确认的过程。

招标工程量清单中所列的数量，通常是根据设计图纸计算的数量，是对合同工程的估计工程量。工程施工过程中，往往由于一些原因导致承包人实际完成工程量与清单工程量不一致，例如：招标工程量清单缺项或项目特征描述与实际不符；工程变更；现场施工条件变化；现场签证；暂估价中的专业工程发包等等。因此，在工程合同价款结算前，必须对承包人履行合同义务所完成的实际工程进行准确的计量。

6.4.3.2　工程计量的原则

工程计量的原则包括下列三个方面：

(1) 不符合合同文件要求的工程不计量。即工程必须满足设计图纸、技术规范等合同文件对其在工程质量上的要求，同时有关的工程质量验收资料齐全、手续完备，满足合同文件对其在工程管理上的要求。

(2) 按合同文件所规定的方法、范围、内容和单位计量。工程计量的方法、范围、内容和单位受合同文件所约束，其中工程量清单(说明)、技术规范、合同条款均会从不同角度、不同侧面涉及这方面的内容。在计量中要严格遵循这些文件的规定，并且一定要结合起来使用。

(3) 因承包人原因造成的超出合同工程范围施工或返工的工程量，发包人不予计量。

6.4.3.3 工程计量的范围与依据

1. 工程计量的范围

工程计量的范围，包括：工程量清单及工程变更所修订的工程量清单的内容；合同文件中规定的各种费用支付项目、费用索赔、各种预付款、价格调整、违约金等。

2. 工程计量的依据

工程计量的依据，包括：工程量清单及说明、合同图纸、工程变更令及其修订的工程量清单、合同条件、技术规范、有关计量的补充协议、质量合格证书等。

6.4.3.4 工程计量方法

《建设工程工程量清单计价规范》(GB 50500—2013)8.1.1 条规定：工程量必须按照相关工程现行国家计量规范规定的工程量计算规则计算。

(GB 50500—2013)8.2.1 条规定：工程量必须以承包人完成合同工程计量的工程量确定。

工程计量可选择按月或按工程形象进度分段计量，具体计量周期在合同中约定.因承包人原因造成的超出合同工程范围施工或返工的工程量，发包能不予计量。通常区分单价合同和总价合同规定不同的计量方法，成本加酬金合同按照单价合同的计量规定进行计量。

1. 单价合同计量

单价合同工程量必须以承包人完成合同工程应予计量的按照现行国家工程量计算规范规定的工程量计算规则计算得到的工程量确定。施工中工程计量时，若发现招标工程量清单中出现缺项、工程量偏差，或因工程变更引起工程量的增减，应按承包人在履行合同义务中完成的工程量计算。

2. 总价合同计量

采用工程量清单方式招标形成的总价合同，工程量应按照以单价合同相同的方式计算。采用经审定批准的施工图纸及其预算方式发包形成的总价合同，除按照工程变更规定引起的工程量增减外，总价合同各项目的工程量是承包人用于结算的最终工程量。总价合同约定的项目计量，应以合同工程经审定批准的施工图纸为依据，发承包双方应在合同中约定工程计量的形象目标或时间节点进行计量。

6.4.3.5 工程计量程序

(1) 承包人应当按照合同约定的方法和时间，向发包人(监理人)提交已完工程量的报告。发包人(监理人)接到报告后 14 d 天核实已完工程量，并在核实前 1 d 通知承包人，承包人应提供条件并派人参加核实，承包人收到通知后不参加核实的，以发包人(监理人)核实的工程量作为工程价款支付的依据。若发包人(监理人)不按约定时间通知承包人，致使承包人未能参加核实的则核实结果无效。

(2) 发包人(监理人)收到承包人报告后 14 d 内未核实已完工程量，从第 15 天起，承包人报告的工程量即视为被确认，作为工程价款支付的依据，双方合同另有约定的，按合同执行。

(3) 承包人不同意发包人(监理人)核实的结果，则承包人应在收到上述结果后 7 d 内向发包人(监理人)提出重新计量，并申明理由和详细情况；发包人(监理人)收到后，应在 2 d 内重新核对。

发、承包双方认可的计量结果，应作为支付工程进度款的凭证。

6.4.4　工程预付款的计算

施工企业承包工程，一般者实行包工包料，这就需要一定数量的备料周转金。在工程承包合同条款中，一般要明文规定发包人在开工前拨付给承包人一定限额的工程预付款。工程预付款是为施工企业承包工程项目储备主要材料、结构件，组织施工机械和人员进场所需的流动资金，故工程预付款也称为预付备料款。

表 6-14　工程预付款的计算

序号	项目名称	主　要　内　容
1	预付时间	按照《建设工程价款结算暂行办法》规定，在具备施工条件的前提下，发包人应在双方签订合同后的一个月内或不迟于约定的开工日期前的 7 d 内预付工程款
2	未按时预付的处理	发包人不按约定预付的，承包人应在预付时间到期后 10 d 内向发包人发出要求预付的通知，发包人收到通知后仍不按要求预付的，承包人可在发出通知 14 d 后停止施工，发包人应从约定应付之日起向承包人支付应付款的利息，并承担违约责任
3	预付款支付的条件	承包人在收到预付款的同时向发包人提交等于预付款金额的银行保函 在发包人全部扣回预付款之前，该银行保函一直有效，且随着预付款的逐步扣回，该银行保函金额相应递减
4	预付备料款的额度	工程预付款额度一般是根据施工工期建安工程量、主要材料和构件费用占建安工程费的比例以及材料储备周期等因素经测算来确定，常用的有两种计算方法： (1) 百分比法 包工包料的工程，原则上预付比例不低于合同金额(扣除暂列金额)的 10%，不高于合同金额(扣除暂列金额)的 30%。对重大工程项目，按年度工程计划逐年预付。 (2) 公式计算法 工程预付款=(年度工程总价×材料比例(%))/年度施工天数×材料储备定额天数 其中，年度施工天数按 365 天日历天计算；材料储备定额天数由当地材料供应的在途天数、加工天数、整理天数、供应间隔天数、保险天数等因素决定
5	预付备料款的扣回方式	发包单位拨付给承包单位的工程预付款属于预支性质，随着工程实施过程中所需的主要材料储备逐步减少，应以充抵工程价款的方式陆续扣回，抵扣方式在合同中明确约定。扣款方式主要有以下两种： 方式 1：起扣点法。可以从未施工工程尚需的主要材料及构件的价值相当于备料款数额时起扣，从每次结算工程价款中，按材料比重扣抵工程价款，竣工前全部扣清。表达公式： $T = P - \frac{M}{N}$ 方式 2：合同约定法，按照双方约定的方式和比例扣还预付款。 例如：建设部《招标文件范本》中规定，在承包人完成金额累计达到合同总价的 10%后，由承包人开始向发包人还款，发包人从每次应付给承包人的金额中扣回工程预付款，发包人至少在合同规定的完工期前三个月将工程预付款的总计金额按逐次分摊的办法扣回。 【特别提示】：① 扣还预付款应在扣还保修金之后进行；② 清单形式合同价款结算中分为材料预付款和措施费用预付款

（续表）

序号	项目名称	主　要　内　容
6	预付款担保	预付款担保是指承包人与发包人签订合同后领取预付款前，承包人正确、合理使用发包人支付的预付款额提供的担保。 预付款担保主要作用是保证承包人能够按合同规定的目的使用，并及时返还发包人支付的全部预付金额。如果承包人中途毁约，终止工程，发包人不能在规定期限内从应付工程款中扣除全部预付款，发包人有权该项担保金额中获得补偿。 预付款担保的主要形式为银行保函。预付款担保的担保金额通常以发包人的预付款是等值的，预付款一般逐月从工程进度款中扣除，预付款担保的担保金额也相应减少。承包人的预付款保函的担保金额根据预付款扣回的数额相应扣减，但在预付款全部扣回之前一直保持有效。 预付款担保也可以采用发承包双方约定的其他形式，如由担保公司提供担保或采取抵押等担保形式
7	安全文明施工费	发包人应在工程开工后的 28 d 内预付不低于当年施工进度计划的安全文明施工费总额的 60%，其余部分按照提前安排的原则进行分解，与进度款同期支付。 若发包人没有按时支付安全文明施工费的，承包人可催告发包人支付；发包人在付款期满后的 7 d 内仍未支付的，若发生安全事故，发包人承担连带责任

【特别说明】：采用起扣点扣回预付款的计算公式的各符号的含义：

P：合同价款；N：主材及构件所占的比重；

M：预付款金额，预付备料款M＝未完工程尚需主要材料和构件款

$$M＝未完工程价值×主材及构件比重\ N$$

T：起扣点，即工程预付款开始扣回时的累计完成工程款。

$$M=(合同价款\ P-已完工程价值)\times 主材及构件比重\ N$$

起扣点 $T=$ 已完工程价值 $=$ 合同价款 $P-$ 预付备料款 $M/$ 主材比重 N，故有 $T=P-\dfrac{M}{N}$。

6.4.5　质量保证金计算

建设工程保证金(以下简称保证金)是指发包人与承包人在建设工程承包合同中约定，从应付的工程款中预留，用以保证承包人在缺陷责任期内对建设工程出现的缺陷进行维修的资金。发包人应按照合同约定的质量保证金比例从结算款中预留质量保证金。质量保证金用于承包人按照合同约定履行属于自身责任的工程缺陷修复义务，为发包人有效监督承包人完成缺陷修复提供资金保障。

缺陷责任期：缺陷责任期一般为 6 个月、12 个月或 24 个月，具体可由发、承包双方在合同中约定。缺陷责任期内，由承包人原因造成的缺陷，承包人应负责维修，并承担鉴定及维修费用。如承包人不维修也不承担费用，发包人可按合同约定扣除保证金，并由承包人承担违约责任。承包人维修并承担相应费用后，不免除对工程的一般损失赔偿责任。

由他人原因造成的缺陷，发包人负责组织维修，承包人不承担费用，且发包人不得从保证金中扣除费用。

表 6－15　质量保证金计算方法

序号	项目名称	主　要　内　容
1	合同对保留金的约定	(1) 保证金预留、返还方式； (2) 保证金预留比例、期限； (3) 保证金是否计付利息，如计付利息，利息的计算方式； (4) 缺陷责任期的期限及计算方式； (5) 保证金预留、返还及工程维修质量、费用等争议的处理程序； (6) 缺陷责任期内出现缺陷的索赔方式
2	保证金的预留	发包人(监理人)应从第一个付款周期开始，在发包人的进度付款中，按约定比例扣留质保金，直到扣留的质保金达到专用条款约定的金额或比例为止。 《建设工程质量保证金管理暂行办法》(建质【2005】7 号)第六条规定："建设工程竣工结算后，发包人应按照合同约定及时向承包人支付工程结算价款，并预留保证金"；第七条规定："全部或者部分使用政府投资的建设项目，按工程价款结算总额 5%左右的比例预留保证金。社会投资项目采用预留保证金方式，预留保证金的比例可参照执行"
3	保证金的返还	缺陷责任期满后，承包人向发包人申请返还保证金。发包人在接到承包人返还保证金申请后，应于 14 d 内会同承包人按照合同约定的内容进行核实。如无异议，发包人应当在核实后 14 d 内将保证金返还给承包人，逾期支付的，从逾期之日起，按照同期银行贷款利率计付利息，并承担违约责任。发包人收到返还保证金申请后 14 d 内不予答复，经催告 14 d 内仍不予答复的，视同认可返还申请
4	保证金的管理	(1) 保证金的管理。缺陷责任期内，实行国库集中支付的政府投资项目，保证金的管理应按国库集中支付的有关规定执行。其他的政府投资项目，保证金可以预留在财政部门或发包方。 (2) 缺陷责任期内，如发包人被撤销，保证金随交付使用资产一并移并使用单位管理，由使用单位代行发包人职责。 (3) 社会投资项目采用预留保证金方式的，发、承包双方可以约定将保证金交由金融机构托管； (4) 采用工程质量保证担保、工程质量保险等其他保证方式的，发包人不得再预留保证金，并按有关规定执行。 (5) 承包人未按照合同约定履行属于自身责任的工程缺陷修复义务的，发包人有权从质量保证金中扣除用于缺陷修复的各项支出，经查验，工程缺陷发包人原因造成的，应由发包人承担查验和缺陷修复的费用

6.4.6　工程进度款支付

工程进度款支付申请及确认方式见表 6－16。

表 6-16　进度款支付申请及确认

序号	项目名称	主　要　内　容
1	承包人提交进度付款申请单	在工程量经复核认可后，承包人应在每个付款周期末，按发包人（监理人）批准的格式和约定的份数，提交进度付款申请单，并附相支付证明文件： 进度款支付申请应包含的内容： (1) 本期已实施工程的价款； (2) 累计已完工程价款； (3) 累计已支付的工程价款； (4) 本期已完成计日工金额； (5) 应增加和扣减的变更金额； (6) 应增加和扣减的索赔金额； (7) 应抵扣的工程预付款； (8) 应扣减的质量保证金； (9) 根据合同应增加和扣减的其他金额； (10) 本付款周期实际应支付的工程价款
2	进度付款证书及支付时间	(1) 监理人应在收到承包人进度付款申请单以及相应的支持性证明文件后的 14 天内完成核查，提出发包人到期应支付的金额以及相应的支持 性材料，经发包人审查同意后，由监理人向承包人出具经发包人签 认的进度付款证书。 (2) 承包人提出支付工程进度款申请后 14 d 内，发包人应按不低于工程价款的 60%，不高于工程价款的 90%向承包人支付工程进度款。 (3) 保修金的扣留，应扣回的预付款，与工程进度款同期结算抵扣。 (4) 发包人超过约定的支付时间不支付工程进度款，承包人应及时向发包人发出要求付款的通知，发包人收到承包人通知后仍不能按要求付款，可与承包人协商签订延期付款协议，经承包人同意后可延期支付，协议应明确延期支付的时间和从工程计量结果确认后第 15 d 起计算应付款的利息

6.4.7　工程竣工结算

工程竣工结算是指承包人按照合同规定的内容全部完成所承包的工程，经验收质量符合合同要求之后，向发包人进行的最终工程价款结算。

工程竣工结算分为单位工程竣工结算、单项工程竣工结算和建设项目竣工结算。其中单位工程竣工结算和单项工程竣工结算也可看作是分阶段结算，详见表 6-17。

表 6-17　工程竣工结算

序号	项目名称	主　要　内　容
1	工程竣工结算的编制与审查	(1) 单位工程竣工结算由承包人编制，发包人审查； (2) 实行总承包的工程，由具体承包人编制，在总包人审查的基础上，发包人审查。 (3) 单项工程竣工结算或建设项目竣工总结算，由总(承)包人编制，发包人可直接进行审查，也可以委托具有相应资质的工程造价咨询机构进行审查。 (4) 政府投资项目，由同级财政部门审查。 单项工程竣工结算或建设项目竣工总结算经发、承包人签字盖章后有效

（续表）

序号	项目名称	主　要　内　容
2	工程竣工结算的编制程序	工程竣工结算按准备、编制和定稿三个工作阶段进行，并实行编制人、校对人和审核人分别署名盖章确认的内部审核制度。编制程序如下： (1) 分部分项工程费应依据双方确认的工程量、合同约定的综合单价计算，如发生调整的，以发、承包双方确认调整的综合单价计算。 (2) 措施项目费的计算，采用综合单价计价的措施项目，应依据发、承包双方确认的工程量和综合单价计算；明确采用“项”计价的措施项目，应依据合同约定的措施项目和金额或发、承包双方确认调整后的措施项目费金额计算；措施项目费中的安全文明施工费应按照国家或省级、行业建设主管部门的规定计算。 (3) 其他项目费计算，计日工的费用应按发包人实际签证确认的数量和合同约定的相应项目综合单价计算；暂估价中的材料单价应按发、承包双方最终确认价在综合单价中调整；专业工程暂估价应按中标价或发包人、承包人与分包人最终确认价计算；总承包服务费应依据合同约定金额计算；索赔费用应依据发、承包双方确认的索赔事项和金额计算；现场签证费用应依据发、承包双方签证资料确认的金额计算；暂列金额应减去工程价款调整与索赔、现场签证金额计算，如有余额应归发包人。 (4) 规费和税金应按照国家或省级、行业建设主管部门的计取标准计算
3 竣工结算款支付流程	竣工结算审查内容	(1) 核对合同条款； (2) 检查隐蔽收记录； (3) 落实工程变更、工程签证和工程索赔； (4) 按图核实工程数量； (5) 认真核实单价； (6) 注意各项费用计费基数和费率； (7) 防止各种计算误差
	竣工付款申请单	工程接收证书颁发后，承包人应按约定的份数和期限，向监理人提交竣工付款申请单，竣工付款申请单包括附件：(1) 竣工结算合同总价；(2) 发包人已支付承包人的工程价款；(3) 应扣留的质量保证金；(4) 应支付的竣工付款金额
	竣工付款证书	监理人在收到承包人提交的竣工付款申请单后在约定时间内完成审查，提出发包人到期应支付给承包人的价款送发包人审核，并抄送承包人。监理人未在约定时间内核查，又未提出具体意见的，视为承包人提交的竣工付款申请已经监理人核查同意
	竣工结算审查时限	单项工程，从接到竣工结算报告和完整的竣工结算资料之日算起： 500 万元以下的项目，为 20 d； 500 万元～2 000 万元的项目，为 30 d； 2 000 万元～5 000 万元的项目，为 45 d； 5 000 万元以上的项目，为 60 d； 建设项目总结算在最后一个单项工程竣工结算审查确认后 15 d 内汇总，送发包人后 30 d 内审查完成。 发包人或受其委托的工程造价咨询人收到递交的竣工结算书后，未在约定时间内审核或未提出核对意见的，视为承包人提出的竣工结算书已经认可，发包人应向承包人支付工程结算价款
	竣工结算款支付	竣工付款申请单得到确认后，发包人应在监理人出具竣工付款证书后 14 d 内支付结算款，到期没支付的应承担违约责任。承包人可以催告发包人支付结算价款，如达成延期支付协议，发包人应按同期银行贷款利率支付拖欠工程价款和利息。如未达成延期支付协议，承包人可以与发包人协商将该工程折价，或申请人民法院将该工程依法拍卖，承包人就该工程折价或者拍卖的价款优选受偿

（续表）

序号	项目名称	主　要　内　容
4	竣工结算的计算方法	竣工结算价款＝合同价＋调整价款－预付及已结价款－保修金 清单形式合同价款＝分部分项工程量清单费＋措施项目费＋其他项目费＋规费＋税金 质保金＝清单合同价款×质保金扣留比例 质保金的计算额度不包括预付款的支付、扣回及价格调整的金额。 清单形式工程预付款＝分部分项工程量清单费×(1＋规费费率)×(1＋税率)×双方约定的预付款比例(借出扣还) 清单形式措施项目预付款＝措施项目费×(1＋规费费率)×(1＋税率)×双方约定的措施项目预付款比例(借出不扣还) 支取清单形式措施项目预付款的同时应扣除该部分费用对应的质保金； 调整价款包含：工程量变化的价款调整，人材机价格变化的价款调整，工程变更、现场签证和工程索赔的价款调整

【例 6.4－1】 某工程项目发承包双方签订了施工合同，工期为 4 个月。有关工程价款及其支付条款约定如下：

1. 工程价款：

(1) 分项工程项目费用合计 59.2 万元，包括分项工程 A、B、C 三项，清单工程量分别为 600 m^3、800 m^3、900 m^2，综合单价分别为 300 元/m^3、380 元/m^3、120 元/m^2。

(2) 单价措施项目费用 6 万元，不予调整。

(3) 总价措施项目费用 8 万元，其中，安全文明施工费按分项工程和单价措施项目费用之和的 5%计取(随计取基数的变化在第 4 个月调整)，除安全文明施工费之外的其他总价措施项目费用不予调整。

(4) 暂列金额 5 万元。

(5) 管理费和利润按人材机费用之和的 18%计取，规费按人材机费和管理费、利润之和的 5%计取，增值税率为 11%。

(6) 上述费用均不包含增值税可抵扣进项税额。

2. 工程款支付：

(1) 开工前，发包人分项工程和单价措施项目工程款的 20%支付给承包人作为预付款(在第 2～4 个月的工程款中平均扣回)，同时将安全文明施工费工程款全额支付给承包人。

(2) 分项工程价款按完成工程价款的 85%逐月支付。

(3) 单价措施项目和除安全文明施工费之外的总价措施项目工程款在工期第 1～4 个月均衡考虑，按 85%比例逐月支付。

(4) 其他项目工程款的 85%在发生当月支付。

(5)第 4 个月调整安全文明施工费工程款，增(减)额当月全额支付(扣除)。

(6) 竣工验收通过后 30 d 内进行工程结算，扣留工程总造价的 3%作为质量保证金，其余工程款作为竣工结算最终付款一次性结清。

施工期间分项工程计划和实际进度见表 6－18。

表 6-18　分项工程计划和实际进度表

分项工程及工程量		1 月	2 月	3 月	4 月	合计
A	计划工程量/m^3	300	300			600
	实际工程量/m^3	200	200	200		600
B	计划工程量/m^3	200	300	300		800
	实际工程量/m^3		300	300	300	900
C	计划工程量/m^2		300	300	300	900
	实际工程量/m^2		200	400	300	900

在施工期间第 3 个月，发生一项新增分项工程 D。经发承包双方核实确认，其工程量为 300 m^2，每平方米所需不含税人工和机械费用为 110 元，每平方米机械费可抵扣进项税额为 10 元；每平方米所需甲、乙、丙三种材料不含税费用分别为 80 元、50 元、30 元，可抵扣进项税率分别为 3%、11%、17%。

【问题】

1 .该工程签约合同价为多少万元？开工前发包人应支付给承包人的预付款和安全文明施工费工程款分别为多少万元？

2. 第 2 个月，承包人完成合同价款为多少万元？发包人应支付合同价款为多少万元？截止到第 2 个月末，分项工程 B 的进度偏差为多少万元？

3. 新增分项工程 D 的综合单价为多少元/m^2？该分项工程费为多少万元？销项税额、可抵扣进项税额、应缴纳增值税额分别为多少万元？

4. 该工程竣工结算合同价增减额为多少万元？如果发包人在施工期间均已按合同约定支付给承包商各项工程款，假定累计已支付合同价款 87.099 万元，则竣工结算最终付款为多少万元？

(计算过程和结果保留三位小数)

解：问题 1：

签约合同价＝(59.2＋6＋8＋5)×(1＋5%)×(1＋11%)

＝78.2×1.165 5＝91.142 万元

发包人应支付给承包人的预付款＝(59.2＋6)×1.165 5×20%＝15.198 万元

发包人应支付给承包人的安全文明施工费工程款＝(59.2＋6)×5%×1.165 5＝3.800 万元

问题 2：

承包人完成合同价款为：

[(200×300＋300×380＋200×120)/10 000＋(6＋8－65.2×5%)/4] ×1.165 5＝(19. 8＋2.685) ×1.165 5＝26.206(万元)；

发包人应支付合同价款为：

26.206×85%－15.198/3＝17.209(万元)；

分项工程 B 的进度偏差为：

已完工程计划投资＝300×380×1.165 5＝13.287(万元)；

拟完工程计划投资＝(200＋300)×380×1.165 5＝22.145(万元)；

进度偏差=已完工程计划投资－拟完工程计划投资=13.287－22.145=－8.858 万元，进度拖后 8.858(万元)。

问题 3：

分项工程 D 的综合单价=(110+80+50+30)×(1+18%)=318.600(元/m^2)；

D 分项工程费=300×318.6/10 000=9.558(万元)；

销项税额=9.558×(1+5%)×11%=1.104(万元)；

可抵扣进项税额=300×(10+80×3%+50×11%+30×17%)/10 000=0.69(万元)；

应缴纳增值税额=1.104－0.69=0.414(万元)。

问题 4：

增加分项工程费=100×380/10 000+9.558=13.358(万元)

增加安全文明施工费=13.358×5%=0.668(万元)

合同价增减额=[13.358×(1+5%)－5]×(1+5%)×(1+11%)=10.520(万元)

竣工结算最终付款:(91.142+10.520)×(1－3%)－87.099－=11.513(万元)。

【例 6.4－2】 某工程项目发包人与承包人签订了施工合同，工期 5 个月。分项工程和单价措施项目的造价数据与经批准的施工进度计划如表 6－19 所示；总价措施项目费用 9 万元(其中含安全文明施工费用 3 万元)；暂列金额 12 万元。管理费用和利润为人材机费用之和的 15%。规费和税金为人材机费用与管理费、利润之和的 10%。

表 6－19 分项工程和单价措施造价数据与施工进度计划表

分项工程和单价措施项目				施工进度计划(月)				
名称	工程量	综合单价	合价(万元)	1	2	3	4	5
A	600 m^3	180 元/m^3	10.8					
B	900 m^3	360 元/m^3	32.4					
C	1 000 m^3	280 元/m^3	28.0					
D	600 m^3	90 元/m^3	35.4					
合计		76.6	计划与实际施工均为匀速进度					

有关工程价款结算与支付的合同约定如下：

1. 开工前发包人向承包人支付签约合同价(扣除总价措施费与暂列金额)的 20%作为预付款，预付款在第 3、4 个月平均扣回；

2. 安全文明施工费工程款于开工前一次性支付；除安全文明施工费之外的总价措施项目费用工程款在开工后的前 3 个月平均支付；

3. 施工期间除总价措施项目费用外的工程款按实际施工进度逐月结算；

4. 发包人按每次承包人应得的工程款的 85%支付；

5. 竣工验收通过后的 60 d 内进行工程竣工结算，竣工结算时扣除工程实际总价的 3%作为工程质量保证金，剩余工程款一次性支付；

6. C 分项工程所需的甲种材料用量为 500 m^3，在招标时确定的暂估价为 80 元/m^3；乙种材料用量为 400 m^3，投标报价为 40 元/m^3。工程款逐月结算时，甲种材料按实际购买价格调整，乙种材料当购买价在投标报价的±5%以内变动时，C 分项工程的综合单价不予调整，变动超过±5%以上时，超过部分的价格调整至 C 分项综合单价中。

该工程如期开工，施工中发生了经承发包双方确认的以下事项：

(1) B分项工程的实际施工时间为2～4月；

(2) C分项工程甲种材料实际购买价为85元/m³，乙种材料的实际购买为50元/m³；

(3) 第4个月发生现场签证零星工费用2.4万元。

问题：

1. 合同价为多少万元？预付款是多少万元？开工前支付的措施项目款为多少万元？

2. 求C分项工程的综合单价是多少元/m³？三月份完成的分部和单价措施费是多少万元？3月份业主支付的工程款是多少万元？

(计算结果均保留三位小数)

解：问题1：

1. 合同价计算

(1) 分部分项工程费和单价措施项目费76.6万元；

(2) 总价措施项目费用9万元；

(3) 其他项目费(暂列金额)12万元；

(4) 规费和税金＝(人＋材＋机＋管理费＋利润)×10%＝(76.6＋9＋12)×10%；

合同价＝(76.6＋9＋12)×(1＋10%)＝107.360(万元)(其中含安全文明施工费用3万元)；

管理费用和利润为人材机费用之和的15%。

2. 预付款＝(合同价－总价措施费－暂列金额) ×20%

　＝76.6×(1＋10%)×20%＝16.852(万元)。

3. 开工前支付的措施项目费：

76.6×1.1×20%＝16.852(万元)

3×1.1×85%＝2.805(万元)。

问题2：

甲种材料应调增单价：500×(85－80)×1.15＝2 875(元)；

乙种材料应调增单价：400×(50－40×1.05)×1.15＝3 680(元)；

C分项工程综合单价：280＋(2 875＋3 680)/1 000＝286.555(元/m³)；

C分项工程费用：32.4/3＋286.555×1 000/10 000/3＝20.352(万元)；

3月份完成的分部和单价措施项目费：

(32.4/3＋286.555×1 000/10 000/3＋6/3)×1.1×85%－16.852/2＝12.473(万元)

6.5 投资偏差分析

6.5.1 资金使用计划的编制

6.5.1.1 资金使用计划的作用

施工阶段资金使用计划的编制与控制在整个工程造价管理中处于重要而独特的地位，

它对工程造价的重要影响表现在以下几个方面：

（1）通过编制资金使用计划，合理确定工程造价施工阶段的目标值，使工程造价的控制有所依据，并为资金的筹措与协调打下基础。

（2）通过资金使用计划的科学编制，可以对未来工程项目的资金使用和进度控制有所预测，消除不必要的资金浪费和进度失控，也能够避免在今后工程项目中由于缺乏依据而进行轻率判断所造成的损失，减少盲目性，使现有资金充分发挥作用。

（3）通过资金使用计划的严格执行，可以有效控制工程造价上升，最大限度地节约投资，提高投资效益。

6.5.1.2 资金使用计划编制的方法

资金使用计划编制的方法见表 6－20。

表 6－20 资金使用计划编制方法

编制方法	主要方法	说　明
按不同子项目	按不同子项目划分资金的使用	首先必须对工程项目进行合理划分，划分的粗细程度根据实际需要而定
按时间进度	时标网络	利用确定的网络计划便可计算各项活动的最早及最迟开工时间，获得项目进度计划的横道图
	横道图	可编制按时间进度划分的投资支出预算，进而绘制时间-投资累计曲线（S形曲线图）
	S形曲线	即时间-投资累计曲线，每一条S形曲线都是对应某一特定的工程进度计划，S形曲线必然包括在“香蕉图”内
	香蕉图	由全部活动都按最早开工时间开始和全部都按最迟开工时间开始的曲线所组成

6.5.2 施工阶段投资偏差分析和进度偏差分析

施工阶段投资偏差的形成过程是由于施工过程随机因素与风险因素的影响，形成了实际投资与计划投资，实际工程进度与计划工程进度的差异，我们将其称为投资偏差与进度偏差。这些偏差是施工阶段工程造价控制的对象之一。

6.5.2.1 实际投资与计划投资

有关实际投资与计划投资的变量包括拟完工程计划投资、已完工程计划投资、已完工程实际投资三个指标。

1. 拟完工程计划投资

拟完工程计划投资是指根据进度计划安排，在某一确定时间内所应完成的工程内容的计划投资，其计算公式如下：

$$\text{拟完工程计划投资} = \text{拟完工程量} \times \text{计划单价} \tag{6.5-1}$$

2. 已完工程实际投资

已完工程实际投资是根据实际进度完成状况在某一确定时间内已经完成的工程内容的实际投资，其计算公式如下：

$$已完工程实际投资 = 实际工程量 \times 实际单价 \tag{6.5-2}$$

在进行有关偏差分析时，为简化起见，通过进行如下假设：拟完工程计划投资中的拟完工程量，与已完工程实际投资中的实际工程量在总额上是相等的，两者之间的不同只在于完成的时间进度不同。

3. 已完工程计划投资

由于拟完工程计划投资和已完工程实际投资之间既存在投资偏差，也存在进度偏差。已完工程计划投资正是为了更好地辨析这两种偏差而引入的变量，是指根据实际进度完成状况，在某一确定时间内已经完成的工程所对应的计划投资额，其计算公式如下：

$$已完工程计划投资 = 实际工程量 \times 计划单价 \tag{6.5-3}$$

6.5.2.2　投资偏差与进度偏差

1. 投资偏差

投资偏差指投资计划值与投资实际值之间存在的差异，当计算投资偏差时，应剔除进度原因对投资额产生的影响。因此，其计算公式如下：

$$投资偏差 = 已完工程实际投资 - 已完工程计划投资 \tag{6.5-4}$$

$$投资偏差 = 实际工程量 \times (实际单价 - 计划单价) \tag{6.5-5}$$

结论：投资偏差结果为正，表示投资增加；结果为负，表示投资节约。

2. 进度偏差

进度偏差指进度计划与进度实际值之间存在的差异，当计算进度偏差时，应剔除单价原因产生的影响。因此，其计算公式如下：

$$进度偏差 = 拟完工程计划投资 - 已完工程计划投资 \tag{6.5-6}$$

$$进度偏差 = (拟完工程量 - 实际工程量) \times 计划单价 \tag{6.5-7}$$

结论：进度偏差结果为正，表示工期拖延；结果为负，表示工期提前。

3. 有关投资偏差的其他概念

(1) 局部偏差和累计偏差

局部偏差有两层含义：一是相对于整体项目的投资而言，指各单项工程、单位工程和分部分项工程的偏差；二是对于项目实施的时间而言，指每一控制周期所发生的投资偏差。

累计偏差则是指在项目已经实施的时间内累计发生的偏差。

(2) 绝对偏差和相对偏差

绝对偏差指投资计划值与实际值比较所得的差额。

相对偏差则是指投资偏差的相对数或比例数，通常是用绝对偏差与投资计划值的比值来表示，即

$$\text{相对偏差}=\frac{\text{绝对偏差}}{\text{投资计划值}}=\frac{\text{投资实际值}-\text{投资计划值}}{\text{投资计划值}} \tag{6.5-8}$$

6.5.2.3 常用的偏差分析方法

常用的偏差方法有横道图法、时标网络图法、表格法和曲线法。各种方法的基本原理、难点及优缺点见表6-21。

表6-21 常用的偏差分析方法

比较内容＼常用方法	横道图法	时标网络图法	表格法	曲线法
基本原理	用不同的横道标识拟完工程计划投资、已完工程实际投资和已完工程计划投资，再确定投资偏差与进度偏差	根据时标网络图，可以得到每一时间段的拟完工程计划投资，考虑实际进度前锋线就可以得到已完工程计划投资，已完工程实际投资可以根据实际工作完成情况测得，从而进行投资偏差和进度偏差的计算	表格法是进行偏差分析最常用的方法，根据项目的具体情况、数据来源、投资控制工作的要求等条件来设计表格，进行偏差计算	用投资时间曲线(S曲线)进行偏差分析，通过三条曲线的横向和竖向距离确定投资偏差和进度偏差，主要反映局部偏差和绝对偏差
难点问题	需要根据拟完工程计划投资和已完工程实际投资确定已完工程计划投资	通过实际进度前锋线计算已完工程计划投资	准确测定各项目的已完工程量、计划工程量、计划单价、实际单价	曲线的绘制须准确
优点	简单、直观，便于了解项目投资的概貌	简单、直观，主要用来反映累计偏差和局部偏差	适用性强，信息量大，可以反映各种偏差变量和指标，还便于计算机辅助管理	形象直观
缺点	信息量较少，主要反映累计偏差和局部偏差	实际进度前锋线的绘制有时会遇到一定的困难	—	不能直接用于定量分析，主要反映绝对偏差

【例6.5-1】 仍以例6.4-1为例。

问题：

1. 列式计算第3月末累积分项工程和单价措施项目拟完成工程计划费用、已完成工程费用，并分析进度偏差(投资额表示)与费用偏差。

2. 除现场签证费用外，若工程实际发生其他项目费用8.7万元，试计算工程实际造价及竣工结算价款。

解：

问题1：

拟完工程计划费用：(10.8+32.4+28/3)×1.1=68.053(万元)；

已完工程实际费用：(10.8+32.4×2/3+28.656×2/3)×1.1=56.654(万元)；

已完工程计划费用：(10.8+32.4×2/3+28×2/3)×1.1=56.173(万元)；

费用偏差＝56.173－56.654＝－0.481(万元)(增加)；
进度偏差＝56.173－68.053＝－11.88(万元)(拖延)。

问题 2：

实际造价＝(76.6＋9＋2.4＋8.7)×1.1＝106.37(万元)；

质保金＝106.37×3%＝3.191(万元)；

结算款＝106.37×15－3.191＝12.765(万元)。

【例 6.5－2】 某工程的网络计划如图 6－3 所示，箭头线上方数值为每月计划投资(万元/月)。工程进行到第 10 个月底时检查了工程进度。

问题：

(1) 指出该网络计划的计算工期、关键线路和工作⑦→⑨、③→⑧、②→③的总时差和自由时差。

(2) 当工程进行到第 10 个月底时，实际进度情况为工作①→②、②→④、②→⑤、②→③已按计划完成；工作④→⑦拖延 1 个月，工作⑤→⑥提前 2 个月；工作③→⑧拖延 1 个月。请在时标网络图中画出第 10 个月底实际进度前锋线，并分析各项工作是否影响工期。

(3) 已知该工程已完工程实际投资累计值如表 6－22 所示(单位：万元)。若满足问题(2)的条件，试分析第 10 个月底的投资偏差，并且用投资概念分析进度偏差。

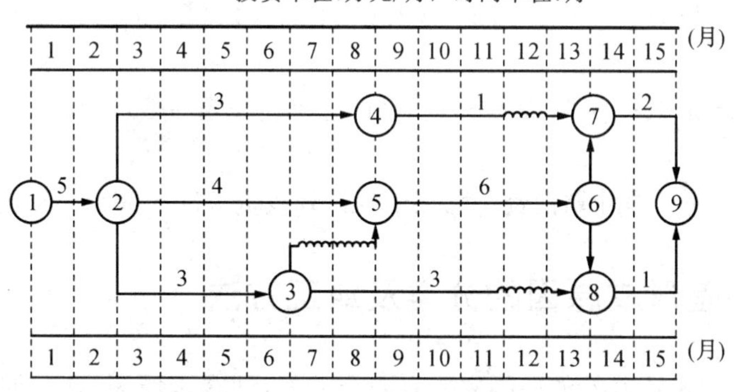

图 6－3　例 6.5－1 图

表 6－22　已完工程实际投资累计值　　万元

月　份	1	2	3	4	5	6	7	8	9	10	11	12	13	14	15
已完工程实际投资累计值	5	15	25	35	45	53	61	69	77	85	94	103	112	116	120

解：

问题(1)：时标网络计划中，计算工期 T_c＝15 个月，关键线路为①→②→⑤→⑥→⑦→⑨和①→②→⑤→⑥→⑧→⑨；

自由时差：$FF_{79}=0$，$FF_{38}=2$ 个月，$FF_{23}=0$；

总时间：$TF_{79}=0$，$TF_{38}=2$ 个月，$TF_{23}=FF_{23}+TF_{38}=0+2=2$ 个月。

问题(2)：实际进度前锋线如图所示。

工作④→⑦有2个月的总时差，其拖后了1个月，不影响总工期；

工作⑤→⑥为关键工作，其超前了2个月，有可能缩短总工期2个月；

工作③→⑧有2个月的总时差，其拖后1个月，不影响总工期。

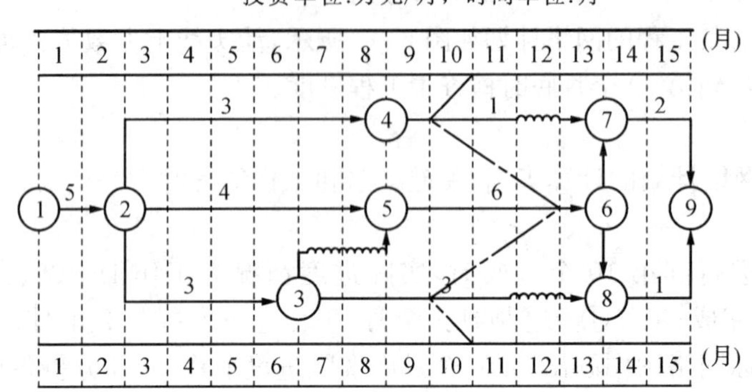

问题(3)：第10个月末已完工程实际投资＝85万元。

拟完工程计划投资＝5×2＋(3×6＋1×2)＋(4×6＋6×2)＋(3×4＋3×4)＝90(万元)；

已完工程计划投资＝5×2＋(3×6＋1×1)＋(4×6＋6×4)＋(3×4＋3×3)＝98(万元)。

投资偏差＝已完工程实际投资－已完工程计划投资＝85－98＝－13(万元)，投资节约；

进度偏差＝拟完工程计划投资－已完工程计划投资＝90－98＝－8(万元)，工期提前。

6.5.3 偏差形成原因的分类及纠正方法

一般来讲，引起投资偏差的原因主要有四个方面，即客观原因、业主原因、设计原因、施工原因。各种原因分析比较及处理方法见表6-23。

表6-23 偏差形成的原因及处理方法

偏差形成的原因	客观原因	人工费涨价，材料涨价，自然因素，地基因素，交通原因，社会原因，法规变化	由于客观原因是无法避免的，施工原因造成的损失由施工单位自己负责，因此，纠偏的主要对象是由于业主原因和设计原因造成的投资偏差
	业主原因	投资规划不当，组织不落实，建设手续不健全，未及时付款，协调不佳	
	设计原因	设计错误或缺陷，设计标准变更，图纸提供不及时，结构变更	
	施工原因	施工组织设计不合理，质量事故，进度安排不当	

（续表）

偏差的纠正措施	组织措施	从投资控制的组织管理方面采取的措施
	经济措施	最易被人们接受，但运用中要特别注意，不可把经济措施简单理解为审核工程量及相应的支付价款，如检查投资目标分解的合理性、资金使用计划的保障性、施工进度计划的协调性
	技术措施	要对不同的技术方案进行技术经济分析综合评价后加以选择
	合同措施	在纠偏方面主要指索赔管理

【课堂练习】

【6.5－1】 根据所有工序（或活动）最早开始时间与所有工序（或活动）最迟开始时间对应的资金使用计划值所绘制的图形或曲线为（　　）。

A. 横道图　　B. 时标网络图

C. S形曲线　　D. 香蕉图

【解题要点】 一个项目不止一条S形曲线，每一条S形曲线都对应某一特定的工程进度计划。进度计划的非关键路线中存在许多有时差的工序或工作，因而S形曲线必然包括在由全部活动都按最高开工时间开始和全部活动都按最迟开工时间开始的曲线所组成的"香蕉图"内。

答案：D

【6.5－2】 某工程网络计划有三条独立的路线A—D、B—E、C—F，其中B—E为关键线路，$TF_A = TF_D = 2$ d，$TF_C = TF_F = 4$ d，承、发包双方已签订施工合同，合同履行过程中，因业主原因使B工作延误4 d，因施工方案原因使D工作延误8 d，因不可抗力使D、E、F工作延误10 d。则施工方就上述事件可向业主提出的工期索赔的总天数为（　　）。

A. 42　　B. 24

C. 14　　D. 4

【解题要点】 首先应作出判断：只有业主原因和不可抗力引起的延误才可以提出工期索赔。经过各个工序的延误后可以发现，关键路线依然是B—E，一共延误了14 d。所以，工期索赔总天数为14 d。

答案：C

【6.5－3】 信息量大，可以反映各种偏差变量和指标，还便于计算机辅助管理，提高投资控制工作效率的偏差分析法是（　　）。

A. 横道图法　　B. 时标网络法

C. 曲线法　　D. 表格法

【解题要点】 表格法是进行偏差分析最常用的一种方法。可以根据项目的具体情况、数据来源、投资控制工作的要求等条件来设计表格，因而适用性较强。表格法的信息量大，可以反映各种偏差变量和指标，对全面深入地了解项目投资的实际情况非常有益；另外，表格法还便于用计算机辅助管理，提高投资控制工作的效率。

答案：D

【6.5－4】 某分项工程工作计划在第 4、5、6 周施工，每周计划完成工程量 1 000 m^3，计划单价为 20 元/m^3；实际该分项工程于第 4、5、6、7 周完成，每周完成工程量 750 m^3，第 4、5 周的实际单价为 22 元，第 6、7 周的实际单价为 25 元。则第 6 周末该分项工程的进度偏差和投资偏差分别为(　　)元。

A. －15 000，－6 750　　B. －6 750，15 000

C. 15 000，6 750　　D. －15 000，6 750

【解题要点】 计算过程如下：

第 6 周末的拟完工程计划投资＝1 000×3×20＝60 000(元)；

第 6 周末的已完工程实际投资＝750×2×22＋750×25＝51 750(元)；

第 6 周末的已完工程计划投资＝750×3×20＝45 000(元)；

第 6 周末的进度偏差＝60 000－45 000＝15 000(元)；

第 6 周末的投资偏差＝51 750－45 000＝6 750(元)。

答案：C

本章小结

1. 本章节知识构架

如图 6－4 所示。

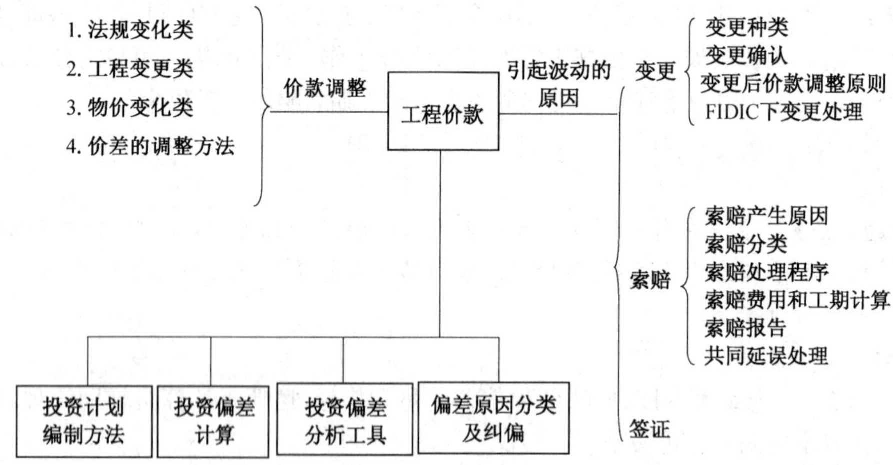

图 6－4　施工阶段工程造价控制知识架构

2. 工程价款结算的解题思路

如图 6－5 所示。

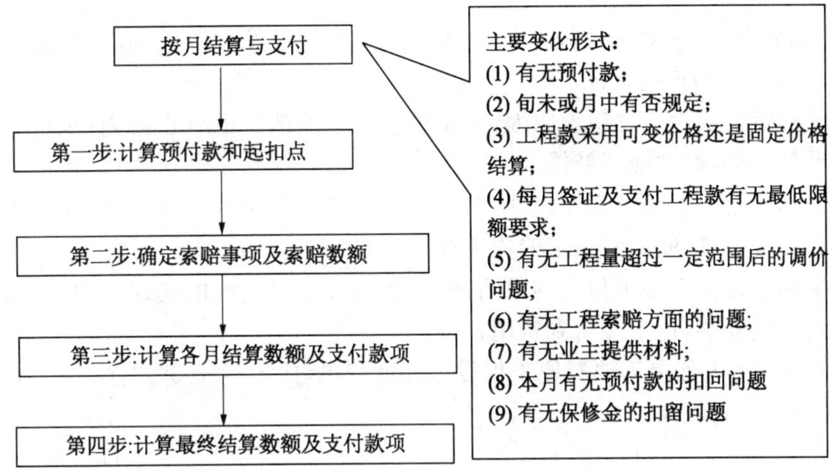

图 6-5　工程价款结算流程

3. 投资偏差分析

掌握拟完工程计划投资、已完工程实际投资、已完工程计划投资、投资偏差、进度偏差的概念和计算方法,掌握常用的偏差分析方法。

练习六

一、单项选择题

1. 关于索赔的规定,《建设工程施工合同(示范文本)》与《FIDIC 施工合同条件》最主要的区别体现在(　　)上。

A. 工程索赔的处理原则　　B. 索赔的计算

C. 共同延误的处理　　D. 工程索赔程序

2. 当索赔事件持续进行时,承包方应(　　)。

A. 视影响程度,不定期地提出中间索赔报告

B. 在事件终了后,一次性提出索赔报告

C. 阶段性发出索赔意向通知,索赔事件终止后 28 d 内,向工程师提供索赔的有关资料和最终索赔报告

D. 阶段性提出索赔报告,索赔事件终止后 14 d 内,向工程师提供索赔的有关资料

3. 某业主和承包商按照 FIDIC 施工合同条件签订了施工总承包合同,合同中保函手续费为 40 万元,合同工期为 400 d,合同履行过程中,因承包商依据工程师提供的错误数据导致放线错误致使推迟 60 d,因变更导致竣工时间延长 20 d,因季节性大雨停工 10 d,因施工中遇到文物停工 14 d,上述事件均未发生在同一时间。则甲施工总包单位可索赔的保函手续费为(　　)万元。

A. 1.4　　B. 7.4　　C. 9.4　　D. 10.4

4. 下列对共同延误的处理，正确的是（　　）。

A. “初始延误者”应对工程拖期负责，此外，初始延误发生作用期间，其他并发的延误者也相应承担拖期责任

B. 如果初始延误者是发包人原因，则在发包人原因造成的延误期内，承包人得不到工期延长，但可得到经济补偿

C. 如果初始延误者是客观原因，则在客观因素发生影响的延误期内，承包人既可以得到工期延长，也能得到一定的费用补偿

D. 如果初始延误者是承包人的原因，则在承包人原因造成的延误期内，承包人既不能得到工期补偿，也不能得到费用补偿

5. 施工中发包人如果需要对原工程设计进行变更，应不迟于变更前（　　）d 以书面形式向承包人发出变更通知。

A. 14　　B. 30　　C. 7　　D. 20

6. 某工程网络计划有三条独立的线路 A—D，B—E，C—F，其中 B—E 为关键线路，$TF_A = TF_D = 2$ d，$TF_C = TF_F = 4$ d，承、发包双方已签订施工合同，合同履行过程中，因施工方案原因使 B 工作延误 6 d，因业主原因使 A 工作延误 10 d，因不可抗力使 D、E、F 工作均延误 12 d。则施工方就上述事件可向业主提出的工期索赔为（　　）d。

A. 18　　B. 20　　C. 22　　D. 8

7. 下列对缺陷责任期的阐述，错误的是（　　）。

A. 缺陷责任期一般为 6 个月、12 个月或 24 个月，具体可由发、承包双方合同中约定

B. 缺陷责任期从工程通过竣（交）工验收之日起计

C. 由于承包人原因导致工程无法按规定期限进行竣（交）工验收的，缺陷责任期从实际通过竣（交）工验收之日起计

D. 由于发包人原因导致工程无法按规定期限进行竣（交）工验收的，在承包人提交竣（交）工验收报告 60 d，工程自动进入缺陷责任期

8. 已知某分项工程有关数据如下，则该分项工程投资局部偏差为（　　）万元。

拟完工程量	已完工程量	计划单价	实际单价
450 000 m^2	580 000 m^2	22 元/m^2	20 元/m^2

A. 90　　B. －90　　C. 116　　D. －116

9. 某工程施工到 2004 年 8 月，经统计分析得知，已完工程实际投资为 1 500 万元，拟完工程计划投资为 1 300 万元，已完工程计划投资为 1 200 万元。则该工程此时的进度偏差为（　　）万元。

A. 100　　B. －100　　C. －200　　D. －300

10. 某土方工程业主与施工单位签订了土方施工合同，合同约定的土方工程量为 10 000 m^3，合同工期为 44 d，合同约定：工程量增加 10%以内为施工方应承担的工期风险。挖运过程中，因出现了较深的软土层，致使土方量增加了 3 000 m^3。则施工方可提出的工期索赔为（　　）d。（结果四舍五入取整）

A. 12　　B. 9　　C. 8　　D. 13

11. 某工程基础底板的设计厚度为 1 m，承包商根据以往的施工经验，认为设计有问

题，未报工程师，即按 1.1 m 施工。多完成的工程量在计量时工程师(　　)。

A. 予以计量　　B. 计量一半

C. 不予计量　　D. 由业主与施工单位协商处理

12. 下列对于工程价款调整的主要方法，阐述正确的是(　　)。

A. 实际价格调整法重点调整那些由于实际人工费、材料费、施工机械费等费用上涨及工程变更因素造成的价差，并对承包人给予调价补偿

B. 工程造价指数调整法使承包商对降低成本不感兴趣，为此，地方主管部门要定期发布最高限价，同时合同文件中应规定发包人或工程师有权要求承包人选择更廉价的供应来源

C. 据国际惯例，对建设项目工程价款的动态结算，一般采用调价文件计算法。绝大多数国际工程项目，发、承包双方在签订合同时就明确调价文件，并以此作为价差调整依据

D. 调值公式法应用中，固定要素通常的取值范围为 0.15～0.35

13. 下列关于工程预付款的说法，错误的是(　　)。

A. 按照我国规定，实行工程预付款的，预付时间应不迟于约定的开工日期前 28 d

B. 工程预付款仅用于承包方支付施工开始时与本工程有关的各种费用，如承包方滥用此款，发包方有权立即收回

C. 预付备料限额主要由主要材料占工程造价的比重、材料储备期、施工工期等因素决定

D. 对于只包定额工日的工程项目可以不预付备料款

14. 某独立土方工程，招标文件中估计工程量为 120 万立方米，合同约定：工程款按月支付并同时在该款项中扣留 5%的工程保证金；土方工程为全费用单价，每立方米 12 元，当实际工程量超过估计工程量 10%时，超过部分调整单价，每立方米为 10 元。某月施工单位完成土方工程量 30 万立方米，截至该月累计完成的工程量为 130 万立方米，则该月应结工程款为(　　)万元。

A. 360　　B. 340　　C. 323　　D. 342

15. 某建设单位建一锅炉房，预工期为 5 个月，土建工程合同价款为 50 万元，该工程采用(　　)方式较为合理。

A. 按月结算　　B. 按目标价款结算

C. 实际价格调整法结算　　D. 竣工后一次结算

16. 纠偏的主要对象是(　　)造成的投资偏差。

A. 客观原因和业主原因　　B. 业主原因和设计原因

C. 设计原因和施工原因　　D. 施工原因和工期原因

17. FIDIC 合同条件授予(　　)有非常大的工程变更权力。

A. 业主　　B. 工程师　　C. 承包商　　D. 施工员

18. 施工中发现影响施工的地下障碍物时，承包人应于(　　)内以书面形式通知工程师，同时提出方案，工程师收到处置方案后 8 小时内予以认可或提出修正方案。

A. 5 h　　B. 6 h　　C. 8 h　　D. 1 h

19. 建设部《招标文件范本》中规定，在承包方式完成金额累计达到合同总价的(　　)后，由承包方开始向发包方还款，发包方从每次应付给承包方的金额中扣回工程预付款。

A. 5% B. 10% C. 15% D. 30%

20. 根据施工合同文本,下列关于竣工结算款的阐述,正确的是( )。

A. 竣工验收报告经发包人认可后 28 d 内提交竣工决算报告

B. 业主收到最终支付证书 56 d 内支付结算款

C. 工程接收证书开具后,承包商即可移交工程

D. 颁发接收证书后进入缺陷责任期,缺陷通知期满后 28 d 内工程师颁发履约证书

21. 下列对偏差分析方法的阐述,正确的是( )。

A. 横道图法的缺点是信息量较多,主要反映累计偏差和局部偏差,因而应用广泛

B. 实际进度前锋线的绘制有时会遇到一定困难是时标网络图法的缺点,但该法简单、直观

C. 曲线法形象直观,还能直接用于定量分析

D. 表格法的信息量小,不能反映各种偏差变量和指标

二、多项选择题

1. 以下关于变更后合同价款的确定的说法,正确的是( )。

A. 合同中已有适用于变更工程的价格,按合同已有的价格计算、变更合同价款

B. 合同中只有类似于变更工程的价格,可以参照此价格的确定变更价格,变更合同价款

C. 合同中没有适用或类似于变更工程的价格,由承包人提出适当的变更价格,经工程师确认后执行

D. 关于变更工程价格如果无法协商一致,可以由工程造价部门调解

E. 关于变更工程价格如果无法协商一致,则以工程师认为合理的价格执行

2. 下列关于 FIDIC 合同条件下的工程变更,阐述正确的是( )。

A. FIDIC 合同条件下的设计变更多于我国施工合同条件下的设计变更

B. 工程师可以通过发布变更指令或以要求承包商递交建议书的任何一种方式提出变更

C. 在认为必要时,工程师可就工程任何部分标高、位置和尺寸的改变发布变更指令

D. 变更工作在工程量表中有同种工作内容的单价,应以该费率计算变更工程费用

E. 变更估价可能改变原定合同价

3. 下列属于竣工结算的审核内容有( )。

A. 核对合同条款 B. 落实设计变更签证

C. 核定单价 D. 各项费用计取

E. 进度审查

4. FIDIC 合同条件中只补偿承包商工期,无费用和利润补偿的是( )。

A. 变更导致竣工时间的延长

B. 异常不利的气候条件

C. 由于传染病或其他政府行为导致工期的延误

D. 业主提前占用工程

E. 业主办理的保险未能从保险公司获得补偿部分

5. 下列对纠偏措施理解正确的是( )。

A. 组织措施是其他措施的前提和保障,一般无需增加什么费用

B. 经济措施最易为人们接受

C. 从造价控制要求看，技术措施全部是因为发生了技术问题才加以考虑的

D. 合同措施在纠偏方面主要指索赔管理

E. 检查投资目标分解的合理性属工程措施

6. 下列对工程竣工结算审查时限阐述正确的是（　　）。

A. 工程竣工结算报告金额500万元以下，从接到竣工结算报告和完整的竣工结算资料之日起20 d

B. 工程竣工结算报告金额500万～2 000万元，从接到竣工结算报告和完整的竣工结算资料之日起30 d

C. 工程竣工结算报告金额2 000万～5 000万元，从接到竣工结算报告和完整的竣工结算资料之日起45 d

D. 工程竣工结算报告金额5 000万元以上，从接到竣工结算报告和完整的竣工结算资料之日起70 d

E. 建设项目竣工总结算在最后一个单项工程竣工结算审查确认并汇总后，送发包人后15 d内审查完成

三、综合案例

1. 某工程项目业主采用了工程量清单招标方式确定了承包人，双方签订了工程施工合同，合同工期4个月，开工时间为2011年4月1日。该项目的主要价款信息及合同付款条款如下：

（1）承包商各月计划完成的分部分项工程费、措施费见表1。

表1 各月计划完成分部分项工程费、措施费

月　份	4月	5月	6月	7月
计划完成分部分项工程费	55	75	90	60
措施费	8	3	3	2

（2）项目措施费为16万元，在开工后的前两个月平均支付。

（3）其他项目清单中包括专业工程暂估价和计日工，其中专业工程暂估价为18万元；计日工表中包括数量为100个工日的某工种用工，承包商填报综合单价为120元/工日。

（4）工程预付款为合同价20%，在开工前支付，在最后两个月平均扣回。

（5）工程价款逐月支付，经确认的变更金额、索赔金额、专业工程暂估价款、计日工金额等与工程进度款同期支付。

（6）业主按承包商每次应结算款项的90%支付。

（7）工程竣工验收后结算时，按总造价的5%扣留质量保证金。

（8）规费综合费率为3.55%，税率为3.41%。

施工过程中，各月实际完成工程情况如下：

（1）各月均按计划完成计划工程量。

（2）5月业主确认计日工35个工日，6月业主确认计日工40个工日。

（3）6月业主确认原专业工程暂估价款的实际发生分部分项工程费合计为8万元，7月业主确认原专业工程暂估价款的实际发生分部分项工程费合计为7万元。

（4）6月由于业主设计变更，新增工程量清单中没有的分部分项工程，经业主确认的人工费、材料费、机械费之和为10万元，措施费为1万元，参照其他分部分项工程量清单项目

确认的管理费费率 10%(以人工费、材料费、机械费之和为计算基础),利润率为 7%(以人工费、材料费、机械费之和为计算基础)。

(5) 6 月因监理工程师要求对已验收合格的某分项工程再次进行质量检验,造成承包商人员窝工费 5 000 元,机械闲置费 2 000 元,该分项工程施工持续时间延长 1 天(不影响总工期)。检验表明该分项工程质量合格。为了提高质量,承包商对尚未施工的后续相关工作调整了模板形式,造成模板费增加 1 万元。

问题:

(1) 该工程预付款是多少?

(2) 每月完成的分部分项工程量价款是多少?承包商应得工程价款是多少?

(3) 若承、发包双方已如约履行合同,列式计算 6 月末累计已完成的工程价款和累计已实际支付的工程价款。

(4) 填写承包商 2011 年 6 月的"工程款支付申请表"(表 2)。

表 2 工程款支付申请表

序号	名　　称	金额(元)	备　注
1	累计已完成的工程价款(含本周期)		
2	累计已实际支付的工程价款		
3	本周期已完成的工程价款		
4	本周期应完成的计日工金额		
5	本周期应增加或扣减的变更金额		
6	本周期应增加或扣减的索赔金额		
7	本周期应抵扣的预付款		
8	本周期应扣减的质保金		
9	本周期应增加的其他金额		
10	本周期实际应支付的工程价款		

2. 项目配套工程在主体工程结束后开工,建设单位按照《建设工程施工合同(示范文本)》与甲施工单位签订了施工总承包合同。合同约定开工日期为 2010 年 3 月 1 日,工期为 302 天,建设单位负责施工现场外道路开通及设备采购;设备安装工程可以分包;甲施工单位通过筛选与乙施工单位签订安装分包合同。经总监理工程师批准的施工总进度计划如图 1 所示。(时间单位:天)

在施工过程中发生了如下事件:

事件 1:由于道路没有及时开通,使开工日期推迟至 2010 年 3 月 10 日,造成施工方经济损失 3 万元,施工方按规定时间提出索赔。

事件 2:在基础施工中,由于遭遇特大暴雨,土方工程发生滑坡,造成人员、机械损失共计 5 万元,导致 C 工作持续时间延长 12 d,为此提出经济补偿与工期延期。

事件 3:在主体施工过程中,甲施工单位为保证工程质量,改进了混凝土泵浇筑的施工工艺，延误 F 工作时间 10 d，为此甲施工单位向建设单位提出延期 10 d 的申请。

事件 4：设备安装工程完工后进行验收，第一次试车验收结果不合格，经检查分析，是由于设备本身质量有问题造成的，为此乙施工单位提出将已安装的设备拆除，重新安装，并重新组织试车验收。为此造成 J 工作持续时间延长 24 d，费用加 6 万元，甲施工单位就此提出工期和费用索赔。

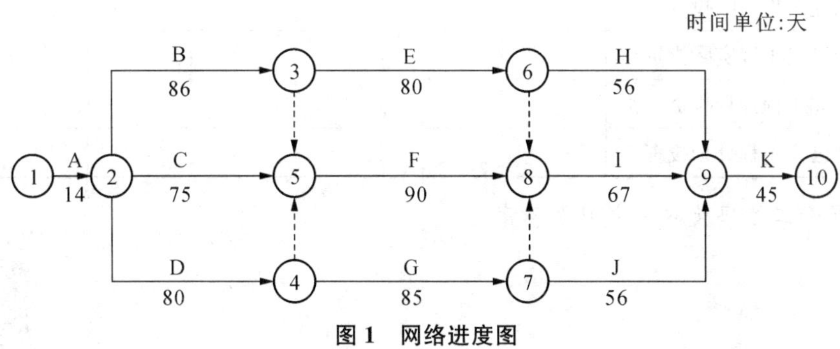

图 1　网络进度图

问题：

(1) 在主体工程施工过程中，工作 A、C、E 按计划实施（如图 1 中的实线横道所示），工作 B 推迟 1 个月开始，导致工作 D、F 的开始时间相应推迟一个月。在图 2 中完成 B、D、F 工作的实际进行横道图。

(2) 若前三个季度的综合调价系数分别为 1.00、1.05 和 1.10，计算第 2 至 7 个月的已完工程实际投资，并将结果填入表 3。

(3) 第 2 至 7 个月已完工程计划投资各为多少？将结果填入表 3。

(4) 列式计算第 7 个月末的投资偏差和以投资额、时间分别表示的进度偏差（计算结果保留两位小数）。

(5) 配套工程施工过程中施工单位就事件 1～4 向建设单位提出工期、费用索赔，应如何处理？

工作＼时间(月)	1	2	3	4	5	6	7	8	9	10	11	12	13
A	180												
B		200	200	200									
C		300	300	300									
D					160	160	160	160	160	160			
E						140	140	140					
F											120	120	

图 2　横道图

表 3　投资表

投资(万元) \ 时间(月)	1	2	3	4	5	6	7
每月拟完工程计划投资							
每月累计拟完工程计划投资							
每月已完工程实际投资							
每月累计已完工程实际投资							
每月已完工程计划投资							
每月累计已完工程计划投资							

（注：扫描封面二维码获取全书习题答案。）

本章习题答案

第 7 章
竣工验收阶段工程造价控制

【内容提要与学习要求】

章节知识结构	学 习 要 求	权重
竣工验收	了解竣工验收的范围、依据、标准和工作程序	30%
竣工决算	熟悉竣工决算的内容和编制方法；掌握新增资产价值的确定方法	50%
项目保修处理	熟悉保修费用的处理方法	20%

【章前导读】

某重点中学建一教学大楼，五层框架，建筑面积 4 000 m^2。资金来源为国拨和自筹，批复概算为 500 万元，不包括室外绿化工程。2006 年 12 月立项，2007 年 2 月开工，2008 年 1 月教学楼基建工程竣工验收。2008 年当地审计局对该项目进行竣工财务决算审计。审计查实：

(1) 该项目教学楼工程结算为 510 万元，室外绿化工程结算 45 万元，设备费 15 万元，待摊投资 10 万元，总计达 580 万元，超概算 80 万元。由于该中学无专门基建部门，故未到政府主管部门办理概算调整及其批准手续，违反了国家计委计建字[1997]352 号文件规定“总投资超出原概算 10%以上的，须重新核定项目总概算”的规定。

(2) 室外绿化工程，原概算中未包括此项内容，是经校务会讨论后增加的，委托了当地一个建筑公司施工，没有进行招投标，直接签订了施工合同，违反了当地有关招投标管理规定中“施工单项合同估算价在 30 万元人民币以上的必须招投标”的规定。

(3) 该项目竣工财务决算资料不齐全，不符合财建[2002]394 号文第三十八条“基本建设项目竣工财务决算的依据，主要包括可行性研究报告、初步设计、概算调整及其批准文件；招投标文件(书)；历年投资计划；经财政部门审核批准的项目预算；承包合同、工程结算等审核资料；有关的财务核算制度、办法；其他有关资料”的规定。

7.1 竣工验收

建设项目竣工验收是指由发包人、承包人和项目验收委员会，以项目批准的设计任务书和设计文件以及国家或部门颁发的施工验收规范和质量检验标准为依据，按照一定的程序和手续，在项目建成并试生产合格后（工业生产性项目），对工程项目的总体进行检验和认证、综合评价和鉴定的活动。按照我国建设程序的规定，竣工验收是建设工程的最后阶段，是建设项目施工阶段和保修阶段的中间过程，是全面检验建设项目是否符合设计要求和工程质量检验标准的重要环节，是审查投资使用是否合理的重要环节，是投资成果转入生产或使用的标志。只有经过竣工验收，建设项目才能实现由承包人管理向发包人管理的过渡，它标志着建设投资成果投入生产或使用，对促进建设项目及时投产或交付使用，发挥投资效果，总结建设经验有着重要的作用。

7.1.1 竣工验收的依据

竣工验收的主要依据包括：

(1) 施工技术验收标准及技术规范、质量标准等有关规定；

(2) 经审批部门批准的可研报告、初步设计、实施方案、施工图纸和设备技术说明书；

(3) 施工图设计文件及设计变更洽商记录；

(4) 国家颁布的各种标准和现行的施工验收规范；

(5) 工程承包合同文件；

(6) 技术设备说明书；

(7) 建筑安装工程统计规定及主管部门关于工程竣工的规定；

(8) 从国外引进的新技术和成套设备的项目以及中外合资建设项目，要按照签订的合同和进口国提供的设计文件等进行验收。

7.1.2 竣工验收的标准

竣工验收标准包括工业建设项目验收标准和民用建设项目验收标准。

7.1.2.1 工业建设项目验收标准

(1) 生产性项目和辅助性公用设施，已按设计要求完成，能满足生产使用要求；

(2) 主要工艺设备、动力设备均已安装配套，经无负荷联动试车和有负荷联动试车合格，并已形成生产能力，能够生产出设计文件所规定的产品；

(3) 必要的生产设施，已按设计要求建成；

(4) 生产准备工作能适应投产的需要；

(5) 环境保护设施、劳动安全卫生设施、消防设施已按设计要求与主体工程同时建成并使用；

(6) 生产性投资项目必须按照国家批准的文件执行(如土建工程验收标准、安装验收标准、人防工程验收标准、大型管道工程验收标准等)；

(7) 更新改造项目和大修理项目，由业主与承包人共同提出适用的竣工验收的具体标准。

7.1.2.2　民用建设项目验收标准

(1) 建设项目各单位工程和单项工程，均已符合项目竣工验收标准；

(2) 建设项目配套工程和附属工程，均已施工结束，达到设计规定的相应质量要求，并具备正常使用条件。

7.1.3　竣工验收的方式

建设项目竣工验收的方式可分为单位工程竣工验收、单项工程竣工验收、全部工程竣工验收三种方式。

7.1.3.1　单位工程竣工验收

单位工程竣工验收又称中间验收，是承包人以单位工程或某专业工程为对象，独立签订建设工程施工合同，达到竣工条件后，承包人可单独进行交工，发包人根据竣工验收的依据和标准，按施工合同约定的工程内容组织竣工验收。这一阶段由监理人组织，发包人和承包人派人参加验收，单位工程验收资料是最终验收的依据。按照现行建设工程项目划分标准，单位工程是单项工程的组成部分，有独立的施工图纸，承包人施工完毕，征得发包人同意，或原施工合同已有约定的，可进行分阶段验收。分段验收或中间验收的做法是符合国际惯例的，同时分段验收可以有效控制分项分部工程和单位工程的质量，保证建设工程系统目标的实现。

7.1.3.2　单项工程竣工验收

单项工程竣工验收又称交工验收，是在一个总体建设项目中，一个单项工程已完成设计图纸规定的工程内容，能满足生产要求或具备使用条件，承包人向监理人提交“工程竣工报告”和“工程竣工验收单”，经确认后向发包人发出“交付竣工验收通知书”，说明工程完工情况、竣工验收准备情况、设备无负荷单机试车情况，具体约定单项工程竣工验收的有关工作。这一阶段工作由发包人组织，会同承包人、监理人、设计单位和使用单位等有关部门完成。

7.1.3.3　全部工程竣工验收

全部工程竣工验收又称动用验收，是建设项目已按设计规定全部建设，达到竣工验收条件，由发包人组织设计、施工、监理等单位和档案部门进行全部工程的竣工验收。对已交付竣工验收的单位工程(中间交工)或单项工程并已办理了移交手续的，原则上不再重复办理验收手续，但应将单位工程或单项工程竣工验收报告作为全部工程竣工验收的附件并加以说明。

全部工程竣工验收的主要任务：负责审查建设工程各个环节的验收情况；听取各有关单位(设计、施工、监理等)的工作报告；审阅工程竣工档案资料的情况；对工程进行实地察验并对设计、施工、监理等方面工作和工程质量、试车情况等做出综合全面评价。承包人作为建设工程的承包(施工)主体，应全过程参加有关的工程竣工验收。

7.1.4 竣工验收的程序

7.1.4.1 承包人申请交工验收

验收对象一般为单项工程，也可以是单位工程的施工内容。承包人施工的工程达到竣工条件后，应先进行预检验，对不符合要求的部位和项目，确定修补措施和标准，修补有缺陷的工程部位；对于设备安装工程，要与发包人和监理人共同进行无负荷的单机和联动试车。承包人在完成上述工作和准备好竣工资料后，即可向发包人提交"工程竣工报验单"。

7.1.4.2 监理人现场初步验收

监理人收到"工程竣工报验单"后，由总监理工程师组成验收组，对竣工的工程项目竣工资料和各专业工程质量进行初验，在初验中发现的质量问题，要及时书面通知承包人，令其修理甚至返工。预验合格后监理工程师签署"工程竣工报验单"，并向发包人提出质量评估报告。

7.1.4.3 单项工程验收

由发包人组织交工验收，由监理人、设计单位、承包人、工程质量监督部门等参加，主要依据国家颁布的有关技术规范和施工承包合同，对以下几个方面进行检查或检验：

(1) 检查、核实竣工项目移交给发包人的所有技术资料的完整性、准确性。

(2) 按照设计文件和合同，检查已完工程是否有漏项。

(3) 检查工程质量、隐蔽工程验收资料，关键部位施工记录等，考察施工质量是否达到合同要求。

(4) 检查试车记录及试车中所发现的问题是否得到改正。

(5) 在交工验收中发现需要返工、修补的工程，明确规定完成期限。

(6) 其他涉及的有关问题。

验收合格，发包人和承包人共同签署"交工验收证书"。然后由发包人将有关技术资料和试车记录、试车报告及交工验收报告一并上报主管部门，经批准后该部分工程即可投入使用。验收合格的单项工程，在全部工程验收时，原则上不再办理验收手续。

7.1.4.4 全部工程的竣工验收

全部施工过程完成后，由国家主管部门组织竣工验收，又称为动用验收。发包人参加全部工程竣工验收。全部工程竣工验收分为验收准备、预验收和正式验收三个阶段。

1. 验收准备

发包人、承包人和其他有关单位均应进行验收准备。

2. 预验收

建设项目竣工验收准备工作结束，由发包人或上级主管部门会同监理人、设计单位、承包人及有关单位或部门组成预验收组进行预验收。

3. 正式验收

建设项目的正式竣工验收是由国家、地方政府、建设项目投资商或开发商以及有关单位领导和专家参加的最终整体验收。

【课堂练习】

【7.1－1】 下列建设项目，还不具备竣工验收条件的是(　　)。

A. 工业投资项目经负荷试车考核，试生产期间能够按设计要求生产出合格产品，形成生产能力的

B. 非工业投资项目符合设计要求，能够正常使用的

C. 工程项目虽可投产或使用，但少数主要设备短期内不能解决，工程内容尚未全部完成的

D. 大型工程中已完成的能生产中间产品的单项工程，但不能提前投料试车

【解题要点】 建设项目竣工验收的标准：

(1) 工业建设项目竣工验收标准。

① 生产性项目和辅助性公用设施，已按设计要求完成，能满足生产要求；

② 主要工艺设备、动力设备均已安装配套，经无负荷联动试车和有负荷联动试车合格，并已形成生产能力，能够生产出设计文件所规定的产品；

③ 必要的生产设施已按设计要求建成；

④ 生产准备工作能适应投产的需要，其中包括生产指挥系统的建立，经过培训的生产人员已能上岗操作，生产所需原材料、燃料和备品备件的储备，经验收检查能够满足连续生产要求；

⑤ 环境保护设施、劳动安全卫生设施、消防设施已按设计要求与主体工程同时建成使用；

⑥ 生产性投资项目如工业项目的土建、安装、人防、管道、通信等工程的施工和竣工验收，必须按国家有关规定规范执行；

⑦ 更新改造项目和大修理项目，可以参照国家标准或有关标准，根据工程性质，结合当时当地的实际情况，由业主与承包人共同商定提出适用的竣工验收的具体标准。

(2) 非工业项目，应能正常使用，才能进行验收。

答案：D

【7.1－2】 建设项目竣工验收的主要依据包括(　　)。

A. 可行性研究报告　　B. 设计文件

C. 招标文件　　D. 合同文件

E. 技术设备说明书

【解题要点】 根据竣工验收的主要依据解答。

答案：ABDE

【7.1－3】 单项工程验收合格后，共同签署“交工验收证书”的责任主体是(　　)。

A. 发包人和承包人　　B. 发包人和监理人

C. 发包人和主管部门　　D. 承包人和监理人

【解题要点】 单项工程验收程序中，签署“交工验收证书”的责任主体人是发包人和承包人。需要注意的是，不同验收方式的组织人员、验收人员都是不同的。

答案：A

【7.1－4】 发包人参与的全部工程竣工验收分为三个阶段，其中不包括（　　）。

A. 验收准备　　B. 预验收

C. 初步验收　　D. 正式验收

【解题要点】 全部工程竣工验收的阶段划分。

答案：C

【7.1－5】 建设项目全部建成，经过各单项工程的验收符合设计要求，并具备竣工图表、竣工决算、工程总结等必要文件资料，向负责验收的单位提出竣工验收申请报告的是（　　）。

A. 设计单位　　B. 发包单位

C. 监理单位　　D. 施工单位

【解题要点】 掌握检验批、分项工程、分部工程、单位工程、单项工程、全部工程竣工验收的程序。

答案：B

【7.1－6】 关于竣工验收的说法中，正确的是（　　）。

A. 凡新建、扩建、改建项目，建成后都必须及时组织验收，但政府投资项目可不办理固定资产移交手续

B. 通常所说的“动用验收”是指单项工程验收

C. 能够发挥独立生产能力的单项工程，可根据建成顺序，分期分批组织竣工验收

D. 竣工验收后或有剩余的零星工程和少数收尾工程应按保修项目处理

【解题要点】 考核验收的范围。

答案：C

7.2　竣工决算

竣工决算是以实物数量和货币指标为计量单位，综合反映竣工项目从筹建开始到项目竣工交付使用为止的全部建设费用、投资效果和财务情况的总结性文件，是竣工验收报告的重要组成部分。竣工决算是正确核定新增固定资产价值、考核分析投资效果、建立健全经济责任制的依据，是反映建设项目实际造价和投资效果的文件。通过竣工决算，既能够正确反映建设工程的实际造价和投资结果；又可以通过竣工决算与概算、预算的对比分析，考核投资控制的工作成效，为工程建设提供重要的技术经济方面的基础资料，提高未来工程建设的投资效益。

7.2.1　竣工决算的内容

竣工决算的内容见图 7－1。

- 竣工决算的内容
  - 竣工财务决算说明书
    - 建设项目概况，对工程总的评价（一般从进度、质量、安全和造价进行分析说明）
    - 资金来源及运用等财务分析（包括工程价款结算、会计账务处理、财产物资情况及债权债务的清偿情况）
    - 基本建设收入、投资包干结余、竣工结余资金的上交分配情况
    - 各项经济技术指标的分析
    - 工程建设的经验及项目管理和财务管理工作以及竣工财务决算中有待解决的问题
    - 需要说明的其他事项
  - 竣工财务决算报表
    - 大、中型建设项目
      - 建设项目竣工财务决算审批表
      - 大、中型建设项目概况表
      - 大、中型建设项目竣工财务决算表
      - 大、中型建设项目交付使用资产总表
      - 建设项目交付使用资产明细表
    - 小型建设项目
      - 建设项目竣工财务决算审批表
      - 竣工财务决算总表
      - 建设项目交付使用资产明细表
  - 建设项目竣工图：真实记录各种地上、地下建筑物、构筑物等情况的技术文件，是工程进行交工验收、维护改建、扩建的依据，是国家的重要技术档案
  - 工程造价比较分析：用决算实际数据的相关资料、概算、预算指标、实际工程造价进行对比，主要分析：主要实物工程量；材料消耗量；建设单位管理费、措施费、间接费的取费标准和节约超支情况及原因分析

图 7－1　竣工决算内容

7.2.1.1　国家对工程竣工图的规定

各新建、扩建、改建工程的基本建设工程，特别是基础、地下建筑、管线、结构、井巷、桥梁、隧道、港口、水坝以及设备安装等隐蔽部位，都要编制竣工图。为确保工程质量，必须在施工过程中（不能在竣工后）及时做好隐蔽工程检查记录，整理好设计变更文件。编制工程竣工图的形式和深度，应根据不同情况区别对待，具体要求包括：

（1）凡按图竣工没有变动的，由承包人（包括总包和分包承包人，下同）在原施工图上加盖“竣工图”标志后，作为竣工图。

（2）凡在施工过程中，虽有一般性设计变更，但能将原施工图加以修改补充作竣工图的，可不重新绘制，由承包人负责在原施工图（必须是新蓝图）上注明修改的部分，并附以设计变更通知单和施工说明，加盖“竣工图”标志后，作为竣工图。

（3）凡结构形式改变、施工工艺改变、平面布置改变、项目改变以及有其他重大改变的，不宜再在原施工图上修改、补充时，应重新绘制改变后的竣工图。由原设计原因造成的，由

设计单位负责重新绘制；由施工原因造成的，由承包人负责重新绘制；由其他原因造成的，由建设单位自行绘制或委托设计单位绘制。承包人负责在新图上加盖“竣工图”标志，并附以有关记录和说明，作为竣工图。

（4）为满足竣工验收和竣工决算需要，还应绘制反映竣工工程全部内容的工程设计平面示意图。

（5）重大的改建、扩建工程项目涉及原有工程项目变更时，应将相关竣工图资料统一整理归档，并在原图案卷内增补必要说明。

7.2.1.2 国家对竣工决算的规定

财政部2008年9月公布的《关于进一步加强中央基本建设项目竣工财务决算工作的通知》（财办建[2008]91号）指出，财政部将按规定对中央级大中型项目、国家确定的重点小型项目竣工财务决算的审批实行“先审核、后审批”的办法，即对需选审核后审批的项目，先委托财政投资评审机构或经财政部认可的有资质的中介机构对项目单位编制的竣工财务决算进行审核，再按规定批复项目竣工财务决算。

通知指出，项目建设单位应在项目竣工后三个月内完成竣工财务决算的编制工作，并报主管部门审核。主管部门收到竣工财务决算报告后，对于按规定由主管部门审批的项目，应及时审核批复，并报财政部备案；对于按规定报财政部审批的项目，一般应在收到决算报告后一个月内完成审核工作，并将经其审核后的决算报告报财政部审批。以前年度已竣工尚未编制报竣工财务决算的基建项目，主管部门应督促项目建设单位抓紧编报。

主管部门应对项目建设单位报送的项目竣工财务决算认真审核，严格把关。审核的重点内容：项目是否按规定程序和权限进行立项、可行性研究和初步设计报批工作；项目建设超标准、超规模、超概算投资等问题审核；项目竣工财务决算金额的正确性审核；项目竣工财务决算资料的完整性审核；项目建设过程中存在主要问题的整改情况审核等。

7.2.2 竣工决算的编制

7.2.2.1 竣工决算的编制依据

（1）经批准的可研报告、投资估算书，初步设计或扩大初步设计，修正总概算及其批复文件；

（2）经批准的施工图设计及其施工图预算书；

（3）设计交底或图纸会审会议纪要；

（4）设计变更记录、施工记录或施工签证单及其他施工发生的费用记录；

（5）招标控制价，承包合同、工程结算等有关资料；

（6）历年基建计划、历年财务决算及批复文件；

（7）设备、材料调价文件和调价记录；

（8）有关财务核算制度、办法和其他有关资料。

7.2.2.2　竣工决算的编制步骤

(1) 收集、整理和分析有关依据资料。在编制竣工决算文件之前,应系统地整理所有的技术资料、工料结算的经济文件、施工图纸和各种变更与签证资料,并分析它们的准确性。

(2) 清理各项财务、债务和结余物资。整理和分析有关资料中,要特别注意建设工程从筹建到竣工投产或使用的全部费用的各项账务,债权和债务的清理,做到工程完毕账目清晰,既要核对账目,又要查点库存实物的数量,做到账与物相等,账与账相符,对结余的各种材料、工器具和设备,要逐项清点核实,妥善管理,并按规定及时处理,收回资金。对各种往来款项要及时进行全面清理,为编制竣工决算提供准确的数据和结果。

(3) 核实工程变动情况。重新核实各单位工程、单项工程造价,将竣工资料与原设计图纸进行查对、核实,必要时可实地测量,确认实际变更情况;根据经审定的承包人竣工结算等原始资料,按照有关规定对原概、预算进行增减调整,重新核定工程造价。

(4) 编制建设工程竣工决算说明。按照建设工程竣工决算说明的内容要求,根据编制依据材料填写在报表中的结果,编写文字说明。

(5) 填写竣工决算报表。按照建设工程决算表格中的内容,根据编制依据中的有关资料进行统计或计算各个项目和数量,并将其结果填到相应表格的栏目内,完成所有报表的填写。

(6) 做好工程造价对比分析。

(7) 清理、装订好竣工图。

(8) 上报主管部门审查存档。

将上述编写的文字说明和填写的表格经核对无误,装订成册,即为建设工程竣工决算文件。将其上报主管部门审查,并把其中财务成本部分送交开户银行签证。竣工决算在上报主管部门的同时,抄送有关设计单位。大中型建设项目的竣工决算还应抄送财政部、建设银行总行和省、自治区、直辖市的财政局和建设银行分行各一份。建设工程竣工决算文件,由建设单位负责组织人员编写,在竣工建设项目办理验收使用一个月内完成。

7.2.3　新增资产价值的确定

建设项目竣工投入运营后,所花费的总投资形成相应的资产,按照新的财务制度和企业会计准则,新增资产按资产性质可分为固定资产、流动资产、无形资产和其他资产四大类。

7.2.3.1　新增固定资产价值

固定资产是指使用超过一年的房屋、建筑物、机器、机械、运输工具以及其他与生产经营活动有关的设备、工器具等,不属于生产经营主要设备,但单位价值在 2 000 元以上且使用年限超过两年的也应作为固定资产。新增固定资产价值的计算是以独立发挥生产能力的单项工程为对象,其内容包括工程费(建筑安装工程费、设备购置费)、形成固定资产的工程建设其他费、预备费和建设期利息。

说明:形成固定资产的工程建设其他费,如果是属于整个建设项目或两个以上单项工程的,在计算新增固定资产价值时,应在各单项工程中按比例分摊。一般情况下,建设单位管理费按建筑工程、安装工程、需安装设备价值总额作比例分摊，而土地征用费、勘察设计费等费用则按建筑工程造价分摊。

7.2.3.2　新增流动资产

可以在一年内或者超过一年的一个营业周期内变现或运用的资产，包括现金及各种存款以及其他货币资金、短期投资、存货、应收及预付款项以及其他流动资产等。

7.2.3.3　新增无形资产

特定主体控制，没有实物形态，对生产经营长期发挥作用且能带来经济利益的资产。包括专利权、非专利技术、生产许可证、特许经营权、租赁权、土地使用权、矿产资源勘探权和采矿权、商标权、版权、计算机软件及商誉等。

7.2.3.4　其他资产

不能全部计入当期损益，应当在以后年度分期摊销的各项费用。其他资产内容包括生产准备费及开办费、图纸资料翻译复制费、样品样机购置费和农业开荒费、以租赁方式租入的固定资产改良工程支出等。

7.2.3.5　新增资产价值的确定方法

新增资产价值的确定方法见表 7－1。

表 7－1　新增资产价值的确定方法

<table>
<tr><th>资产类型</th><th>包括内容</th><th colspan="2">计　算　方　法</th></tr>
<tr><td rowspan="3">固定资产</td><td>房屋、建筑物、管道、线路等固定资产</td><td>包括建筑工程成本和待分摊的待摊投资</td><td rowspan="3">建设单位管理费按建筑工程、安装工程、需安装设备价值总额按比例分摊，而土地征用费、勘察设计费等则按建筑工程造价比例分摊，生产工艺流程系统设计费按安装工程造价比例分摊</td></tr>
<tr><td>动力设备和生产设备等固定资产</td><td>包括需要安装设备的采购成本、安装工程成本、设备基础、支柱等建筑工程成本或砌筑锅炉及各种特殊炉的建筑工程成本、应分摊的待摊投资</td></tr>
<tr><td>运输设备及其他不需要安装的设备、工具、器具、家具等固定资产</td><td>仅计算采购成本，不计分摊的待摊投资</td></tr>
<tr><td rowspan="4">流动资产</td><td>货币性资金</td><td colspan="2">按实际入账价值核算</td></tr>
<tr><td>应收及预付款项</td><td colspan="2">按企业销售商品、产品或提供劳务时的实际成交金额入账核算</td></tr>
<tr><td>短期投资包括股票、债券、基金</td><td colspan="2">采用市法和收益法确定其价值</td></tr>
<tr><td>存货</td><td colspan="2">外购的存货，按照买价加运输费、装卸费、保险费、途中合理损耗、入库前加工、整理及挑选费用以及缴纳的税金等计价；自制的存货，按照制造过程中的各项实际支出计价</td></tr>
</table>

（续表）

资产类型	包括内容	计　算　方　法
无形资产	专利权	自创专利权的价值为开发过程中的实际支出
	非专利技术	自创的非专利技术，一般不作为无形资产入账，自创过程发生的费用，按当期费用处理。外购非专利技术由法定评估机构确认后再进行估价，其方法往往通过能产生的收益采用收益法进行估价
	商标权	自创商标权一般不作为无形资产入账，购入或转让商标根据被许可方新增的收益确定
	土地使用权	当建设单位向土地管理部门申请土地使用权并为之支付一笔出让金时，土地使用权作为无形资产核算；当建设单位获得土地使用权是通过行政划拨的，这时土地使用权就不能作为无形资产核算；在将土地使用权有偿转让、出租、抵押、作价入股和投资，按规定补交土地出让价款时，才作为无形资产核算

【课堂练习】

【7.2-1】 下列不属于建设项目竣工决算报告情况说明书内容的是(　　)。

A. 新增生产能力效益分析　　B. 债权债务的清偿情况分析

C. 工程价款结算情况分析　　D. 主要实物工程量分析

答案：D

【7.2-2】 建设项目竣工决算的内容包括(　　)。

A. 竣工财务决算报表　　B. 竣工决算报告说明书

C. 投标报价书　　D. 新增资产价值的确定

E. 工程造价对比分析

答案：ABE

【7.2-3】 关于竣工财务决算的说法中，正确的是(　　)。

A. 已具备竣工验收条件的项目，若一个月不办理竣工验收的，视项目已正式投产，其费用不得从基本建设投资中支付

B. 建设项目竣工财务决算表中，待核基建支出，列入资金来源，待冲基建支出，列入资金占用

C. 基建收入是指联合试运转的净收入和基建多余物资的变卖收入之和

D. 大、中型建设项目竣工财务决算表是用来反映建设项目的全部资金来源和资金占用情况的报表

答案：D

【7.2-4】 因变更需要重新绘制竣工图。下列关于重新绘制工程竣工图的说法，正确的是(　　)。

A. 由设计原因造成的，由设计单位负责重新绘制

B. 由施工原因造成的，由施工单位负责重新绘制

C. 其他原因造成的，由设计单位负责重新绘制

D. 其他原因造成的，由建设单位或委托设计单位负责重新绘制

E. 其他原因造成的，由施工单位负责重新绘制

答案：ABD

【7.2－5】 竣工决算的核心内容是（　　）。

A. 竣工财务决算说明书　　B. 竣工财务决算报表

C. 工程竣工图　　D. 工程竣工造价对比分析

E. 工程竣工手续说明

【解题要点】 按照财政部、国家发改委和建设部的有关文件规定，竣工决算是由竣工财务决算说明书、竣工财务决算报表、工程竣工图、工程竣工造价对比分析四部分组成；前两部分又称建设项目竣工财务决算，是竣工决算的核心内容。

答案：AB

【7.2－6】 负责加盖"竣工图"标志的是（　　）。

A. 工程师　　B. 承包人　　C. 建设单位　　D. 监理单位

答案：B

【7.2－7】 报告上级核销基本建设支出和建设拨款的依据是（　　）。

A. 竣工财务决算审批表　　B. 竣工财务决算表

C. 基建投资表　　D. 竣工决算报表

【解题要点】 竣工财务决算表是报告上级核销基本建设支出和建设拨款的依据。

答案：B

【7.2－8】 某建设项目，基建拨款2 000万元，项目资本金为2 000万元，项目资本公积金为200万元，基建投资借款1 000万元，待冲基建支出500万元，基本建设支出3 300万元，应收生产单位投资借款1 000万元。则该项目基建结余资金为（　　）万元。

A. 400　　B. 900　　C. 1 400　　D. 1 900

【解题要点】 竣工决算编制所遵循的基本会计等式：

资金来源＝资金占用

资金来源＝基建拨款＋项目资本金＋项目资本公积金＋基建投资借款＋上级拨入投资借款＋企业债券资金＋待冲基建支出＋应付款＋未交款＋上级拨入资金＋留成收入

资金占用＝基本建设支出＋应收生产单位投资借款＋拨付所属投资借款＋器材＋货币资金＋预付及应收款＋有价证券＋固定资产

基建结余资金＝基建拨款＋项目资本金＋项目资本公积金＋基建投资借款＋企业债券基金＋待冲基建支出－基本建设支出－应收生产单位投资借款

本题基建结余资金＝2 000＋2 000＋200＋1 000＋500－3 300－1 000＝1 400（万元）。

答案：C

【7.2－9】 根据财政部《关于进一步加强中央基本建设项目竣工财务决算工作通知》（财办建[2008]91号），对于选审核后审批的建设项目，建设单位应在项目竣工后（　　）内完成竣工财务决算编制工作。

A. 二个月　　B. 三个月　　C. 75 d　　D. 100 d

答案：B

【7.2－10】 某工业建设项目及其动力车间有关数据如下表，则应分摊到动力车间的固

定资产价值中的土地征用费和设计费合计为多少万元？

万元

项目名称	建筑工程	安装工程	需安装设备	土地征用费	设计费
建设项目竣工决算	3 000	800	1 200	200	90
动力车间竣工决算	400	110	240		

【解题要点】 建设单位管理费按建筑工程、安装工程、需安装设备价值总额按比例分摊，而土地征用费、勘察设计费等按建筑工程造价分摊。计算过程如下：

$$(200+90)\times\frac{400}{3\,000}\approx 38.67(\text{万元})$$

【7.2-11】 某建设项目及其主要生产车间的有关费用如下表，则该车间新增固定资产价值为多少万元？

万元

项目名称	建筑工程	设备安装工程	需安装设备	土地征用费
建设项目竣工决算	1 000	450	600	50
生产车间竣工决算	250	100	280	

【解题要点】 土地征用费、勘察设计费等按建筑工程造价分摊。

生产车间应分摊的土地征用费：$50\times\frac{250}{1\,000}=12.5(\text{万元})$；

新增固定资产价值：工程费＋工程建设其他费＋预备费＋建设期利息

$=250+100+280+12.5=642.5(\text{万元})$。

【7.2-12】 某工业项目及其总装车间的各项费用如下表所示，则总装车间分摊的建设单位管理费为多少万元？总装车间应分摊的土地使用费为多少万元？总装车间应分摊的勘察设计费为多少万元？

万元

项目名称	建筑工程	安装工程	需安装设备	土地征用费	设计费
建设项目竣工决算	1 500	600	1 200	150	50
总装车间竣工决算	350	120	240		

【解题要点】 建设单位管理费按建筑工程、安装工程、需安装设备价值总额按比例分摊，而土地征用费、勘察设计费等按建筑工程造价分摊。计算过程如下：

$$\text{总装车间分摊的建设单位管理费}=80\times\frac{350+120+240}{1\,500+600+1\,200}\approx 17.21(\text{万元})$$

$$\text{总装车间分摊的土地使用费}=150\times\frac{350}{1\,500}=35(\text{万元})$$

$$\text{总装车间分摊的勘察设计费}=50\times\frac{350}{1\,500}\approx 11.67(\text{万元})$$

【7.2－13】 下列各项在新增固定资产价值计算时应计入新增固定资产价值的是（　　）。

A. 在建附属辅助工作

B. 单项工程中不构成生产系统，但能独立发挥效益的非生产性项目

C. 开办费、租入固定资产改良支出费

D. 凡购置达到固定资产标准不需安装的工、器具

E. 属于新增固定资产价值的其他投资

【解题要点】 新增固定资产在计算时应注意以下情况：

(1) 对于为了提高产品质量、改善劳动条件、节约材料消耗、保护环境而建设的附属辅助工程，只要全部建成，正式验收交付使用后都要计入新增固定资产价值。

(2) 对于单项工程中不构成生产系统、但能独立发挥效益的非生产性项目，如住宅、食堂、医务所、托儿所、生活服务网点等，在建成并交付使用后，也要计算新增固定资产价值。

(3) 凡购置达到固定资产标准不需安装的设备、工具、器具，应在交付使用后计入新增固定资产价值。

(4) 属于新增固定资产价值的其他投资，应随同受益工程交付使用的同时一并计入。交付使用财产的成本，应按下列内容计算：

① 房屋、建筑物、管道、线路等固定资产的成本包括建筑工程成本和应分摊的待摊投资。

② 动力设备和生产设备等固定资产的成本包括需要安装设备的采购成本、安装工程成本、设备基础、支柱等建筑工程成本或砌筑锅炉及各种特殊炉的建筑工程成本、应分摊的待摊投资。

③ 运输设备及其他不需要安装的设备、工具、器具、家具等固定资产一般仅计算采购成本，不计分摊的待摊投资。

答案：ABDE

【7.2－14】 下列选项中，能以实际支出计入无形资产价值的是（　　）。

A. 接受捐赠的无形资产　　B. 自创专利权

C. 自创非专利技术　　D. 自创商标权

【解题要点】 新增无形资产的确定。

答案：B

【7.2－15】 某工程竣工验收后确定新增资产价值，其中单位开办费 100 万元，土地使用费 200 万元，购入的软件费 50 万元，自创的专有技术费 30 万元。则应计入无形资产的价值是（　　）万元。

A. 380　　B. 350　　C. 250　　D. 280

【解题要点】 掌握无形资产的计价方法，其中土地使用权的计价按照土地使用权的取得方式不同，可分为以下几种：当建设单位向土地管理部门申请土地使用权并为之支付一笔出让金时，土地使用权作为无形资产核算；如建设单位获得土地使用权是通过行政划拨的，这时土地使用权就不能作为无形资产核算；在将土地使用权有偿转让、出租、抵押、作价入股和投资，按规定补交土地出让价款时，才能作为无形资产核算。

本题应计入的无形资产价值＝200＋50＝250（万元）。

答案：C

7.3　项目保修处理

7.3.1　保修范围和最低保修期限

保修范围和最低保修期限见表7-2。

表7-2　保修范围和最低保修期限

保　修　范　围	最低保修期限
基础设施工程、房屋建筑的地基基础工程和主体结构工程	设计文件规定的该工程的合理使用年限
屋面防水工程、有防水要求的卫生间、房间和外墙面的防渗漏	5年
供热与供冷系统	2个采暖期、供冷期
电气管线、给排水管道、设备安装和装修工程	2年
其他项目	由发包方与承包方合同约定

注：建设工程保修期，自工程竣工验收合格之日算起。

7.3.2　保修经济责任

保修的经济责任见表7-3。

表7-3　保修的经济责任

保　修　事　件	责　任　承　担
因承包人未按施工质量验收规范、设计文件要求和施工合同约定组织施工而造成的质量缺陷	承包人负责修理并承担经济责任
承包人采购的建筑材料、建筑构配件、设备等不符合质量要求，或承包人应进行而没有进行试验或检验，进入现场使用造成质量问题的	承包人负责修理并承担经济责任
由于勘察、设计方造成的质量缺陷	勘察、设计方负责并承担经济责任，由施工单位负责维修或处理
由于发包人供应的材料、构配件或设备不合格造成的质量缺陷，或发包人竣工验收后未经许可自行改建造成的质量问题	发包人或使用人自行承担经济责任
由发包人指定的分包人或不能肢解而肢解发包的工程，致使施工接口不好造成质量缺陷的	发包人或使用人自行承担经济责任
发包人或使用人竣工验收后使用不当造成的损坏	发包人或使用人自行承担经济责任
不可抗力造成的质量缺陷	承包人不承担经济责任，所发生的费用应由使用人按协议约定的方式支付

注：因发包人或者勘察设计的原因、施工的原因、监理的原因产生的建设质量问题，造成他人损失的，以上单位应当承担相应的赔偿责任。受损害人可以向任何一方要求赔偿，也可以向以上各方提出共同赔偿要求。有关各方之间在赔偿后，可以在查明原因后向真正责任人追偿。

7.3.3 保修费用的处理

保修费用可参照建筑安装工程造价的确定程序和方法计算，也可按照建筑安装工程造价或承包合同价的一定比例计算(一般取5%)。工程竣工后，承包人保留工程款的5%作为保修费用，保留金的性质和目的是一种现金保证，目前是保证承包人在工程执行过程中恰当履行合同的约定。

7.3.4 保修的操作方法

7.3.4.1 发送保修证书(房屋保修卡)

在工程竣工验收的同时(最迟不超过3～7 d)，由承包人向发包人送交《建筑安装工程保修证书》。保修证书内容主要包括：

(1) 工程简况、房屋使用管理要求；

(2) 保修范围和内容；

(3) 保修时间；

(4) 保修说明；

(5) 保修情况记录；

(6) 保修单位(即承包人)的名称、详细地址等。

7.3.4.2 填写"工程质量修理通知书"

在保修期内，工程项目出现质量问题影响使用，使用人应填写"工程质量修理通知书"告知承包人，注意质量问题及部位、维修联系方式，要求承包人指派人前往检查修理。修理通知书发出日期为约定起始日期，承包人应在7 d内派出人员执行保修任务。

7.3.4.3 实施保修服务

承包人接到"工程质量修理通知书"后，必须尽快派人检查，并会同发包人共同做出鉴定，提出修理方案，明确经济责任，尽快组织人力、物力进行修理，履行工程质量保修的承诺。房屋建筑工程在保修期间出现质量缺陷，发包人或房屋建筑所有人应当向承包人发出保修通知，承包人接到保修通知后，应到现场检查情况，在保修书约定的时间内予以保修，发生涉及结构安全或者严重影响使用功能的紧急抢修事故，承包人接到保修通知后，应当立即到达现场抢修。发生涉及结构安全的质量缺陷，发包人或房屋建筑产权人应当立即向当地建设主管部门报告，采取安全防范措施；原设计单位或具有相应资质等级的设计单位提出保修方案；承包人实施保修。

7.3.4.4 验收

在发生问题的部位或项目修理完毕后，要在保修证书的"保修记录"栏内做好记录，并经发包人验收签认，此时修理工作完毕。

【课堂练习】

【7.3－1】 根据我国《建设工程质量管理条例》规定，下列关于保修期限的表述，错误的是(　　)。

A. 屋面防水工程的防渗漏为 5 年　　B. 给排水管理工程为 2 年

C. 供热系统为 2 年　　D. 电气管理工程为 2 年

【解题要点】 根据我国《建设工程质量管理条例》规定：屋面防水工程、有防水要求的卫生间、房间和外墙面的防渗漏为 5 年；供热与供冷系统为 2 个采暖期和供冷期；电气管线、给排水管道、设备安装和装修工程为 2 年。

答案：C

【7.3－2】 以下关于保修费用处理说法，不正确的是(　　)。

A. 承包单位未按设计要求施工，造成的质量缺陷，由承包单位负责返修并承担经济责任

B. 由于设计方面造成的缺陷，由设计单位承担经济责任

C. 因建筑材料、构配件和设备质量不合格引起的质量缺陷，由承包单位承担经济责任

D. 因不可抗力造成的损坏问题，由建设单位负责处理

【解题要点】 建筑材料、构配件等造成的质量问题，若是由承包商提供的，则由承包商来承担经济责任，若是由发包方提供的，则由发包方来承担责任。

答案：C

【7.3－3】 某工程设计不当，竣工后建筑物出现不均匀沉降，保修的经济责任应由(　　)。

A. 施工单位　　B. 建设单位

C. 设计单位　　D. 设计供应单位

【解题要点】 保修的经济责任：

(1) 由承包人未按施工质量验收规范、设计文件要求和施工合同约定组织施工而造成的质量缺陷所产生的工程质量保修，应由承包人负责修理并承担经济责任。

(2) 由设计人造成的质量缺陷应由设计人承担经济责任；由于发包人供应的材料、构配件或设备不合格造成的质量缺陷应由发包人承担经济责任。

(3) 因不可抗力造成的质量缺陷不属于保修范围；有的项目经发包人和承包人协商，根据工程的合理年限，采用保修保险方式，这种方式不需要扣保留金，保险费由发包人支付，承包人应按约定的保修承诺，履行其保修职责和义务。

(4) 凡用户使用不当而造成的建筑功能不良或损坏，不属于保修范围。

答案：C

本章小结

本章的关键概念需掌握：竣工验收、竣工决算、新增资产价值、新增流动资产、新增无形资产、保修范围、保修期限、保修的操作方法。

本章的重点是建设项目的竣工验收和建设项目竣工决策操作与编制、保修费用的处理等。

习题七

一、单项选择题

1. 下列属于安装工程验收内容的是(　　)。

A. 以屋面工程的屋面瓦、保温层、防水层等的审查验收

B. 对门窗工程的审查验收

C. 对抹灰工程的审查验收

D. 对上下水管道、暖气的审查验收

2. 某建设项目,基建拨款为 3 000 万元,项目资本为 1 000 万元,项目资本金 200 万元,基建投资借款 1 500 万元,企业债券基金 500 万元,待冲基建支出 400 万元,应收生产单位投资借款 2 000 万元,基本建设支出 1 500 万元。则基建结余资金为(　　)万元。

A. 1 400　　B. 2 300　　C. 3 100　　D. 4 700

3. 下列以建设工程竣工图的阐述,错误的是(　　)。

A. 它是工程进行交工验收、维护改建和扩建的依据,是国家的重要技术档案

B. 由发包人在原施工图上加盖"竣工图"标志后,即作为竣工图

C. 建设工程竣工图是真实地记录各种地上、地下建筑物、构筑物等情况的技术文件

D. 竣工图有可能与原施工图不完全一致

4. 按照规定竣工决算应在竣工项目办理验收交付手续后(　　)内编好。

A. 10 d　　B. 20 d　　C. 30 d　　D. 60 d

5. 某工业建设项目及其总装车间的建筑工程费、安装工程费、需安装设备费以及应摊入费用如表所示,计算总装车间新增固定资产价值为(　　)万元。

分摊费用计算表　　万元

项目名称	建筑工程	安装工程	需安装设备	建设单位管理费	土地征用费	勘察设计费
建设单位竣工决算	4 000	800	1 600	120	140	100
总装车间竣工决算	1 000	360	640			

A. 1 521.5　　B. 2 000　　C. 2 060　　D. 2 097.5

6. 在竣工决算报告情况说明书中,下列内容不属于资金来源及运用分析的是(　　)。

A. 工程价款结算　　B. 竣工结余资金的上交分配情况

C. 会计账务的处理　　D. 债权债务的清偿情况

7. 建设工程竣工决算文件要上报主管部门审查,并把其中财务成本部分送交(　　)签证。

A. 财政部　　B. 开户银行

C. 建设银行总行　　D. 省、市、自治区的财政局

8. 在保险期内,工程项目出现质量问题影响使用,使用人应填写"工程质量修理通知书"告知承包人,修理通知书发出日期为约定起始日期,承包人应在(　　)内派出人员执行

保修任务。

A. 5 d　B. 7 d　C. 10 d　D. 15 d

二、多项选择题

1. 建设项目竣工验收的主要依据包括(　　)。

A. 投标书　B. 招标文件

C. 可行性研究报告　D. 工程承包合同文件

E. 技术设备说明书

2. 验收合格后,共同签署"交工验收证书"的有(　　)。

A. 监理单位　B. 发包人

C. 设计单位　D. 承包人

E. 工程质量监督站

3. 下列哪两部分(　　)又称建设项目竣工财务决算并且属竣工决算的核心内容。

A. 竣工决算报告情况说明书　B. 竣工财务决算报表

C. 工程竣工图　D. 工程竣工造价对比分析

E. 工程竣工手续证明

4. 下列关于无形资产计价方法的阐述,正确的是(　　)。

A. 投资者投入无形资产,按评估确认或合同协议约定的金额计价

B. 行政划拨的土地使用权通常不能作为无形资产入账

C. 商标权的计价应由法定评估机构确认后再进行估价

D. 企业接受捐赠的无形资产,按照发票账单所载金额或者同类无形资产市场价作价

E. 专利权转让价格不按成本估价,而是按照其所能带来的超额收益计价

5. 关于新增固定资产价值计算,正确的是(　　)。

A. 对于为了提高产品质量、改善劳动条件、节约材料消耗、保护环境而建设的附属辅助工程,只要全部建成,正式验收交付使用后就要计入新增固定资产价值

B. 对于单项工程中不构成生产系统的非生产性项目在建成并交付使用后不计入新增固定资产价值

C. 凡购置达到固定资产标准无需安装的设备、工具、器具,应在交付使用后计入新增固定资产价值

D. 属于新增固定资产价值的其他投资,应随同受益工程交付使用的同时一并计入

E. 运输设备及其他无需安装的设备、工具、器具、家具等固定资产一般计入分摊的待摊投资

6. 按照国务院《建设工程质量管理条例》,下列有关保修期的确认,正确的是(　　)。

A. 基础设施工程为50年

B. 屋面防水工程、有防水要求的卫生间、房间和外墙面的防渗漏为5年

C. 供热与供冷系统为2个采暖期和供热期

D. 电气管线、给排水管道、设备安装和装修工程为2年

E. 建设工程的保修期,自工程开工日算起

(注:扫描封面二维码获取全书习题答案。)

本章习题答案

附　录

增值税条件下工程计价表格及工程费用标准

附录 D　工程计价汇总表

D.1　建设项目（单项工程）工程造价汇总表（□招标控制价□投标报价□竣工结算）

（一般计税法）

工程名称：　　　　　　　　标段：　　　　　　　　第　页　共　页

序号	单项工程名称（单位工程名称）	建安工程造价（元）	直接费用（元）（包括分部分项工程费和能计量的措施项目费）	费用和利润（元）						销项税额（元）	附加税费（元）	其他项目费（元）
				管理费	利润	总价措施项目费	其中：安全文明施工费	规　费	其中：社会保险费			
本页合计												
累　计												

D.2 建设项目(单项工程)工程造价汇总表(□招标控制价□投标报价□竣工结算)

(简易计税法)

工程名称： 标段： 第 页 共 页

序号	单项工程名称(单位工程名称)	建安工程造价(元)	直接费用(元)(包括分部分项工程费和能计量的措施项目费)	费用和利润(元)						应纳税额(元)	附加税费(元)	其他项目费(元)
				管理费	利润	总价措施项目费	其中：安全文明施工费	规 费	其中：社会保险费			
本页合计												
累 计												

D.3 单位工程费用计算表(□招标控制价□投标报价□竣工结算)

(一般计税法)

工程名称：　　　标段：　　　　　单位工程名称：　　　　　　第　页　共　页

序号	工程内容	计费基础说明	费率(%)	金额(元)	备　注
1	直接费用	1.1+1.2+1.3			包括分部分项工程费和能计量的措施项目费
1.1	人工费				
1.1.1	其中:取费人工费				
1.2	材料费				
1.3	机械费				
1.3.1	其中:取费机械费				
2	费用和利润	2.1+2.2+2.3+2.4			
2.1	管理费	1.1.1 或 1.1.1+1.3.1			
2.2	利润	1.1.1 或 1.1.1+1.3.1			
2.3	总价措施项目费				按 E.7 总价措施项目清单计费表列项计算汇总本项
2.3.1	其中:安全文明施工费				
2.4	规费	2.4.1+2.4.2+2.4.3+2.4.4+2.4.5			
2.4.1	工程排污费	1+2.1+2.2+2.3	0.4		
2.4.2	职工教育和工会经费	1.1	3.5		
2.4.3	住房公积金	1.1	6.0		
2.4.4	安全生产责任险	1+2.1+2.2+2.3	0.2		
2.4.5	社会保险费	1+2.1+2.2+2.3	3.18		
3	建安费用	1+2			
4	销项税额	3×税率	11.0		
5	附加税费	(3+4)×费率			
6	其他项目费				详注 3 说明
建安工程造价		3+4+5+6			

注:1. 采用一般计税法时,材料、机械台班单价均执行除税单价。

2. 建安费用=直接费用+费用和利润。

3. 按附录 F 其他项目计价表列项计算汇总本项(详 F.1)。其中,材料(工程设备)暂估价进入直接费用与综合单价,此处不重复汇总。

4. 社会保险费包括养老保险费、失业保险费、医疗保险费、生育保险费和工伤保险费。

D.4　单位工程费用计算表(□招标控制价□投标报价□竣工结算)
(简易计税法)

工程名称：　标段：　单位工程名称：　第　页　共　页

序号	工程内容	计费基础说明	费率(%)	金额(元)	备　注
1	直接费用	1.1+1.2+1.3			包括分部分项工程费和能计量的措施项目费
1.1	人工费				
1.1.1	其中:取费人工费				
1.2	材料费				
1.3	机械费				
1.3.1	其中:取费机械费				
2	费用和利润	2.1+2.2+2.3+2.4			
2.1	管理费	1.1.1 或 1.1.1+1.3.1			
2.2	利润	1.1.1 或 1.1.1+1.3.1			
2.3	总价措施项目费				按 E.7 总价措施项目清单计费表列项计算汇总本项
2.3.1	其中:安全文明施工费				
2.4	规费	2.4.1+2.4.2+2.4.3+2.4.4+2.4.5			
2.4.1	工程排污费	1+2.1+2.2+2.3	0.4		
2.4.2	职工教育和工会经费	1.1	3.5		
2.4.3	住房公积金	1.1	6.0		
2.4.4	安全生产责任险	1+2.1+2.2+2.3	0.2		
2.4.5	社会保险费	1+2.1+2.2+2.3	3.18		
3	税前造价	1+2			
4	应纳税额	3×税率	3.0		
5	附加税费	4×费率			
6	其他项目费				详注 3 说明
建安工程造价		3+4+5+6			

注:1. 采用简易计税法时,材料、机械台班单价均执行含税单价。

2. 税前造价=直接费用+费用和利润。

3. 按附录 F 其他项目计价表列项计算汇总本项 (详 F.2)。其中,材料(工程设备)暂估单价进入直接费用与综合单价,此处不重复汇总。

4. 社会保险费包括养老保险费、失业保险费、医疗保险费、生育保险费和工伤保险费。

附录 E　清单项目计价表

E.1　单位工程工程量清单与造价表(□招标控制价□投标报价□竣工结算)

(一般计税法)

工程名称：　　　　标段：　　　　单位工程名称：　　　　第　页　共　页

序号	项目编码	项目名称	项目特征描述	计量单位	工程量	金额(元)				
						综合单价	合价	其　中		
								建安费用	销项税额	附加税费
本页合计										
累　计										

注：本表用于分部分项工程和能计量的措施项目清单与计价。

E.2 单位工程工程量清单与造价表(□招标控制价□投标报价□竣工结算)

(简易计税法)

工程名称：　　　　标段：　　　　单位工程名称：　　　　第　页　共　页

序号	项目编码	项目名称	项目特征描述	计量单位	工程量	金额(元)				
						综合单价	合价	其　中		
								税前造价	应纳税额	附加税费
本页合计										
累　计										

注：本表用于分部分项工程和能计量的措施项目清单与计价。

E.3 清单项目直接费用预算表(□招标控制价□投标报价□竣工结算)

工程名称：　　　　　　　　标段：　　　　　　　　　　　　　　　　　　　　第　页　共　页

清单编码		名称			计量单位		数量		直接费用指标	
消耗量 标准编号	项目名称	单位	数量	基期价		市场价				
				单价	小计	单价	小计	其中		
								人工费	材料费	机械费
本页合计(元)										
累　计(元)										

注：1. 清单直接费用指标＝累计金额÷数量。
2. 采用一般计税法时，材料、机械台班单价均执行除税单价；安装工程材料费中已包含主材费和设备费用。
3. 采用简易计税法时，材料、机械台班单价均执行含税单价；安装工程材料费中已包含主材费和设备费用。
4. 本表用于分部分项工程和能计量的措施项目清单与计价。

E.4　清单项目人材机用量与单价表(□招标控制价□投标报价□竣工结算)

工程名称：　　　　　　　　　　　　　　标段：

清单编号：　　　　　　　　　　　　　　单位：

清单名称：　　　　　　　　　　　　　　数量：　　　　　　　第　页　共　页

序号	编码	名称(材料、机械规格型号)	单位	数量	基期价(元)	市场价(元)		合价(元)	备注
						含税	除税		
	本页合计								
	累计								

E.5 清单项目费用计算表(综合单价表)(□招标控制价□投标报价□竣工结算)(一般计税法)

工程名称： 标段：
清单编号： 单位：
清单名称 数量： 综合单价： 第 页 共 页

序号	工程内容	计费基础说明	费率(%)	金额(元)	备注
1	直接费用	1.1+1.2+1.3			
1.1	人工费				
1.1.1	其中:取费人工费				
1.2	材料费				
1.3	机械费				
1.3.1	其中:取费机械费				
2	费用和利润	2.1+2.2+2.3			
2.1	管理费	1.1.1 或 1.1.1+1.3.1			
2.2	利润	1.1.1 或 1.1.1+1.3.1			
2.3	规费	2.3.1+2.3.2+2.3.3+2.3.4+2.3.5			
2.3.1	工程排污费	1+2.1+2.2	0.4		
2.3.2	职工教育和工会经费	1.1	3.5		
2.3.3	住房公积金	1.1	6		
2.3.4	安全生产责任险	1+2.1+2.2	0.2		
2.3.5	社会保险费	1+2.1+2.2	3.18		
3	建安费用	1+2			
4	销项税额	3×税率			
5	附加税费	(3+4)×费率			
合计		3+4+5			

E.6　清单项目费用计算表(综合单价表)(□招标控制价□投标报价□竣工结算)

（简易计税法）

工程名称：　　　　　　　　　　　　　　　　　　标段：
清单编号：　　　　　　　　　　　　　　　　　　单位：
清单名称　　　　　　　　　　数量：　　　　综合单价：　　　　　　第　页　共　页

序号	工程内容	计费基础说明	费率(%)	金额(元)	备注
1	直接费用	1.1＋1.2＋1.3			
1.1	人工费				
1.1.1	其中:取费人工费				
1.2	材料费				
1.3	机械费				
1.3.1	其中:取费机械费				
2	费用和利润	2.1＋2.2＋2.3			
2.1	管理费	1.1.1 或 1.1.1＋1.3.1			
2.2	利润	1.1.1 或 1.1.1＋1.3.1			
2.3	规费	2.3.1＋2.3.2＋2.3.3＋2.3.4＋2.3.5			
2.3.1	工程排污费	1＋2.1＋2.2	0.4		
2.3.2	职工教育和工会经费	1.1	3.5		
2.3.3	住房公积金	1.1	6		
2.3.4	安全生产责任险	1＋2.1＋2.2	0.2		
2.3.5	社会保险费	1＋2.1＋2.2	3.18		
3	税前造价	1＋2			
4	应纳税额	3×税率			
5	附加税费	4×费率			
合计		3＋4＋5			

注:1. 采用简易计税法时,材料、机械台班单价均执行含税单价。
2. 税前造价＝直接费用＋费用和利润。
3. 综合单价 ＝合计÷数量。
4. 本表用于分部分项工程和能计量的措施项目清单与计价。

E.7 总价措施项目清单计费表

工程名称： 标段： 第 页 共 页

序号	项目编码	项 目 名 称	计算基础	费率(%)	金额(元)	备注
1		安全文明施工费				
2		夜间施工增加费				
3		提前竣工(赶工)费				
4		冬雨季施工增加费				
5		工程定位复测费				
6		(专业工程中的有关措施项目费)				
		合计				

编制人： 复核人：

注:按施工方案计算的措施费,若无“计算基础”和“费率”的数值,也可只填“金额”数值,但应在备注栏说明施工方案出处或计算方法。

附录 F 其他项目计价表

F.1 其他项目清单与计价汇总表(□招标控制价□投标报价□竣工结算)

(一般计税法)

工程名称： 标段： 第 页 共 页

序号	项 目 名 称	金额(元)	结算金额(元)	备 注
1	暂列金额			明细详见 F.3
2	暂估价			
2.1	材料(工程设备)暂估价/结算价			明细详见 F.4
2.2	专业工程暂估价/结算价			明细详见 F.5
3	计日工			明细详见 F.6
4	总承包服务费			明细详见 F.7
5	索赔与现场签证			明细详见 F.8
6	1+2.2+3+4+5 合计			
7	销项税额 6×11%			
8	附加税费(6+7)×费率			
	6+7+8 合计			

注:材料(工程设备)暂估单价及调价表在 F.4 填报时按除税价填报;材料(工程设备)暂估单价计入直接费与清单项目综合单价,此处不汇总。

F.2　其他项目清单与计价汇总表(□招标控制价□投标报价□竣工结算)
(简易计税法)

工程名称：　　　　　　　　　　　　标段：　　　　　　　　　　第　页　共　页

序号	项　目　名　称	金额(元)	结算金额(元)	备　注
1	暂列金额			明细详见 F.3
2	暂估价			
2.1	材料(工程设备)暂估价/结算价			明细详见 F.4
2.2	专业工程暂估价/结算价			明细详见 F.5
3	计日工			明细详见 F.6
4	总承包服务费			明细详见 F.7
5	索赔与现场签证			明细详见 F.8
6	1+2.2+3+4+5 合计			
7	应纳税额　6×3%			
8	附加税费　7×费率			
6+7+8 合计				

注：材料(工程设备)暂估单价及调价表在 F.4 填报时按含税价填报；材料(工程设备)暂估单价计入直接费与清单项目综合单价，此处不汇总。

F.3　暂列金额明细表

工程名称：　　　　　　　　　　　　标段：　　　　　　　　　　第　页　共　页

序号	项　目　名　称	计量单位	暂定金额(元)	备　注
1	不可预见费			
2	检验试验费			
3				
4				
5				
6				
7				
8				
9				
10				
11				
合　计				

注：1. 此表由招标人填写，如不能详列，也可只列暂定金额总额，投标人应将上述暂列金额计入投标总价中。
　　2. 检验试验费按直接费用的 0.5%～1.0%计取。

F.4　材料(工程设备)暂估单价及调整表

工程名称：　　　　　　　　　　　　标段:第　页　共　页

序号	材料(工程设备)名称、规格、型号	计量单位	数量		暂估(元)		确认(元)		差额±(元)		备注
			暂估	确认	单价	合价	单价	合价	单价	合价	
合　计											

注:1. 此表由招标人填写“暂估单价”,并在备注栏说明暂估价的材料、工程设备拟用在那些清单项目上,投标人应将上述材料、工程设备暂估单价计入工程量清单综合单价报价中。

2. 采用一般计税法时按除税价填报;采用简易计税法时按含税价填报。

3. 材料(工程设备)暂估单价计入直接费与清单项目综合单价,此处汇总后不再重复相加。

F.5　专业工程暂估价及结算价表

工程名称：　　　　　　　　　　　　标段:第　页　共　页

序号	工 程 名 称	工 程 内 容	暂估金额(元)	结算金额(元)	差额±(元)	备注
合　计						

注:1. 此表“暂估金额”由招标人填写,投标人应将“暂估金额”计入投标总价中。结算时按合同约定结算金额填写。

2. 专业工程暂估价及结算价应包含费用和利润。

F.6 计日工表

工程名称： 标段： 第 页 共 页

编号	项目名称	单位	暂定数量	实际数量	综合单价（元）	合价	
						暂定	实际
一	人工						
1							
2							
3							
4							
人工小计							
二	材料						
1							
2							
3							
4							
5							
6							
材料小计							
三	施工机械						
1							
2							
3							
4							
施工机械小计							
总计							

注：1. 此表项目名称、暂定数量由招标人填写，编制招标控制价时，单价由招标人按有关计价规定确定；投标时，单价由投标人自主报价，按暂定数量计算合价计入投标总价中；结算时，按发承包双方确认的实际数量计算合价。

2. 计日工表综合单价应包含费用和利润。

F.7 总承包服务费计价表

工程名称： 标段： 第 页 共 页

序号	项 目 名 称	项目价值(元)	服务内容	费率(%)	金额(元)
1	发包人发包专业工程服务费	(直接费)			
2	发包人提供材料采保费	(发包人提供材料总值)			
	合 计				

注:发包人发包专业工程服务费可按发包工程直接费用的1.0～2.%计取。

附录K 各种税费计算规则

K.1 施工企业管理费及利润表

序号	项目名称	计费基础	一般计税法费率(%)		简易计税法费率标准(%)	
			企业管理费	利润	企业管理费	利润
1	建筑工程	人工费＋机械费	23.33	25.42	23.34	25.12
2	装饰装修工程	人工费	26.48	28.88	26.81	28.88
3	安装工程	人工费	28.98	31.59	29.34	31.59

注:1. 计费基础中的人工费和机械费中的人工费均按60元/工日计算。
2. 当采用"简易计税法"时,机械费直接按湘建价〔2014〕113号文相关规定计算。

K.2 安全文明施工费表

序号	项目名称	计费基础	费率标准(%)	
			一般计税法	简易计税法
1	建筑工程	人工费＋机械费	13.18	12.99
2	装饰装修工程	人工费	14.27	14.27
3	安装工程	人工费	13.76	13.76

K.3 规费表

序号	项目名称	一般计税法		简易计税法	
		计费基础	费率(%)	计费基础	费率(%)
1	工程排污费	直接费用＋管理费＋利润＋总价措施项目费	0.4	直接费用＋管理费＋利润＋总价措施项目费	0.4

（续表）

<table>
<tr><th rowspan="2">序号</th><th rowspan="2">项目名称</th><th colspan="2">一般计税法</th><th colspan="2">简易计税法</th></tr>
<tr><th>计费基础</th><th>费率(%)</th><th>计费基础</th><th>费率(%)</th></tr>
<tr><td>2</td><td>职工教育经费</td><td rowspan="3">人工费</td><td>1.5</td><td rowspan="3">人工费</td><td>1.5</td></tr>
<tr><td>3</td><td>工会经费</td><td>2</td><td>2</td></tr>
<tr><td>4</td><td>住房公积金</td><td>6</td><td>6</td></tr>
<tr><td>5</td><td>社会保险费</td><td rowspan="2">直接费用＋管理费＋利润＋总价措施项目费</td><td>3.18</td><td rowspan="2">直接费用＋管理费＋利润＋总价措施项目费</td><td>3.18</td></tr>
<tr><td>6</td><td>安全生产责任险</td><td>0.2</td><td>0.2</td></tr>
</table>

K.4　纳税标准表

项目名称	计费基础	费率(%)
销项税额(一般计税法)	建安费用	11
应纳税额(简易计税法)	税前造价	3

附加征收税费表

<table>
<tr><th rowspan="2">项目名称</th><th colspan="2">一般计税法</th><th colspan="2">简易计税法</th></tr>
<tr><th>计费基础</th><th>费率(%)</th><th>计费基础</th><th>费率(%)</th></tr>
<tr><td>纳税地点在市区的企业</td><td rowspan="3">建安费用＋销项税额</td><td>0.36</td><td rowspan="3">应纳税额</td><td>12</td></tr>
<tr><td>纳税地点在县城镇的企业</td><td>0.3</td><td>10</td></tr>
<tr><td>纳税地点不在市区县城镇的企业</td><td>0.18</td><td>6</td></tr>
</table>

注:1. 附加征收税费包括城市维护建设税、教育费附加和地方教育附加。

参考文献

[1] 杨明亮，丁红华，李英.建设工程项目全过程审计案例[M].北京：中国时代经济出版社，2010.

[2] 中国建设工程造价管理协会.建设工程造价管理理论与实务[M].北京：中国计划出版社，2010.

[3] 宁艳芳，徐玉堂.工程计量与计价基础知识[M].长沙：湖南科学技术出版社，2011.

[4] 全国造价工程师执业资格培训教材编审组.工程造价案例分析[M].北京：中国城市出版社，2012.

[5] 全国造价工程师执业资格考试培训教材编审组.工程造价计价与控制[M].北京：中国计划出版社，2009.

[6] 全国造价工程师执业资格考试培训教材编审组.工程造价管理基础理论与相关法规[M].北京：中国计划出版社，2009.

[7] 何增勤，王亦虹.工程造价案例分析[M].北京：中国计划出版社，2009.

[8] 天津理工大学造价工程师培训中心.工程造价案例分析[M].天津：天津大学出版社，2012(4).

[9] 天津理工大学造价工程师培训中心.工程造价计价与控制[M].天津：天津大学出版社，2012(4).

[10] 中华人民共和国住房和城市建设部.建设工程工程量清单计价规范[S].北京：中国计划出版社，2008.

[11] 建设工程工程量清单计价规范编审组.建设工程工程量清单计价规范宣贯辅导教材[M].北京：中国计划出版社，2008.

[12] 天津理工大学造价工程师培训中心.工程造价计价与控制[M].北京：中国建筑工业出版社，2011(5).